S

PALÉONTOLOGIE

OU

DESCRIPTION DES ANIMAUX FOSSILES

DE

L'ALGÉRIE

ZOOPHYTES

2e Fascicule. — ÉCHINODERMES

1re LIVRAISON

PALÉONTOLOGIE

OU

DESCRIPTION DES ANIMAUX FOSSILES

DE

L'ALGÉRIE

PAR A. POMEL

AVEC PLANCHES LITHOGRAPHIÉES SOUS SA DIRECTION

PAR Melle AUGUSTA POMEL

POUR SERVIR

A L'EXPLICATION DE LA CARTE GÉOLOGIQUE DE L'ALGÉRIE

EXÉCUTÉE PAR ORDRE DU GOUVERNEMENT

SOUS LA DIRECTION DE

MM. POMEL, Directeur de l'École des Sciences, et POUYANNE, Ingénieur en chef des Mines

ZOOPHYTES

2e Fascicule. — ÉCHINODERMES

1re LIVRAISON

ALGER

ADOLPHE JOURDAN, LIBRAIRE-ÉDITEUR

IMPRIMEUR-LIBRAIRE DE L'ACADÉMIE

1885

PALÉONTOLOGIE

OU

DESCRIPTION DES ANIMAUX FOSSILES

DE

L'ALGÉRIE

PAR A. POMEL

AVEC PLANCHES LITHOGRAPHIÉES SOUS SA DIRECTION

PAR Mlle AUGUSTA POMEL

POUR SERVIR

A L'EXPLICATION DE LA CARTE GÉOLOGIQUE DE L'ALGÉRIE

EXÉCUTÉE PAR ORDRE DU GOUVERNEMENT

SOUS LA DIRECTION DE

MM. POMEL, Directeur de l'École des Sciences, et POUYANNE, Ingénieur en chef des Mines

ZOOPHYTES

2e Fascicule. — ÉCHINODERMES

1re LIVRAISON

ALGER
ADOLPHE JOURDAN, LIBRAIRE-ÉDITEUR
IMPRIMEUR-LIBRAIRE DE L'ACADÉMIE
1885

CLASSE DES ÉCHINODERMES

INTRODUCTION

OBSERVATIONS GÉNÉRALES D'HISTOIRE NATURELLE

CARACTÈRES CLASSIQUES

Les échinodermes sont des animaux essentiellement rayonnés, à appareil digestif pourvu de parois propres, tantôt à deux ouvertures, bouche et anus, tantôt à une seule et en forme de poche. Système nerveux comprenant un collier œsophagien et un cordon qui s'en détache pour chaque rayon ou segment. Des tentacules charnus rétractiles, diversement distribués suivant les types, servent les uns à la locomotion, les autres à la respiration branchiale. Un squelette calcaire formé de nombreuses pièces juxtaposées, mobiles ou non, très-rarement éparses sous le derme. Reproduction par des œufs, rarement par des bourgeons et dans le dernier cas animaux fixés et vivant en colonies.

Cette classe a été l'objet de travaux nombreux et assez approfondis pour que nous puissions nous dispenser ici de refaire son histoire naturelle, et renvoyant aux ouvrages spéciaux, nous nous bornerons à rappeler les notions les plus indispensables à notre objet.

Les échinodermes forment cinq ordres.

1° Les Holothurides ont simplement des pièces calcaires éparses dans un tégument plus ou moins coriace. Le corps est cylindroïde avec bouche et anus aux extrémités opposées. Un cercle de branchies buccales ramifiées ; des pieds tentaculaires, tantôt groupés en cinq bandes parallèles comme des ambulacres, tantôt groupés sur une seule zone du corps, tantôt enfin nuls. Nous n'aurons pas à nous occuper de cet ordre, n'ayant trouvé aucun débris fossile qui puisse lui être attribué.

2° Les Échinides ont un squelette rigide ; une forme globuleuse, un tube digestif à deux ouvertures, la bouche en bas, l'anus de position variable. Les tentacules sont disposés en cinq zones ambulacraires qui partent de la bouche et convergent vers l'autre pôle ; le corps est armé de radioles. Les espèces fossiles étant nombreuses, nous aurons à revoir avec soin la classification particulière du groupe.

3° Les Stellérides ou astérides ont aussi un squelette, mais moins continu et non rigide. La forme est pentagonale ou étoilée, la bouche en bas. La poche digestive, souvent dépourvue d'anus, pousse des cœcum dans les rayons ou les angles qui les représentent. Des tentacules ambulacraires s'étendent dans un sillon de la face inférieure, de la bouche aux extrémités des rayons ; des tentacules respiratoires sont épars à la face supérieure.

4° Ophiurides. Corps étoilé avec un disque de structure différente des bras. Un squelette souvent squameux et des pièces vertébrales occupant l'axe des bras ; bouche inférieure, pas d'anus ; pas de cœcum à la poche stomacale ; des fissures à l'origine des bras sur la face inférieure du disque ; des tentacules respiratoires sur les côtés des bras ; mais pas de gouttière ambulacraire.

5° Crinoïdes. Un squelette en partie au moins articulé, bouche supérieure ; un anus dans les genres vivants. Corps globuleux, le plus souvent portant des bras pleins ramifiés, porté lui-même sur une tige articulée, au moins dans le jeune âge. Animaux la plupart fixés et souvent bourgeonnant de la racine. Groupe peu homogène que l'on a déjà divisé en plusieurs ordres et comprenant des types fossiles que quelques auteurs ont considérés comme dépourvus d'estomac et représentant les organes de reproduction d'animaux à génération alternante comme les méduses.

COMPOSITION DU TEST-SQUELETTE.

Le squelette des échinodermes étant la partie la plus essentielle à connaître pour les études paléontologiques, nous allons donner quelques détails sur sa composition dans les divers ordres. On sait qu'il est de nature calcaire et spathique, surtout dans les fossiles.

Dans les holothurides le squelette paraît réduit à un cercle de pièces calcaires qui environnent la bouche. Les sclérites répandus dans la peau ne sont que des spicules, dont on retrouve les analogues chez les animaux des autres ordres.

Chez les échinides le squelette se compose d'assules polygonaux fortement réunis et immobiles entre eux, excepté au pourtour de l'anus et quelquefois de la bouche, et constituant dix zones rayonnant autour de la bouche jusqu'au pôle opposé. Cinq de ces zones percées de paires de pores tentaculaires, auxquelles on a donné le nom d'ambulacres, alternent avec cinq zones qui en sont dépourvues et que l'on nomme interambulacres. Les assules ambulacraires sont en nombre beaucoup plus considérable que les interambulacraires, au moins dans chaque série. Ils sont chacun percés d'une seule paire de pores tentaculaires, plus ou moins espacés ou reliés entre eux. Dans certains oursins à gros tubercules plusieurs de ces assules se soudent en une plaque composée, portant un tubercule ou une rangée transversale de tubercules. Les paires de pores semblent alors multipliées sur des plaques, qui ne sont point des assules élémentaires. Chacune des zones se compose de deux rangées d'assules dans la grande majorité des échinides ; mais chez ceux des temps paléozoïques, on compte un plus grand nombre de rangées interambulacraires, et aussi dans certains types, de rangées ambulacraires, et les plaques des intermédiaires sont hexagonales, tandis qu'elles sont toutes pentagonales dans les types plus récents.

Quel que soit le nombre de leurs rangées d'assules, chaque ambulacre se termine au pôle opposé à la bouche, par une pièce impaire percée d'un trou et renfermant un point rouge que l'on regarde comme un œil ; c'est la pièce ocellaire. Chaque interambulacre se termine également par un assule impair perforé, portant le nom de plaque génitale, parce qu'il contient le pore efférent des organes de la génération. Ces dix pièces ocellaires et génitales forment ordinairement deux rangées alternes, celles-ci en dedans, celles-là en dehors; mais elles s'agencent de différentes manières suivant les familles, les tribus et même les genres. L'une des plaques génitales, appartenant à l'interambulacre antérieur de droite, porte un tubercule criblé, nommé corps madréporique, ou simplement madréporide, qui paraît être en relation par sa face interne avec l'appareil digestif, et permet toujours d'orienter les oursins les plus régulièrement sphériques; cet organe paraît être le sommet virtuel de l'échinide, et dans toute une série d'espèces il forme un bouton au centre de l'appareil génital, sans qu'on puisse déterminer à laquelle des plaques génitales il est plus spécialement attaché. L'ensemble des plaques génitales et ocellaires porte souvent le nom d'appareil apicial, et nous le désignerons souvent sous le nom d'apex.

Dans beaucoup d'échinides, et chez les vrais oursins en particulier, les assules qui constituent le cadre du péristome ne diffèrent pas des autres par leur agencement; on y compte, en conséquence, vingt de ces pièces, ou dix paires. Mais dans le groupe des scutelles, y compris les laganes, on observe ce que l'on a nommé la rosette buccale; c'est-à-dire que les assules sont cunéiformes, allongés et que l'interambulacre n'y est plus représenté que par une seule pièce, qui paraît s'en être détachée, puisqu'elle n'y tient plus que par l'extrémité angulaire. Au lieu des quinze pièces de la rosette, on ne trouve plus chez les clypéastres que dix plaques, toutes ambulacraires, et l'interambulacre s'arrête loin du cadre du péristome.

Les dysaster ont quelque analogie avec les scutelles pour l'agencement du cercle péristomal d'assules; les interambulacres ne lui fournissent qu'une seule pièce, mais elle tient largement à la zone; celles des ambulacres ne sont ni élargies ni allongées. Les oursins du type des spatangues, qui ont tous un péristome plus ou moins labié, présentent une certaine irrégularité dans la composition de son cadre. Les assules ambulacraires sont plus ou moins élargis de manière à expulser ceux des zones interambulacraires, surtout les postérieures; car chez les espèces où le péristome est grand, on voit quelquefois entrer dans son cadre une pièce des interambulacres antérieurs.

Nous ne rappelons que pour mémoire les plaques libres squameuses qui protégent les membranes anale et buccale; signalant cependant quelques cas où les premières se soudent au cadre du périprocte, soit accidentellement, soit congénialement. Nous ne citons également les pièces compliquées à des degrés divers, qui constituent l'appareil masticatoire, que pour faire remarquer que cet appareil manque dans plusieurs familles, et que les échinologistes les plus autorisés n'ont attribué à cette différence qu'une valeur toute secondaire pour la classification; ce qui est au moins très-surprenant, car le régime doit être absolument distinct entre animaux si différemment armés.

Le squelette des astérides peut être assez facilement déduit de celui des échinides. Il suffit de supposer que chaque ambulacre, avec ses demi-zones interambulacraires contiguës, s'est dissocié et étalé en croix. Chaque rayon présente en dessous une zone ambulacraire en forme de sillon, dont les assules laissent passer les tentacules locomoteurs, et la pièce ocellaire est au sommet. Les côtés et le dos sont constitués par les analogues des pièces interambulacraires plus ou moins multipliées, comme dans les échinides paléozoïques, ou par des pièces supplémentaires éparses qui s'étendent sur le disque. La plaque madréporique est restée sur ce dernier. On peut établir une série de transitions entre les espèces où le squelette est le plus tesselé, comme chez les oursins, et celles où il ne se compose que d'assules en chausse-trape saillants par une des pointes et contiguës par les autres sommets pour constituer une sorte de réseau squelettique.

Les ophiurides ne peuvent être comparés aux astérides qu'en supposant que les plaques ambulacraires déjà profondes sont devenues centrales en occupant toute la cavité des rayons; les tentacules sortent par les intervalles des squames, vestiture extérieure peut-être comparable aux pièces calcaires plus épaisses du dos et des côtés des astéries, quelles que soient les analogies de celles-ci avec les assules interambulacraires des échinides. Ces pièces vertébrales des rayons ont des faces articulaires disposées pour des mouvements en tous sens; un de leurs caractères essentiels est d'être à peu près symétriques et d'être imperforées.

Les crinoïdes, que l'on pourrait appeler normaux, ont les rayons constitués par des pièces vertébrales analogues à celles des ophiurides; mais les articles sont perforés et à côtés alternativement inégaux et comme cunéiformes. Le disque, qui a sa cavité très-réduite, est formé d'un petit nombre de verticilles d'assules épais non mobiles, et le plus souvent terminé inférieurement par une tige articulée. Il y a un très-grand nombre de combinaisons dans les éléments de ces calices et dans les ramifications des bras qu'ils émettent. On a nommé pièces basales, radiales, inter-radiales et brachiales les pièces de ces verticilles successifs, à partir de l'inférieur. Mais, dans plusieurs genres, le calice se simplifie par la disparition de plusieurs de ces pièces, ou par leur défaut de soudure, au point de ne présenter dans certaines comatules qu'une seule pièce représentant le verticille des basales.

Chez les autres crinoïdes, les uns à symétrie quinaire comme *blastoïdes*, les autres à symétrie indéterminée comme *cystidés*, il n'y a plus de bras, du moins libres et normaux, et l'animal se réduit à un simple calice clos et percé de quelques ouvertures, dont les fonctions supposées donnent encore lieu à discussion. Ce calice, lorsqu'il est symétrique, peut encore se laisser diviser en verticilles plus ou moins analogues à ceux des encrines. Mais lorsqu'il n'a pas de symétrie, il se compose de pièces plus ou moins nombreuses, parquetées souvent irrégulièrement et dont les basales seules sont déterminées par leur insertion sur la tige. Une transition à ces types sans bras est offerte par de vrais crinoïdes, qui diffèrent des pentacrines et comatules en ce que leur calice est fermé par une voûte de pièces tessélées; mais il y a cette différence que l'ouverture serait chez ces derniers, peut-être nulle d'après certains auteurs, ou au plus simple et terminale d'après d'autres. On a rattaché aux cystidés des corps sans tige, fixés, simples, qui n'ont des échinodermes que leurs pièces tessélées, et nous y rattachons, du moins provisoirement, un type prolifère et rampant, que nous décrirons dans ce livre.

CLASSIFICATION DES ÉCHINIDES.

L'ordre des échinides présenterait une homogénéité remarquable de structure, s'il était réduit aux espèces qui ont vécu depuis les temps secondaires jusqu'à nos jours. Chacune des aires se compose chez ces animaux de deux rangées d'assules, ce qui en fait vingt au total.

Dans les oursins des temps paléozoïques, chaque aire est subdivisée en plusieurs séries verticales d'assules, et le nombre de ces pièces se trouve ainsi considérablement multiplié, soit dans l'interambulacre seul, soit aussi dans l'ambulacre et de manière alors à atteindre le chiffre de quatre-vingts rangées; ce qui est incontestablement un signe manifeste d'infériorité. On a donné le nom de tesselés à ces échinides qui, pour nous, constituent un groupe à part bien distinct de celui des vrais oursins et que l'on peut classer comme sous-ordre. Il se rattache, du reste, par sa forme circulaire et par ses ouvertures buccale et anale opposées, à la famille des vrais échinides; et sa place dans la série ne serait point modifiée, si on ne voulait y voir qu'une famille du même rang que celle que nous allons passer en revue.

Le sous-ordre des vrais échinides a été diversement divisé par les naturalistes, et dans ces derniers temps on semble s'être, en général, fixé à la considération de deux types élémentaires proposés par Albin Gras : ceux des *réguliers* et des *irréguliers*. Malgré l'autorité des savants qui se sont rangés à cette opinion, je ne saurais accepter cette classification qui me paraît manquer d'équilibre, et je préfère revenir aux trois types, anciennement reconnus des *echinus*, *echinanthus* et *spatangus*, constituant trois degrés bien marqués et presque égaux, qui progressent de la symétrie rayonnée vers la symétrie paire. Les réguliers ont été uniquement distingués des autres par la considération de l'emplacement de l'ouverture anale dans le cercle des pièces dites génitales, et, par conséquent, à l'opposé de la bouche qui est centrale. Il est cependant à remarquer que le sommet organique vrai est le tubercule madréporique, puisqu'il déforme souvent le périprocte en le rendant oblique dans le sens de l'allongement des échinomètres, qui sont les oursins les plus irréguliers connus, quoique appartenant au type des réguliers; que ce périprocte n'est point l'anus, mais le cadre où se logent une série d'assules, libres entre eux le plus souvent et adhérents à la membrane périproctale qu'ils protégent et que ce n'est point uniquement au centre de ce cadre que s'ouvre l'anus, mais bien souvent excentriquement en arrière. Il est donc manifeste que l'anus n'est pas ici, comme on l'a cru, essentiellement lié au sommet organique.

Parmi les oursins dits irréguliers, improprement sans doute, puisqu'ils sont un acheminement à la régularité paire, il existe plusieurs types dont le périprocte se rattache encore directement au cadre apicial, c'est-à-dire à l'ensemble des pièces ocellaires et génitales qui forment l'apex. Dans les *pygaster megastoma* Wright et *umbrella* Ag., auxquels on pourrait rendre le nom de *echinoclypus* donné par Blainville, et dans le *galeopygus agarici-formis* le cadre périproctal est constitué dans la partie antérieure par le cercle des quatre pièces génitales paires, et il se prolonge en arrière entre les assules interambulacraires, précisément à la place que devrait occuper la cinquième plaque génitale. Ces oursins du type des galérites sont tellement voisins des échinides, que, lorsque l'apex a disparu, on éprouve quelque hésitation à les rapporter à leur véritable place; d'autant plus qu'un genre du groupe des diadèmes a le cadre de son appareil apicial fortement prolongé en arrière, à tel point que M. Coquand, après en avoir fait un diadème, l'a ensuite rapporté au genre *pygaster*. Aujourd'hui, on en fait un *heterodiadema lybicum*. Dans l'*hyboclypus gibberulus*, dont l'apex est très-allongé, le périprocte remonte entre les plaques génitales paires postérieures d'après M. Wright, jusqu'à la pièce accessoire qui semble représenter celle de l'apex des salénies. Il est donc impossible de contester qu'il n'y ait dans ces oursins une disposition transitoire entre celle des échinides dont l'apex encadre l'anus, et celle des prétendus irréguliers dont l'anus devrait être toujours hors de cet apex. Il n'y a donc point là une structure essentielle et primordiale qui puisse autoriser une pareille division en deux types des *endocycliques* et des *exocycliques*. Il est nécessaire de ne plus voir dans cette division qu'un artifice commode pour l'agencement dichotomique de tableaux, qui ne peuvent avoir, malgré leur incontestable utilité, la prétention de suppléer à la méthode naturelle.

Il y a un autre caractère qui doit avoir autant d'importance que celui de la situation du périprocte, c'est celui du péristome qui peut être central ou subcentral chez les uns et très-excentrique chez les autres ; pas plus que l'autre, ce caractère n'est exempt de transitions, mais comme cette dernière disposition concorde le plus souvent avec une oblitération plus ou moins avancée de l'ambulacre antérieur, il nous semble qu'elle acquiert par là une plus grande importance, et qu'elle marque deux degrés très-nets dans la progression vers la symétrie paire, dont le plus avancé arrive à ne trahir que difficilement le type rayonné auquel il appartient.

Nous grouperons donc les échinides en trois grandes familles dont les caractères les plus saillants sont les suivants : 1° les *globiformes* à anus opposé à la bouche et dont l'orientation est seulement indiquée par le tubercule madréporique ; 2° les *lampadiformes* à bouche centrale et à anus plus ou moins indépendant de l'appareil apicial ; quoique l'excentricité de l'anus indique facilement l'orientation, le type est encore très-franchement rayonné ; 3° les *spatiformes* ont la bouche très-excentrique en avant et l'anus plus ou moins rapproché du bord postérieur, et leur forme est le plus ordinairement ovoïde, allongée d'avant en arrière ; ce qui, avec l'oblitération de l'ambulacre antérieur masque la forme rayonnée au profit de la symétrie paire.

Les *spatiformes* sont très-homogènes et leur division en sous-familles et tribus repose sur des particularités d'organisation qui ne paraissent pas très-importantes à première vue et ne sont pas exemptes de transition. Si l'on prend pour critérium la structure du sommet génital et ocellaire, ou apex, qui peut être compacte ou allongé et même dissocié, on groupe des genres dont les ambulacres sont construits sur des types différents, et réciproquement, si l'on adopte pour règle d'affinité la forme simple ou plus ou moins pétaloïde des ambulacres, on réunit des genres à appareil apicial très-différent. *Stenonia*, par exemple, est tellement voisin d'*ananchytes* qu'il lui est resté très-longtemps réuni, et il n'en diffère absolument que par son apex qui est compacte au lieu d'être allongé. Au contraire, chez *hemipneustes*, *cardiaster* et même *holaster*, dont l'apex est allongé par suite de l'intercalation des plaques ocellaires paires entre les génitales, les ambulacres ne sont point simples comme chez les *ananchytes*, mais bien pétaloïdes à des degrés divers et annoncent des affinités différentes. Il semble donc que la structure de l'apex ne peut avoir beaucoup d'importance pour la caractéristique des groupes et nous verrons en effet que, même chez les globiformes, l'intercalation des plaques ocellaires dans le cadre génital, qui est un cas analogue jusqu'à un certain point à celui de l'apex des *holaster*, est un fait assez fréquent, surtout lorsque l'apex est étroit, et il n'est pas même certain qu'elle y offre des combinaisons particulières et permanentes dans toutes les espèces d'un même genre.

On doit donc s'en référer plutôt à la structure ambulacraire pour la distribution des groupes. Nous réunirons donc en une seule division tous les spatangoïdes à ambulacres pétaloïdes, soit déprimés, soit à fleur de test et dont l'antérieur est plus ou moins différent des autres.

Le péristome est plus ou moins bilabié, et lorsqu'il l'est le moins, sa lèvre postérieure est sur un plan plus saillant que les autres. C'est le groupe le plus nombreux, le plus varié, mais dont les variations ont une apparence tellement transitive, que l'on n'a pas encore osé y introduire des subdivisions.

Cependant on peut y reconnaître un certain nombre de types que nous allons passer en revue pour en indiquer les caractères les plus saillants. La réunion des pédicellaires en bandelettes, dont les rapports avec les ambulacres et le périprocte sont assez variés, constitue un caractère précieux, dont on doit le premier emploi à M. Desor ; il a surtout servi jusqu'ici à la diagnose des genres et il pourrait être utilisé aussi pour la différenciation de quelques sous-tribus.

Dans tous les genres suivants, le tubercule madréporique, toujours lié à la pièce génitale antérieure de droite, s'étend en arrière pour dissocier les pièces ocellaires et se prolonge même encore plus ou moins loin au-delà.

Les spatangoïdes les plus remarquables par la disposition d'un des fascioles dans l'intérieur même de l'étoile ambulacraire, de manière à oblitérer plus ou moins le sommet des ambulacres, peuvent être placés en tête de la série : les genres *breynia*, *lovenia*, *echinocardium* et *gualteria*, formant le groupe, ont tous des pétales à fleur de test, pourvus de pores grands et espacés. Ils sont couverts de soies couchées, plus ou moins mêlées à la face supérieure de radioles plus longs et plus robustes, qui sont portés par des tubercules fortement scrobiculés. Dans les deux premiers genres, ces radioles sont assez nombreux ; dans le troisième il y a des espèces qui en portent de très-épars et d'autres qui en sont dépourvues ; enfin le dernier paraît être dans ce dernier cas. On peut les nommer *breyniens*.

Les vrais *spatangues* ont des pétales lancéolés à fleur de test, ayant les pores espacés comme chez les breyniens ; ils sont remarquables également par les grands radioles du dos, mêlés à la soie plus ou moins couchée qui forme leur vestiture. Ils diffèrent des précédents, parce qu'ils n'ont pas de fasciole interne et que leur étoile ambulacraire est normale. Le fasciole péripétale est peu flexueux et tend à se rapprocher de l'ambitus ; le sous-anal reste seul dans certains genres, tandis que, dans d'autres, c'est le péripétale. Les genres *plagionotus*, *eupatagus*, *spatangus*, *hemipatagus* et (?) *leskia* entrent dans cette sous-tribu, et le dernier paraît y représenter les *echinocardium* des breyniens par l'absence de gros radioles dorsaux.

Je crois ne pouvoir placer ailleurs un genre qui forme passage aux *macropneustes* par la forme allongée et non lancéolée de ses pétales, qui sont cependant à fleur de test et ont les zones interporifères pourvues de tubercules semblables à ceux des zones interambulacraires. Les tubercules sont de deux grandeurs, irrégulièrement mêlés sur toute la surface supérieure ; le fasciole péripétale, un peu flexueux et voisin de l'ambitus, ne limite pas les gros tubercules ; le fasciole sous-anal n'embrasse pas les pores ambulacraires, ainsi que cela a généralement lieu dans les autres genres. Le bord antérieur n'a point d'échancrure. Le périprocte est grand. Le plastron est inconnu, mais ses assules ambulacraires sont plus nombreux et les pores y sont plus rapprochés.

Trachypatagus oranensis est figuré Echinodermes, série A, pl. 16. Le *brissus depressus* devra sans doute être placé ici lorsqu'il sera mieux connu, sous le nom de *leiopatagus*. On devra probablement aussi distinguer un genre *hypsopatagus*, dont le type est le *macropneustes Meneghini* Des., très-voisin du *trachypatagus*, mais en différant par l'absence de fasciole sous-anal et la présence d'un sillon ambulacraire antérieur qui échancre un peu l'ambitus.

Il nous semblerait convenable de réunir en une seule tribu, celle des *eupatagiens*, les trois types que nous venons d'examiner et dont le caractère commun réside dans cette forme superficielle des pétales, qui fait que leur zone interporifère est souvent pourvue de tubercules comme dans les aires interambulacraires. Cette disposition, rappelant un peu les pétales des echinanthus, pourrait peut-être faire changer la place que nous assignons au groupe et conduire à placer en tête le groupe suivant, dont les pétales sont concaves à zones interporifères de structure spéciale. Mais cette disposition nous a paru gênante pour l'arrangement sérial de l'ensemble des types.

Tous les spatangoïdes à tubercule madréporique prolongé en arrière et à pétales concaves peuvent être groupés en tribu sous le nom de *brissiens*. Ils sont également susceptibles d'être subdivisés en sous-tribus ou groupes d'un ordre inférieur, ainsi que nous allons l'essayer.

Les oursins du type des vrais *brissus* se font en général remarquer par l'ampleur de leur périprocte; les pétales sont en général grands; le sommet est central ou excentrique en avant; les tubercules dorsaux ont une tendance à devenir homogènes, mais il y a presque toujours quelque zone interambulacraire qui en possède d'hétérogènes. Les uns sont encore voisins des derniers eupatagiens, et parmi eux le *kleinia* a d'aussi gros tubercules dorsaux que les *eupatagus*, et le *macropneustes* ne diffère essentiellement des *trachypatagus* que par ses pétales concaves, sa forme plus déprimée et son fasciole sous-anal, embrassant des pores ambulacraires plus développés que les autres pores du plastron, ainsi que cela a généralement lieu dans tous les spatangoïdes à tubercule madréporique prolongé en arrière.

D'autres n'ont que quelques régions plus fortement tuberculées que les autres et point de ces gros tubercules épars au milieu des tubercules ordinaires, habituellement très-serrés. C'est ici que le sommet est plus ordinairement excentrique en avant. Le régime des fascioles et la disposition à fleur, ou creusée du pétale antérieur, ont permis d'y établir plusieurs genres : les *brissus* vrais sans sillon antérieur à fascioles péripétale et sous-anal, les *meoma* différant des premiers par leur fasciole sous-anal; non fermé et à branches un peu remontantes ; *hemibrissus*, dont le type est *brissus ventricosus*, a également le fasciole sous-anal incomplet, mais l'ambulacre antérieur est logé dans un sillon très-accusé et pourvu de pores que l'on dit manquer dans *meoma*. *Schizobrissus* diffère de *brissus*, dont il a les fascioles, par le sillon de l'ambulacre antérieur qui échancre profondément le bord ; le type est *b. cruciatus* Ag., peut-être pas distinct d'une espèce que nous figurons Echinodermes A. Pl. III ; le sommet, un peu moins excentrique en avant, est remarquablement soulevé sous forme de gros mucron. Le genre *faorina* paraît en différer par l'absence de fasciole sous-anal. *Peribrissus* a le sommet très-excentrique en avant, mais un large sillon reçoit l'ambulacre antérieur et échancre le bord ; puis le fasciole péripétale se réunit à la hauteur des ambulacres pairs antérieurs à un fasciole submarginal qui passe sous l'anus. C'est presque le genre *prenaster;* mais ce dernier, moins déprimé, plus globuleux, n'a pas de sillon antérieur ; du reste, par son périprocte de moyenne grandeur il paraît se rattacher plutôt au groupe suivant (voy. E. A. Pl. IV).

Les *brissopsiens* diffèrent surtout des brissiens typiques par leur périprocte peu développé et par une tendance du sommet à se porter en arrière ; les tubercules du dos sont assez homogènes, en général très-obliques, ainsi que leur scrobicule en forme de socle. Les radioles sont en forme de soies couchées, serrées, souvent spatulées au sommet. Plusieurs genres de ce type sont assez bien connus, mais plusieurs autres ont été confondus avec des genres d'une autre tribu dont la vestiture et l'appareil spécial sont tout autres. Une révision des espèces sera nécessaire pour faire le triage de celles surtout qui ont été décrites sous le nom de *hemiaster* et *periaster* sans en avoir les caractères. Un premier groupe comprend des genres à ambulacres subégaux tels que *brissopsis*, *toxobrissus*, pourvus de fasciole sous-anal et *linthia* à fasciole latéro-anal. Les deux premiers genres sont répandus dans les terrains tertiaires algériens et nous en figurons plusieurs espèces où la disposition du madréporide a été dessinée avec soin. Un second type à ambulacres plus ou moins inégaux comprend *trachyaster*, qui est un *hemiaster* à tubercule madréporique prolongé en arrière et à tubercules dorsaux serrés et obliques (voy. *T. globosus*, A. Pl. IX, fig. 9-13). *Paraster* représente les *periaster* avec lesquels on a confondu ses espèces; ce ne sont que des *schizaster* moins inéquipétales, dont les pétales sont moins profonds et les pores génitaux au nombre de quatre. Le *schizaster gibberulus* de la mer Rouge peut en être le type et on devra y réunir une partie au moins des *periaster* des terrains nummulitiques. *Agassizia* diffère surtout de ce genre par l'atrophie de la zone porifère antérieure des ambulacres pairs antérieurs, fait dont nous ne connaissons nul autre exemple. Les *schizaster* vrais et *moera*, n'ayant tous deux que deux pores génitaux normaux, sont aussi à fasciole latéro-anal. Les *schizaster* sont fréquents à l'état fossile en Algérie et, parmi les nombreuses espèces que nous figurons, il en est une à facies de paraster qui n'a que la partie sous-anale du fasciole latéral et qui devrait peut-être constituer un nouveau genre (voy. Ech. A. Pl. IX, fig. 1-5); mais on voit quelquefois dans d'autres espèces la partie latérale de ce fasciole s'atténuer au point de devenir indistincte. Nous allions oublier de mentionner le *prenaster* qui a son sommet remarquablement oblique en avant comme les vrais *brissus*.

Dans une seconde série l'apex est ce que l'on a nommé de structure compacte, c'est-à-dire que les pièces génitales sont disposées autour du tubercule madréporique qui tient à l'antérieur de droite et les pièces ocellaires sont dans les angles extérieurs des génitales. Il nous a paru que le cornet sous-madréporique était très-peu développé dans ces oursins, ainsi que la lame interne voisine de la lèvre gauche du péristome dont nous n'avons trouvé aucune trace sur nos exemplaires; tandis que ces deux parties, qui paraissent en rapport avec les organes de nutrition, sont très-développées dans tous les brissiens et spatagiens. La vestiture est en outre très-particulière dans ce groupe, les tubercules sont en général très-épars sur le dos et les flancs et entourés de nombreux granules miliaires également épars, et dans les quelques oursins où ces tubercules sont serrés il y aura lieu de rechercher s'il ne serait pas plus convenable de les rattacher par quelque caractère encore inconnu au groupe précédent. Tels sont *bolbaster*, caractérisé par des ambulacres à pores arrondis, par des tubercules serrés fortement scrobiculés, et, au moins dans le *h. prunella*, espèce typique, par les ambulacres postérieurs rugueux et subfovéolés au plastron; son fasciole est péripétal. Les *hemiaster* vrais, dont les types sont *h. phrynus* et *bufo* pour les inéquipétales et *h. Verneuili* et *Fourneli* pour les équipétales, ont les ambulacres à pores allongés en fissure, un seul fasciole péripétal et des tubercules dorsaux plus ou moins épars. *Periaster* en diffère par le fasciole latéro-anal et ses espèces les plus certaines sont celles des terrains crétacés, bien différentes des *schizaster* par la constitution de l'apex et des tubercules, ainsi que des paraster, leurs analogues dans la tribu précédente. *Pericosmus* a un fasciole marginal et un péripétale et doit se placer ici par son apex et ses tubercules.

Je ne sais si l'on doit aussi y ranger le genre *cyclaster*; mais il faudrait le réduire à l'espèce nummulitique, car je n'ai pu retrouver de fasciole péripétale dans les deux autres. Si cette espèce, qui m'est inconnue *de visu*, a la structure apiciale de ce groupe, ainsi que je le suppose, le genre serait bien distinct de *brissopsis*. Il n'y a plus qu'un fasciole sous-anal dans les *micraster* dont les tubercules sont entourés de granules moins épars, plus nombreux et finissant par former des cercles scrobiculaires, que l'on retrouve du reste dans certains hemiaster.

On arrive ainsi au genre *epiaster* à granules très-épars, à fasciole indistinct, mais remplacé par une zone de granules sériés et plus petits qui doivent avoir porté des pédicellaires et constitué par conséquent un fasciole diffus entourant l'étoile ambulacraire. Les pores de l'ambulacre antérieur sont simples, très-petits, séparés par un granule. On pourrait donc presque dire que dans toute cette série les genres sont pourvus de fasciole, s'il n'existait le genre *isaster*, qu'on ne peut placer ailleurs et qui m'a paru en manquer complétement.

Est-ce ici que devra venir le genre *brissopatagus* de M. Cotteau, dont nous ne connaissons du reste aucun des caractères qui permettraient de le classer ? Cette sous-tribu pourrait prendre le nom de *micrastériens*.

Dans d'autres spatiformes pétalés à apex compacte, les ambulacres sont à fleur de test ou à peu près, et du moins la zone interporifère est peu différente de la surface des aires interambulacraires. L'ambulacre antérieur est bien un peu différent des autres, mais ses pores sont en général conjugués, plus ou moins linéaires ; et on remarque, en outre, dans tous les ambulacres une inégalité plus ou moins grande entre les bandes des zones porifères; le péristome est à peine labié et quinquangulaire, ce que j'aurais pu déjà signaler dans certains *epiaster*. Du reste, ce dernier genre renferme plusieurs espèces de ce dernier type, ayant le fasciole péripétale diffus, les ambulacres un peu déprimés et que l'on devra classer dans le genre *hypsaster*, avec certaines autres espèces considérées comme des *toxaster*, mais plus gibbeuses et moins étalées en avant que les espèces typiques de ce genre. Le *toxaster argilaceus*, peut servir de type à ce genre *hypsaster*, ou du moins une espèce algérienne qui en est très-voisine.

Les *toxaster* ne m'ont montré aucune trace de ce fasciole diffus, pas plus que les genres qui en ont été distraits, *echinopatagus* et *enallaster*. On doit réserver ce nom de *toxaster* au type nommé *heteraster* par d'Orbigny, et on peut faire remarquer que cet auteur, si scrupuleux pour la réintégration de noms génériques anciens de valeur souvent problématique, aurait bien dû ne pas faire disparaître de la nomenclature un nom assez convenablement appliqué par une grande autorité comme celle d'Agassiz. Il sera nécessaire de faire une révision de ce groupe pour en expulser les espèces qui n'auront que des pores ronds, sans pores linéaires, à l'ambulacre impair et des ambulacres pairs déprimés et bien bornés, dont quelques-uns deviendront peut-être de nouveaux types à placer au voisinage de *epiaster*. Je nomme ce groupe *toxastériens*.

Nous passons actuellement à un type différent de structure de l'appareil apicial, qui devient allongé, parce que les plaques ocellaires paires antérieures s'intercalent entre les plaques génitales jusqu'à se toucher sur la ligne médiane ; ce qui fait que le tubercule madréporique devient plus excentrique en avant, et perd généralement de son volume. Les ambulacres, en conséquence, ne paraissent pas converger au même point. Ces oursins ont en général des pétales à fleur de test, très-mal bornés, dont les pores plus ou moins imparfaitement conjugués et disposés en accent circonflexe, sont parfois en partie linéaires, comme chez *echinopatagus*, au point que certaines espèces sont passées de ce dernier au genre *holaster*, et réciproquement, à mesure que l'on a mieux connu leur appareil apicial. C'est une des meilleures preuves de leurs affinités, que ne démentent point les tubercules épars au milieu de granules miliaires, eux-mêmes peu serrés, sauf quelquefois vers le sommet des ambulacres. *Hemipneustes, holaster*, et un genre intermédiaire à constituer sous le nom de *heteropneustes* avec le *holaster semistriatus*, sont dépourvus de fasciole; tandis que *cardiaster* en possède un marginal, équivalant au fasciole péripétale des brissiens, puisqu'ici les pétales vont presque jusqu'au bord. Il en serait de même du genre *infulaster*; mais je doute que son appareil apicial soit conformé comme dans les précédents. On peut donner à ce groupe le nom d'*holastériens*.

Je ne puis que rattacher ici en raison de ses ambulacres pairs subpétaloïdes, et de son ambulacre impair simple bien différent des autres, un genre dont l'appareil apicial est complétement dissocié par expulsion, en arrière de l'apex, des plaques ocellaires postérieures, en sorte qu'il paraît y avoir deux sommets ambulacraires. Le type de ce groupe est le genre *metaporinus*, dont les caractères relatés ci-dessus ne permettent pas l'association au type des *collyrites*, qui sont en tout dissemblables, sauf par la disjonction des pétales. C'est ici que je présume être la véritable place des *infulaster*; ce que décidera la connaissance de leur appareil apicial. On peut donner à ce groupe le nom de *métaporiniens*.

La seconde sous-famille des spatiformes a ses pores ambulacraires arrondis et ses ambulacres homogènes. C'est à peu près tout ce que l'on peut en dire de général, si on y comprend tous ceux des spatangoïdes des auteurs récents, qu'il nous reste à passer en revue.

Les *ananchytiens* ont la forme générale des animaux des tribus précédentes,

3

notamment la structure du péristome, dont les lèvres interambulacraires sont oblitérées par suite de la confluence des ambulacres pairs, et encore la structure du plastron formé par l'interambulacre postérieur, et bordé par les rangées d'assules ambulacraires peu nombreuses, et percées de paires de pores très-espacées et subatrophiées. La seule différence essentielle tient aux ambulacres tous simples et semblables, superficiels et à pores ronds et non conjugués. Nous trouvons encore un fasciole marginal dans le genre *offaster* : mais toutes les espèces qu'on y a rapportées ne le possèdent pas, et il y aura sans doute lieu de faire un triage et une seconde coupe générique pour les espèces sans fasciole, comme dans le genre *ananchytes*. Dans ces oursins l'apex est allongé comme dans les holaster, et cette conformité de structure avait paru motiver leur réunion, que les ambulacres infirment d'une manière très-positive.

Cet appareil apicial est en effet aussi compacte que chez les micraster dans le genre *stenonia*, qui, pour tout le reste de son organisation, ne saurait être distingué du genre ananchytes; au point que l'on peut hésiter à l'ériger en type de groupe, comme nous avons cru devoir le faire chez les spatiformes pétalés pour des différences analogues de structure.

Ce serait ici que certains auteurs placeraient les *dysastériens*, qui se font surtout remarquer par la disjonction considérable de leurs ambulacres, convergeant vers deux sommets très-distants. Les plaques génitales sont restées groupées suivant leur habitude ; mais les ocellaires ont suivi les ambulacres, dont elles dépendent. La structure compacte ou allongée de cet apex génital a donné lieu à la création des genres *dysaster* et *collyrites* assez voisins l'un de l'autre.

Le périprocte est postérieur dans ces deux genres, mais il devient supère et très-grand dans le genre *grasia*, qui passe manifestement à la forme des *hyboclypus*.

Ce groupe ne me paraît point être ici à sa place, et il manque d'un des caractères essentiels de la famille des spatiformes, qui consiste dans l'inégalité des lèvres du péristome et dans la disposition en plastron de l'interambulacre postérieur, bordé d'un petit nombre d'assules ambulacraires très-agrandis. Ici le péristome n'est aucunement bilabié; les lèvres sont égales et semblables, et chaque interambulacre participe par une pièce impaire à la constitution du cadre du péristome; les assules des ambulacres postérieurs sont médiocres et nombreux ; les pores, au voisinage du péristome, se dédoublent comme chez beaucoup de cassidulides, tandis que les spatangoïdes ne présentent rien d'analogue; c'est un rudiment de floscèle comme celui de quelques echinobrissus. La forme générale obovée ou même en cœur, et l'excentricité du péristome rappellent les spatiformes; mais le premier caractère tend à s'effacer et l'on connaît beaucoup d'espèces subcirculaires comme des nucléolites; et le second, qui paraît être souvent concomitant du premier, se montre également à des degrés presque semblables dans beaucoup de cassidulides; en sorte que cette disposition ne peut fournir qu'un caractère accessoire pour fixer les affinités du groupe. On peut encore corroborer ces remarques par l'analogie telle des collyrites avec les *hyboclypus* et *pachyclypus*, que certaines espèces ont voyagé d'un groupe à l'autre entre les mains d'auteurs très-savants qui, s'ils y avaient pris garde et n'avaient été sous l'empire d'habitudes antérieures, y auraient trouvé la preuve d'affinités réelles. Du reste, M. Desor avait déjà, dans son *Synopsis*, séparé radicalement les dysastériens des spatangoïdes ; mais en les éloignant beaucoup trop, il a nécessité la réaction proposée par M. Cotteau et qui consiste à les réintégrer dans la famille des spatangoïdes. Pour nous le genre *grasia*, par son périprocte supère, si insolite dans un oursin spatiforme, achève de nous convaincre que le véritable critérium du type spatangoïde se trouve, dans ces cas difficiles, dans le péristome et le plastron et que les *collyrites* ne sont point de ce type. Mais comme il est manifeste que ces oursins sont ceux qui s'en rapprochent le plus, puisqu'on a pu les confondre avec eux, nous leur assignerons dans la série générale une place qui les laissera dans leur voisinage le plus immédiat, en sorte que, selon que l'on obéira ou non à une habitude acquise, on allongera ou raccourcira simplement dans nos tableaux l'accolade qui embrasse chaque type.

La grande famille des lampadiformes est la plus complexe de l'ordre; elle renferme quatre grands types très-distincts, mais dont les affinités réciproques ont été assez diversement interprétées pour qu'on hésite encore sur la classification à adopter. Ces types sont ceux des galérides (ou *echinoconus*) et des caratomides dont les ambulacres sont plus ou moins simples, mais qui diffèrent essentiellement entre eux, parce que les premiers sont pourvus de mâchoires et que les seconds sont édentés; puis ceux des clypéastres et des cassidules dont les ambulacres sont plus ou moins pétaloïdes; mais les premiers ayant des mâchoires, et les seconds point. En sorte que si, au lieu de considérer les ambulacres comme critérium de la série, on s'en rapportait aux organes de nutrition, on établirait un groupe de dentés : *échinocones* et *clypéastres*, et un groupe d'édentés : *cassidules* et *caratomes*.

Le choix est assez embarrassant, parce que, d'un côté, la plupart des échinologistes ont refusé à l'appareil dentaire une valeur importante pour la classification et que, d'un autre côté, nous avons déjà vu et nous pourrons encore remarquer ailleurs, que les ambulacres passent assez facilement de la forme simple à la forme subpétaloïde, sans qu'il soit possible d'en fixer les limites; en sorte qu'on pourrait douter aussi de l'importance absolue de ce genre de critérium. La question a donc besoin d'être examinée à un autre point de vue.

Les oursins lampadiformes, compris entre les globiformes d'un côté, et les spatiformes de l'autre, doivent évidemment s'y rattacher par des types de transition qu'il s'agit de trouver. Vers le bas de la série, la question est depuis longtemps jugée et nous verrons que les échinoconides sont parfois assez voisins des vrais echinus, pour qu'on ait hésité à rapporter à l'un ou à l'autre de ces types des espèces incomplétement connues ; or, ces échinoconides sont dentés comme tous les globiformes. Vers le haut de la série se trouve la difficulté sérieuse.

Les cassidulides ont été le plus souvent rapprochés des spatiformes, parce que les ambulacres pétaloïdes sont les plus habituels dans les deux séries et que plusieurs de ces cassidulides tendent à prendre la forme ovoïde ; puis ils sont édentés comme les spatangues. Cette concordance entre les affinités d'ensemble et celles de l'appareil digestif est sans doute une présomption pour que ce dernier ne soit réellement pas aussi insignifiant qu'on l'a supposé. S'il en était ainsi, les caratomides, tels que nous les considérons, c'est-à-dire réunis aux échinonéens, ne seraient peut-être pas déplacés dans une série qui comprendrait tous les oursins édentés, tandis que les clypéastres iraient dans l'autre série avec les galérides et les cycliformes. Mais ici sont les difficultés et elles sont de deux sortes. D'abord, on a toujours placé les échinonées avec les échinoconides, et ce n'est qu'en dernier lieu que les derniers ont été séparés comme tribu ; on ne peut disconvenir, en effet, que la ressemblance est grande et que la différence réelle ne réside que dans la bouche dentée ou édentée. Mais la ressemblance est aussi grande avec les collyritides ; puisque M. Desor place ces derniers oursins à la suite des galérides, et si ces collyrites sont également voisins des spatangoïdes, comme beaucoup d'auteurs l'admettent, l'analogie par l'absence de dents donnera la prépondérance à ce dernier caractère. Donc les lampadiformes à ambulacres simples ou presque simples, sans floscèle et à bouche édentée, englobant probablement les dysaster, devront se placer au voisinage des ananchytes, et, par conséquent, entre ceux-ci et les cassidulides.

Il en résultera ceci d'assez singulier, que dans la série des dentés la forme pétaloïde des ambulacres n'entraînera plus forcément la place des espèces qui en sont pourvues, dans les parties élevées de la série ; puisque les caratomides viendront avant ou au-dessus des cassidulides. Mais on peut remarquer que ces cassidulides feront aussi transition vers les clypéastres, leurs voisins également pétalés. Cette disposition sériale ménage donc admirablement les transitions, et si à certain point de vue elle ne marche pas parallèlement avec ce que nous considérons comme des degrés divers de perfectionnement, cela peut tenir à ce que le type des lampadiformes étant central et pivotal, la dégradation se fait en sens inverse de chaque côté pour la structure ambulacraire. On peut remarquer, à ce point de vue, que si dans les deux groupes extrêmes des échinides les ambulacres vont se compliquant, chez les spatiformes c'est pour devenir pétaloïdes, et chez les globiformes, comme nous l'exposerons ci-dessous, c'est pour devenir de plus en plus diffus par dispersion des pores.

Nous formerons donc une sous-famille des *caratomides* avec les oursins lampadiformes édentés, dont le péristome est subcentral ou souvent excentrique en avant et dépourvu de mâchoires et de bourrelets ainsi que de floscèle, dont les ambulacres sont continus, ou presque continus, du sommet apicial à la bouche, devenant parfois subpétaloïdes par suite du grossissement ou de l'allongement des pores au-dessus de l'ambitus, ou même aussi par un commencement de conjugaison. Les tubercules sont le plus souvent homogènes, non sériés, épars ou serrés.

Nous ne nous dissimulons pas que les tendances des échinologistes actuels sont peu favorables à l'adoption de ce groupe ainsi constitué ; mais nous ne doutons pas que, lorsque l'habitude et certaines préventions doctrinales se seront assez affaiblies, on ne reconnaisse l'opportunité de la réforme que nous introduisons. Les modifications de l'appareil apicial rappellent toutes celles du type des spatiformes.

Les *dysastériens*, exclus de la famille des spatiformes, formeront ici une première sous-tribu caractérisée par la disjonction de l'appareil apicial; le genre *grasia* par son vaste périprocte supère conduit à la suivante.

La sous-tribu des *hyboclypiens* est caractérisée par un apex allongé, par suite de l'interpolation des plaques ocellaires aux plaques génitales; mais il n'est pas disjoint. Les deux genres connus, *hyboclypus* et *pachyclypus*, ont comme *grasia* le périprocte supère. Je n'hésite pas à réunir ces deux types dans une même grande tribu sous le nom de *dysastériens*; le second ne diffère essentiellement du premier, en dehors de l'appareil apicial, que par le péristome subcentral de son second genre. Ce n'est du reste que revenir à une ancienne vue des auteurs et de M. Desor en particulier, qui avait attribué à des *dysaster* des espèces de ces deux genres.

Les *échinonéens* forment un second type dont les ambulacres sont encore très-simples et semblables dans toute leur étendue, mais leur apex est de structure compacte, tantôt avec cinq, tantôt avec quatre plaques génitales seulement. Le péristome y est souvent oblique, par exemple dans *pyrina* et *echinoneus*. Il est circulaire, subanguleux dans *globator* et *desorella*.

Les genres qui suivent ont des ambulacres, qui commencent à devenir pétaloïdes et il pourrait paraître incertain de leur assigner ici une bonne place, si les renvoyant dans un autre groupe ils devaient se trouver très-éloignés de cette place. Mais dans le cas qui nous occupe la question doit se borner à déplacer les extrémités d'une accolade de tableau. Les raisons qui me portent à les maintenir ici sont surtout tirées du péristome, qui est toujours dépourvu de bourrelets labiaux et de floscèle bien distinct, puis du peu de différence qui existe dans les pores ambulacraires entre les faces supérieure et inférieure, ce qui n'est pas le cas des cassidulides. Pour un premier groupe les pores sont simplement un peu plus grands à la face supérieure *pseusodorella*, *haimea*, *caratomus*, *nucleolites* (Desor *non auct.*) et probablement *heterolampas*. Il en est de même dans *asterostoma*, mais ici l'ambulacre antérieur est à pores plus petits, quoique semblables; la structure de l'apex est inconnue et l'état des exemplaires connus ne permet pas de la soupçonner. Dans un troisième groupe enfin les pores ambulacraires supérieurs deviennent linéaires dans les zones externes et sont plus franchement pétaloïdes; mais un caractère qui les rattache au type précédent, c'est que le péristome, toujours sans bourrelets, est souvent oblique. Les genres qu'on y rattache sont *pygaulus*, *amblypygus* et *echinobrissus*. Les sous-tribus des caratomiens, des astérostomiens et des pygauliens peuvent être groupées en une tribu sous le nom de *nucléolitiens*.

Les *cassidulides* ne diffèrent des précédents que par les bourrelets qui entourent le péristome et séparent les phyllodes du floscèle, puis par des ambulacres plus pétaloïdes, c'est-à-dire dont les pores s'atrophient plus ou moins sous l'ambitus et sont au contraire conjugués vers les parties dorsales. Nous inclinerions volontiers à réunir ce groupe au précédent en une grande sous-famille; parce qu'il n'y a pas de différence bien essentielle entre eux, surtout pour le floscèle, qui tend à s'effacer dans les derniers et semble se constituer déjà chez les nucléolitiens par un premier dédoublement des pores; de sorte qu'il ne reste plus que les bourrelets dont l'importance est contestable. Mais comme cette question ne saurait influencer la disposition sériale que nous adoptons, nous ne nous y arrêterons pas plus longtemps. On doit y distinguer un premier type qui est comme une réminiscence d'*asterostoma*, le genre *archiacia*, remarquable en ce que l'ambulacre antérieur a des pores non-seulement plus petits et plus simples, mais encore dédoublés; le floscèle et les bourrelets péristomiens sont faiblement développés. Ce n'est qu'avec doute qu'on leur réunit les *claviaster*, dont la forme est encore plus anomale. On peut les nommer *archiaciens*.

Les bourrelets sont assez bien développés, mais les phyllodes sont nuls dans les *clypéens*, qui comprennent les genres *clypeus*, *clypeopygus* et certains *conoclypus*. Le floscèle est plus développé, mais ses pores ne sont point conjugués dans les *échinanthiens*, où se rangent le plus grand nombre des genres, tels que *echinolampas*, *pygorynchus*, *echinanthus*, si peu distinct de *botriopygus* et *stigmatopygus*. Dans les *cassiduliens* vrais, les bourrelets du péristome sont toujours très-accusés ainsi que le floscèle; mais les pores de ce dernier sont conjugués comme ceux des pétales; les genres sont *catopygus*, *rhynchopygus*, *cassidulus*, *pygurus* et *arduinia*. Enfin, dans le groupe des *faujasiens* les pétales sont courts et fermés, le floscèle est bien distinct et même à pores conjugués dans *faujasia*; mais les sillons ambulacraires sont atrophiés à la face inférieure; *eurhodia* constitue le second genre de ce type, qui passe manifestement au facies clypéastroïde. Du reste, tout cet ensemble est assez homogène et ne peut donner lieu en général à des remarques bien intéressantes au point de vue de la classification. Nous nous bornerons à signaler quelques particularités dans les deux genres que nous avons eu à étudier dans nos terrains tertiaires algériens.

Les oursins réunis par les auteurs, dans le genre conoclypus, paraissent appartenir à plusieurs types. Les espèces crétacées comme *C. Leskei* à forme allongée, à pétales pourvus de larges zones porifères et à phyllodes bien distincts, devront sans doute former un genre, qui ira se placer dans le groupe des échinanthiens. Parmi les espèces dont les phyllodes sont nuls, quoique leurs pores se dédoublent près du péristome, il y en a qui ont les pores externes des pétales linéaires plus ou moins allongés; elles sont surtout du terrain nummulitique *C. conoideus*, *C. Bordæ*, etc., et peuvent être considérées comme typiques. D'autres ont les pores des pétales ronds, quoique conjugués, et par conséquent les zones porifères étroites dans toute l'étendue des pétales. Celles-ci, toutes des terrains tertiaires moyens, comme *C. semiglobus*, *Lucæ*, *latus*, *doma* et *oranensis*, ne diffèrent presque de beaucoup d'échinolampes que par leur forme plus hémisphérique, plane et tronquée en dessous, et un peu par leur floscèle plus rudimentaire, qui les fait classer avec les vrais *conoclypus* dans la sous-tribu des clypéens. On pourrait nommer ce sous-genre *hypsoclypus*, et donner au type du *C. Leskii* le nom de *clypeolampas*.

Les échinolampes sont loin aussi de constituer un genre bien homogène; indépendamment de la forme, qui est orbiculaire ou subovoïde, on y trouve deux types d'ambulacres. Chez les uns *E. Jubæ*, *E. angulatus*, *E. algirus* du type subcirculaire, *E. pyguroides* et *insignis* du type allongé, les zones porifères sont à peu près égales en longueur. Chez les autres, telles que *E. scutiformis*, *cartenniensis*, *inæqualis*, *claudus*, *curtus*, *hayesianus* et *flexuosus*, il y a toujours une zone beaucoup plus courte que l'autre, surtout dans les pétales pairs, qui paraissent être boiteux. Ce sont les zones internes qui se raccourcissent ainsi, c'est-à-dire l'antérieure pour la première paire et la postérieure pour la seconde paire; dans l'ambulacre antérieur, c'est la zone de gauche qui se raccourcit lorsque cet ambulacre est également boiteux. L'*echinolampas claudus*, Pl. VIII, f. 3, est surtout remarquable à ce point de vue; c'est une des espèces les plus allongées. Du reste, dans tous ces oursins il existe un caractère assez constant et qui m'a paru particulier au genre, en sorte qu'on devrait l'introduire dans sa diagnose; c'est que l'ambulacre antérieur est toujours irrégulier parce que la zone porifère de droite, beaucoup plus arquée, le rend bossu de ce côté, tandis que la zone gauche tend au contraire à devenir droite. On retrouve ces deux sortes d'ambulacres chez les espèces vivantes, la première dans *E. Hellei*, la seconde dans *E. oviformis* et *E. Bottæ*. Excellent pour établir deux sections dans le genre, ce caractère ne nous paraît pas suffisant pour le faire scinder en deux coupes génériques, surtout à cause des gradations insensibles qu'il nous a offertes. Remarquons, en terminant, que l'appareil apicial prend dans ce groupe des cassidulides un caractère particulier; le tubercule madréporique est au centre en forme de gros bouton saillant; les plaques génitales sont peu distinctes, et il est le plus souvent impossible de décider si c'est toujours l'antérieure de droite qui porte le bouton; la plaque impaire fait défaut, ou bien elle est imperforée. Les plaques ocellaires sont distinctes et logées dans les angles. Nous pouvons dire déjà que, dans les clypéastroïdes, l'apex est construit sur le même type, même avec un développement plus considérable du tubercule madréporique, qui ne laisse de libre que l'extrémité des plaques génitales au voisinage de la perforation; la présence du cinquième pore est, en outre, presque habituelle dans la famille.

Ici se termine la grande série des oursins édentés; celle qui va suivre ne renferme plus que des animaux pourvus de mâchoires, et elle ne sera pas moins méthodique et naturelle que la précédente; ainsi se trouvera justifiée l'importance de l'appareil masticatoire, signalée d'abord par M. Charles Desmoulins, puis contestée par M. Desor d'après une idée erronée, à savoir : que l'appareil dentaire étant l'apanage des oursins les moins élevés en organisation, il ne pouvait être un signe de supériorité et, par conséquent, ne pouvait avoir aucune valeur pour la classification. Or, la question n'est point là; peu importe que le développement de l'appareil dentaire soit en raison inverse ou directe du perfectionnement; ce qui est incontestable, c'est qu'il doit être en rapport avec le régime et l'organisation de ces êtres, et que laisser réunis dans un même groupe les oursins dentés et d'autres édentés ne pouvait être conforme aux principes de la méthode naturelle. Cette idée, du reste, semble avoir été la conséquence de l'ignorance, dans laquelle on est longtemps resté sur cette partie de l'organisation des types fossiles.

L'importance toute secondaire, du reste, que nous avons attribuée à l'appareil dentaire pour distribuer nos séries, qui sont bien plutôt le résultat du rapprochement par affinités générales des différents types, donne certainement une grande valeur à ce résultat.

La première sous-famille des lampadiformes dentés, celle des *clypéastroïdes*, est caractérisée par des ambulacres pétaloïdes ou subpétaloïdes, mais surtout par une certaine structure des aires interambulacraires, qui est toute particulière; d'abord elles sont plus étroites à l'ambitus que les aires ambulacraires ; puis, à l'approche du péristome, elles se réduisent à un seul assule, qui tantôt s'insinue en coin entre les deux assules ambulacraires pour toucher presque au péristome, tantôt reste éloigné de ce péristome, qui est alors entièrement constitué par les assules ambulacraires. Une disposition analogue s'observe chez les spatiformes, dont les ambulacres pairs convergent ainsi vers la bouche sans y laisser arriver l'aire interambulacraire qu'ils encadrent. Une autre particularité du groupe, c'est que la majorité des espèces sont pourvues de cloisons et de piliers internes, que l'on ne rencontre dans aucune autre famille.

Le genre *clypéastre* constitue à lui seul une tribu caractérisée par ses mâchoires à dents verticales, son péristome enfoncé, ses larges pétales obovés et le sillon simple, qui représente la zone porifère de l'ambulacre à la face inférieure. La forme extérieure est assez diversifiée; mais l'homogénéité d'organisation est telle qu'on ne peut introduire dans ce vaste genre que des coupes artificielles. Ainsi le passage aux *scutelles* s'opère par des espèces très-plates à bords dilatés et amincis, mais dont la région pétalée se soulève de plus en plus et finit par oblitérer la dilatation marginale, dont le bord reste cependant tranchant. Un second groupe n'en diffère que par la forme arrondie et plus ou moins épaissie de ce rebord, et la forme générale peut y être encore déprimée, ou bien gibbeuse et même pyramidale. Dans ces deux groupes, la face inférieure peut être plus ou moins creusée vers la bouche, mais ses bords restent plats; tandis que, dans un troisième groupe, toute cette face est concave et le bord en est très-largement arrondi.

Les types de ces diverses sections sont : *C. marginatus*, *C. altus* et *C. rosaceus.* Les espèces sont assez difficiles à distinguer; parce que la forme générale extérieure est susceptible de certaines variations, moins étendues cependant qu'on ne l'a cru jusqu'ici. La forme et la saillie des pétales, le nombre des tubercules compris entre les sillons, ceux des rangées du dos de ces pétales, la dimension des tubercules des deux faces supérieure et inférieure, la distance à laquelle l'aire interambulacraire s'arrête de la bouche et quelques autres particularités fournissent les meilleurs caractères spécifiques. Une des particularités des faunes miocènes échinologiques de l'Algérie consiste dans l'abondance des espèces de ce genre, qui s'y montrent sous toutes les formes, sauf celle du *C. rosaceus*. Nous en avons figuré trente-cinq espèces, parmi lesquelles cinq seulement ont pu être attribuées à des espèces déjà connues de l'Europe.

Les *scutelliens* ont les ambulacres pétaloïdes des précédents, mais leurs sillons de la face inférieure sont dichotomes-ramifiés ; les mâchoires ont leurs dents horizontales; le péristome à fleur de test est pourvu de tubes buccaux, et l'interambulacre y envoie une pièce cunéiforme, qui entre dans la composition de ce qu'on nomme la rosette buccale. Il y a presque ici autant d'homogénéité que dans la tribu précédente; cependant de faibles particularités d'entailles et de perforations ont permis d'établir un certain nombre de genres peut-être artificiels, mais utiles pour grouper les espèces assez nombreuses que l'on en connaît. Nous avons eu à figurer un petit nombre de vrais scutelles et d'amphiopes propres à l'Algérie.

Les *laganes* ont les mâchoires des scutelles : mais les ambulacres à la face inférieure ne sont point ramifiés. La rosette buccale est semblable à celle des scutelles avec les mêmes tubes buccaux; en sorte qu'il n'y a de différence que dans les ramifications des sillons ambulacraires, assez variables suivant les genres et même les espèces pour perdre de leur valeur comme caractère essentiel. Pour nous, les laganiens vrais ne sont que des scutelliens d'une sous-tribu à peine distincte.

Mais les *fibulariens*, avec lesquels on les a confondus, en sont très-distincts et constituent une tribu bien caractérisée par son péristome sans rosette ni tubes buccaux et par ses pétales très-imparfaits, à pores ronds, non conjugués et simplement un peu plus ouverts que ceux de l'ambitus et de la face inférieure. Ce groupe comprend les genres suivants : *echinocyamus*, *fibularia*, *moulinsia*, *lenita*, *scutellina*. La simplicité des pétales, qui va presque quelquefois jusqu'à l'atrophie, indique qu'il ne faut pas s'en référer uniquement aux modifications de cet organe pour établir les grandes divisions : elle fait en quelque sorte le passage à la structure habituelle de la sous-famille suivante.

Les *galérides* forment la quatrième division des lampadiformes et la seconde de la série des échinides dentés. La structure de leur appareil masticatoire n'est pas encore très-bien connue, et on ne sait pas encore d'une manière certaine s'il ne faudra pas rapporter quelques-uns de ses genres parmi les *échinonéens;* car on n'a pu encore constater s'ils étaient dentés ou non. En général ces oursins se font remarquer par l'arrangement en séries verticales des tubercules, qui sont ordinairement épars dans les autres lampadiformes. Leurs ambulacres sont simples et semblables dans toute leur étendue; ce qui, avec le caractère précédent, les rapproche des globiformes qui vont suivre. L'appareil apicial est compacte avec ses plaques distinctes, mais la génitale impaire est imperforée ou manque quelquefois; plus rarement le périprocte est en partie encadré par les plaques génitales paires, disposées en demi-cercle; et l'impaire manquant correspond à la lacune périproctale qui s'étale plus ou moins.

On peut y établir deux groupes assez distincts; celui des *échinoconiens* a le péristome relativement petit et faiblement entaillé ou simplement anguleux. Quelques auteurs persistent à rapporter ici les *globator* et *pyrina* que nous avons placés avec les échinonées; leur place définitive sera fixée par l'absence ou la présence des mâchoires. Les genres *anorthopygus*, *echinoconus* et *discoïdea* sont les seuls bien certains. M. Desor divise *echinoconus* en deux genres pour conserver le nom de *galerites*, mais peut-être d'après des caractères bien superficiels : la petitesse des pores ambulacraires. Le genre discoïdea est remarquable par les rudiments de cloisons internes, rappelant les échinocyames et présentant le seul cas d'une pareille organisation en dehors de la famille des clypéastroïdes.

Le groupe des *piléens* montre au contraire un péristome grand et fortement entaillé à la manière des diadèmes, en sorte qu'il est probable que ces animaux étaient pourvus de branchies buccales comme les échiniens. L'appareil apicial est compacte chez les *holectypus, pileus* et *pygaster;* mais il s'ouvre en demi-cercle pour border le périprocte, et la plaque génitale impaire manque dans les genres *galeopygus* et *echinoclypus*. La transition au groupe des globiformes est tellement accusée dans ces lampadiformes, qu'on a pu quelquefois les confondre d'après des échantillons un peu incomplets. Un *pygaster*, qui ne montrerait que sa face inférieure, ne pourrait pas toujours être reconnu tel à première vue; un *pileus* à pores dédoublés, comme dans beaucoup de globiformes, serait encore facile à méconnaître au premier examen; mais ce sont surtout les *echinoclypus*, où l'illusion pourrait être complète, si l'on ne possédait que la moitié antérieure du test, qui viennent nous démontrer que l'opposition de l'anus à la bouche et sa liaison au cadre génital ne peuvent être, comme on l'a prétendu, un caractère de valeur absolue.

La famille des oursins globiformes est caractérisée surtout par le sommet génital, qui entoure complétement le périprocte. L'appareil masticatoire est plus compliqué que chez les précédents. Les ambulacres ne sont jamais pétaloïdes, du moins à la manière des spatiformes et lampadiformes; mais les pores, semblables dans toute l'étendue de l'ambulacre, se disposent souvent en séries alternes ou obliques et même s'éparpillent presque confusément de manière à construire des zones élargies, soit dans toute la longueur de l'ambulacre, soit seulement dans une partie et plus ordinairement au voisinage du péristome; reproduisant un peu alors l'image de pétales ou de phyllodes.

La forme est plus habituellement circulaire, plus rarement oblique, et l'orientation n'est plus marquée que par le tubercule madréporique adhérent à la plaque génitale paire de droite. Nous avons dit plus haut que l'on ne pouvait réunir à cette famille un groupe d'oursins qui montrait la plupart des caractères ci-dessus énumérés, mais qui différait essentiellement par la plus grande complication de son test-squelette, dont les assules ne forment plus uniquement des doubles rangées, c'est-à-dire une double pour chaque aire, mais un nombre beaucoup plus élevé qui marque une dégradation manifeste du type et une transition aux échinodermes, pourvus d'assules en nombre illimité, tels que les stellérides et certains crinoïdes. Ils doivent constituer un sous-ordre particulier.

Les globiformes sont moins diversifiés que les lampadiformes, quoique beaucoup plus nombreux; aussi le grand nombre de genres que l'on y a créés reposent sur des particularités jugées quelquefois sans valeur dans les autres familles. On peut toutefois y tracer deux grandes divisions par la considération de la structure ambulacraire. Les cidarides ou holostomes ont les tentacules ambulacraires prolongés en série sur la membrane péristomienne et ne sont point pourvus de branchies buccales aux angles des ambulacres. Le péristome est arrondi et ne montre aucune trace des entailles en échancrures, où se logeraient ces branchies. En outre, les ambulacres sont très-étroits, seulement pourvus de granules, et leurs assules ne portent qu'une paire de pores. Cette simplicité des ambulacres, indiquant une spécialisation plus marquée de chaque espèce d'aire, nous démontre que ce type est le plus élevé de la série; tandis que ceux où les pores ambulacraires se dispersent sur une aire peu différente en largeur et en tubercules de l'aire interambulacraire, doivent être plus inférieurs, et c'est chez ces derniers que nous trouvons les espèces les plus irrégulières par suite d'une déformation oblique.

Les *cidariens* constituent la seule tribu de ce groupe; on pourrait cependant les diviser en trois sections d'assez faible importance. La première, ornée de fossettes et impressions sur diverses parties du test comprend *temnocidaris*, *goniocidaris* et *porocidaris*. M. Desor avait cru pouvoir caractériser ce dernier par des radioles en double scie ; mais il en existe de tels chez les vrais cidaris et nous en figurons une espèce qui montre que cette forme n'est qu'un état particulier de modification de radioles plus compliqués. Un second groupe est dépourvu de ces impressions et comprend *rhabdocidaris* et *cidaris*. L'inconstance des crénelures des tubercules ne permet pas d'admettre le genre *leiocidaris*, au moins d'après cet unique caractère. *Cidaris* est le genre le plus vaste et le plus homogène dont on pourrait à peine distraire quelques espèces à apex persistant et solide, tandis qu'il est ordinairement libre et très-caduc. Un troisième type, caractérisé par ses ambulacres droits, tandis qu'ils sont flexueux dans les autres et à tubercules petits relativement, comprend *orthocidaris* à pores en série continue et *diplocidaris* à pores dissociés en double série. On pourrait en faire une sous-tribu à part.

Les vrais échinides, ou glyphostomes, n'ont sur la membrane buccale qu'un assule ambulacraire libre, et, par conséquent, une seule paire de tentacules buccaux à chaque ambulacre. Mais il existe de plus aux angles de ceux-ci une branchie buccale, tantôt appliquée contre une légère entaille du cadre péristomien, tantôt logée dans une échancrure plus ou moins profonde, large ou étroite de ce même cadre, mais toujours dans la partie constituée par les pièces interambulacraires. Les ambulacres sont de forme assez variable, depuis celle propre aux cidarides et ne montrant que des granules, jusqu'à celle des holopneustes, où toutes les aires sont presque égales et semblablement tuberculées. Les pores ambulacraires sont ordinairement uniformes dans toute l'étendue de l'ambulacre et toujours disposés en unique paire sur chaque assule ; mais les assules élémentaires venant à se souder en nombre variable, afin de constituer des plaques assez étendues pour porter chacune un tubercule, il en résulte que le nombre des pores paraît variable d'un genre à l'autre, et même assez souvent dans les diverses parties du même ambulacre chez certaines espèces. Lorsque l'espace est suffisant pour loger les assules ambulacraires dans une série unique, les pores sont aussi rangés sur une seule ligne, soit droite, soit flexueuse. La série échelonnée se rattache à cette dernière disposition par nuances insensibles. Mais lorsque le nombre d'assules est trop grand pour permettre ces dispositions simples, ces pièces s'entassent en se refoulant réciproquement, de manière quelquefois à ne conserver chacune que la dimension suffisante pour loger la paire de pores. Ceux-ci affectent alors des dispositions multisériées, très-variées dans certains groupes et dont on s'est servi pour caractériser des genres nombreux. Mais il est à remarquer que ces particularités de structure ambulacraire n'ont pas été considérées comme ayant la même valeur dans les différentes parties de la série. Les différences, du reste, sont moins fondamentales que ne semblent l'indiquer les expressions qu'on y a affectées ; elles se réduisent au volume du tubercule comparé à celui des pièces qui devront se souder pour constituer la plaque composée qui le porte.

Les glyphostomes sont extrêmement nombreux et ont été divisés en une foule de genres, en général peu tranchés et qui reposent souvent sur des particularités organiques de minime importance. On a essayé également de les grouper en familles ou tribus; mais ces tentatives ont présenté des divergences complètes.

On paraît cependant s'être assez bien accordé pour isoler en un groupe nettement caractérisé, soit de tribu, soit même de famille, une série de genres dont l'apex, plus ou moins persistant et développé, comprend en outre des dix plaques élémentaires ocellaires et génitales, une ou plusieurs plaques suranales, qui refoulent le périprocte un peu en dehors du sommet. On a cru y voir une tendance à l'irrégularité et un passage aux familles précédentes, dont le périprocte est indépendant de l'apex; mais c'est une simple illusion. D'abord on ne peut pas dire d'une manière absolue que l'anus est positivement au sommet organique dans les globiformes, puisque ce sommet est certainement le tubercule criblé ou *madréporide*, qui, dans un grand nombre d'espèces, déforme le cadre du périprocte, ainsi qu'on peut s'en convaincre dans nos planches; en sorte qu'on peut dire que cette ouverture est ordinairement plus ou moins excentrique, même dans les animaux où elle reste comprise dans le cadre apicial. En second lieu, on doit remarquer que cette plaque ou ces plaques suranales ne sont point ici un élément spécial et nouveau; car elles représentent les assules qui, libres d'adhérence entre eux, couvrent et protégent la membrane anale et font office d'une valve complexe pour fermer l'ouverture. Il est manifeste que c'est une ou plusieurs de ces pièces, et pas toujours la même, qui, devenue adhérente, a persisté sur ces oursins. Comme ces pièces se séparent facilement par la macération et qu'elles manquent presque toujours chez les fossiles, on semble avoir oublié qu'elles ont dû exister chez ces animaux vivants. On peut, en outre, facilement vérifier, sur les oursins de nos mers, que cet ensemble de plaques anales est assez variable d'une espèce à l'autre, et très-souvent assez irrégulier pour que l'anus soit excentrique dans le cadre du périprocte. Il arrive aussi que cet appareil, se simplifiant, devient à peu près symétrique, comme chez les échinocidaris; il y aurait dans ce cas une particularité au moins aussi remarquable de structure que dans la soudure d'une pièce ordinairement libre ailleurs, et personne n'a encore songé à y trouver les éléments d'une division autre que générique.

Des genres, comme *goniopygus* et même *glypticus*, dépourvus de ces pièces suranales soudées, ont cependant des affinités manifestes avec certains genres de saléniens par le grand développement de l'apex. L'on sait, du reste, que M. Agassiz rapprochait le premier genre de ce groupe, tandis qu'il renvoyait ailleurs, au voisinage des Diadèmes, les *acrosalénies* pourvues de pièces suranales, mais dont l'apex était passablement caduc; d'où on peut conclure que, pour cet habile zoologiste, le critérium du type était moins dans la soudure d'une pièce anale que dans le développement, la persistance et la sculpture des pièces de l'apex. Ces deux types d'apex saléniens sont bien distincts; on peut même encore entrevoir d'autres combinaisons, surtout parmi les espèces de pseudodiadème, qui ont dû avoir, comme le *P. lybicum*, l'angle postérieur du disque apicial très-prolongé en arrière. Un groupe de cidaris, formé des *C. cretosa*, *Carteri* et *Mersayi*, a le disque apicial plus persistant et épaissi pour fournir une large ligne de suture aux pièces anales, dont quelqu'une pourrait bien devenir persistante chez d'autres espèces où ces particularités seraient encore plus accentuées.

Pour nous, nous n'hésiterions presque pas à supprimer cette division pour en répartir les principaux types dans les deux tribus suivantes; mais nous avouons que nous préférons laisser au temps le soin de cette réforme; car actuellement il nous paraîtrait difficile de la faire accepter par les partisans des tableaux synoptiques de classement dichotomique, qui font un peu oublier les principes de la méthode naturelle.

Quoi qu'il en soit, et tant qu'on le conservera, ce groupe des *saléniens* devra, dans la méthode, venir immédiatement après les *cidariens*, parce que ses espèces conservent le faciès de ces derniers, en raison du peu de développement de leurs aires ambulacraires, ornées de simples granules ou de tubercules très-réduits, et munies de pores en une ou deux paires, rarement trois par chaque plaque. Ceux qui ont l'ambulacre le plus réduit, ont des tubercules imperforés. Dans les uns les pores sont unigéminés; mais il y en a d'accessoires dans des fossettes qui remplacent quelques granules basilaires : *goniophorus*. Dans les autres, les pores sont en doubles paires, ou, comme l'on dit, bigéminés : *peltastes, salenia*. Les tubercules sont perforés dans les autres genres. Parmi eux les premiers ont encore un apex très-solide; leurs ambulacres ont des granules dans la plus grande partie de leur longueur, avec pores bigéminés, et quelques tubercules avec pores trigéminés près du péristome : *pseudosalenia, heterosalenia*. Les derniers genres ont de petits tubercules et des pores trigéminés dans toute la longueur de l'ambulacre, et le disque apicial, peu développé, est moins persistant : *acrosalenia, amphisalenia* (*acrosalenia aspera* Agass. à périprocte sublatéral).

Les genres très-nombreux qui restent après cette première division sont classés par M. Wright en trois familles qui ne seraient pour nous que des tribus : 1° les *hémicidaridés*, caractérisés par des tubercules ambulacraires plus petits que les interambulacraires, et, par conséquent, par une grande inégalité des deux zones; 2° les *diadématidés*, à tubercules peu différents dans les deux aires, ont ces tubercules ou crénelés ou perforés; 3° les *échinidés* ont des tubercules égaux dans les deux aires, mais ni crénelés ni perforés. Le premier groupe est le plus difficile à bien limiter.

M. Desor divise cet ensemble en deux grandes sections, d'après la considération du nombre de pores qui existent sur chaque plaque ambulacraire. Il nomme *oligopores* ceux qui en ont trois paires seulement, et *polypores*, ceux qui en ont un plus grand nombre. Mais il paraît que ce qui avait surtout frappé l'auteur, c'était l'irrégularité de distribution de ces pores dans un certain nombre de genres; puisque ceux, où ces organes restent en série droite ou seulement ondulée, se sont trouvés oubliés parmi les oligopores. On ne voit pas pourquoi, dans cet ordre d'idées, on ne créerait pas une section pour chaque nombre; car on trouve des espèces à une seule paire, à deux paires, d'autres à deux et trois paires, et il n'est pas rare non plus que le chiffre trois se marie à quatre et même à cinq; en sorte que les combinaisons sont plus variées que ne le supposerait cette division. M. Cotteau a aussi établi deux groupes qu'il qualifie de familles, non plus d'après la considération du nombre, mais bien par celle de l'agencement de ces pores, qui sont en série continue chez les *diadématidés*, et en série dissociée ou échelonnée chez les *échinidés*. Les premiers sont distribués en tableaux synoptiques, suivant que les tubercules sont perforés et crénelés, perforés sans crénelures, crénelés sans perforation, et enfin absolument lisses. Les seconds sont scindés en deux sections, l'une à tubercules perforés ou crénelés, l'autre sans crénelure ni perforation ; puis chacune est subdivisée, suivant les vues de M. Desor, en oligopores et polypores. Ces divisions, du reste, ne figurent que dans un tableau systématique destiné à donner la clef des genres, et on ne saurait dire si l'auteur considère cet arrangement comme l'expression de la méthode naturelle.

Nous avons déjà dit que le nombre de pores groupés sur chaque plaque ambulacraire, celle-ci étant alors composée de plusieurs assules soudés, n'avait pas la constance nécessaire et ne se liait du reste avec aucune particularité essentielle d'organisation pour pouvoir servir de base à une distribution naturelle des genres ; ce nombre n'est même pas constant dans les diverses parties d'un même ambulacre dans les espèces polypores à zones porifères droites ou peu flexueuses. La continuité ou la dissociation de ces mêmes zones ne paraît pas non plus avoir une grande valeur pour le même objet. On remarquera, en effet, que, dans les genres placés parmi les diadématidés, plusieurs ont des pores dédoublés, c'est-à-dire en série double dans une partie de l'ambulacre, et même souvent échelonnés, surtout près du péristome, et il est même singulier qu'on refuse dans certains cas une valeur générique à cette modification; témoin *diplopodia* et *coptosoma*. En outre, il existe des genres où il est difficile de déterminer si les pores sont en série continue ou s'ils sont échelonnés ; et même lorsque l'on examine l'intérieur du test des *echinus*, *sphœrechinus* et *toxopneustes*, on y voit que les pores y sont simplement en série flexueuse continue, et par conséquent que c'est à travers le test que certains de ces pores ont obliqué pour former à la face extérieure une série échelonnée. Cette disposition ne paraît donc pas concorder avec des particularités importantes de structure des ambulacres, et quoique dans d'autres genres l'irrégularité soit aussi bien interne qu'externe, elle ne peut avoir pour la classification qu'une valeur tout à fait relative. Considérées en elles-mêmes, ces modifications des zones ambulacraires ne peuvent caractériser des groupes de quelque valeur; elles ne prennent de l'importance que lorsqu'elles concordent avec d'autres particularités de structure, en vertu de ce principe de la méthode naturelle, que le nombre doit suppléer à l'intensité des caractères.

Si nous examinons maintenant les particularités de structure des tubercules, l'observation directe nous démontrera leur valeur bien inégale. Les crénelures n'ont aucune constance chez les *cidaris* et *rhabdocidaris*, et on a dû les abandonner même comme caractère générique. Au premier abord, elles paraissent plus constantes dans le groupe des pseudodiadèmes; cependant il y existe encore des genres où ces crénelures sont assez faibles pour devenir obsolètes et d'autres, comme *acrocidaris*, dont quelques tubercules en portent, tandis que les autres en sont dépourvus dans le même individu. La perforation du tubercule paraît au contraire avoir beaucoup plus de constance; et elle n'existe que dans une série de genres, qui ont entre eux des affinités évidentes. A la vérité, on ne comprend pas très-bien la raison de cette importance; car on ne trouve là qu'un élément de protection par l'assujettissement du radiole chez les espèces dont les tubercules sont perforés pour recevoir un ligament; mais ce caractère permet de mettre à lui seul un certain ordre naturel dans la série, susceptible ensuite d'être subdivisée en groupes que nous allons essayer d'esquisser. Nous classerons sous le chef de *diadématides* tous les glyphostomes à tubercules perforés, et sous celui de *phymosomides* tous ceux à tubercules imperforés. Cette première division peut-elle recevoir le nom de tribu ou de sous-tribu? La chose pourrait être discutée; mais, à coup sûr, elle ne peut recevoir celui de famille d'après la nomenclature que nous avons adoptée.

Les *diadématides* se laissent diviser en trois ou quatre grands groupes assez naturels, qu'on peut considérer comme des sous-tribus, mais entre lesquels il existe quelques transitions qui rendent les limites discutables.

Les *hémicidariens*, non pas tels que M. Wright les avait conçus, puisqu'il y plaçait un genre à tubercules non perforés, comprennent les types dont les aires ambulacraires très-étroites sont pourvues de simples granules comme chez les *cidaris*, soit encore de granules mêlés de quelques tubercules basilaires, ou bien encore de tubercules dans toute l'étendue, mais de tubercules beaucoup plus petits que ceux des aires interambulacraires. C'est ici que se placeraient les *acrosalénies* et genres voisins à tubercules perforés, si l'on se décidait à supprimer la tribu des *saléniens*.

Je place sans hésiter en tête de ce groupe, ou même en dehors de lui et sur le même rang, le genre *heterocidaris*, remarquable par le raccourcissement de la lèvre ambulacraire qui rappelle un peu les cidaris; mais les entailles pour branchies buccales, qui bordent manifestement cette lèvre, ne peuvent permettre de placer ce genre dans la sous-famille des cidarides. Les pores sont disposés par trois paires en série simple et droite.

Les vrais *hemicidaris* n'ont que de simples granules, sur toute la partie supérieure de l'aire ambulacraire au moins. Le péristome est assez grand, à lèvres peu inégales et bien entaillé. La formule des pores y est très-variée, et je ne doute pas qu'une étude nouvelle ne les fasse diviser en plusieurs genres très-nettement caractérisés. On peut même désigner déjà les *pseudocidaris* d'Etallon, à ambulacres très-étroits et flexueux, chez lesquels les pores sont unigéminés, sauf vers le péristome, où ils sont par 2-3 paires près des tubercules. Leurs gros radioles en forme de gland appuient encore cette distinction. Les vrais *hemicidaris* à ambulacres peu ou pas flexueux avec quelques tubercules médiocres, dont les pores sont trigéminés par tout (ex. *H. crenularis*). Les *prodiadema* (ex. *H. Cartieri*), à très-gros tubercules sous l'ambitus seulement et dont les pores sont trigéminés vers le haut de l'ambulacre, tandis qu'ils sont multigéminés vers le bas et en série ondulée; etc. *Pseudosalenia* et *heterosalenia* se placeront un jour au voisinage de ces genres. *Cidaropsis* y représente le type à tubercules non crénelés. Il est convenable de conserver le genre *hypodiadème*, caractérisé par l'existence dans toute l'aire ambulacraire de tubercules plus petits que ceux des interambulacres et souvent dépourvus de crénelures. La formule des pores y est plus régulière et uniforme; seulement quelques espèces à pores 1-2 géminés, qui forment exception, ne sont peut-être que des acrocidaris à apex caduc. *Asterocidaris*, caractérisé par la dénudation du sommet des aires interambulacraires, en est très-peu distinct. *Hemidiadema* (Ag. non Desor) représente ici le type à impressions suturales, et *echinothrix* celui à pores échelonnés. Ce serait aussi la place de *acrosalenia* et *amphisalenia*. *Acrocidaris* pourrait encore entrer dans cette sous-tribu; mais la différence est moins grande dans la grosseur des tubercules des deux aires, et il forme transition à la sous-tribu suivante.

Les *diadémiens* ont pour caractère le plus général de porter des tubercules presque aussi gros à l'ambulacre qu'à l'interambulacre et d'avoir un péristome ample bien entaillé. L'apex est grand ou médiocre, et peut même devenir petit et alors assez persistant; ces variations démontrent le peu de valeur de cet appareil pour la caractéristique des groupes. Chez les uns les tubercules sont crénelés et les pores souvent quadrigéminés et au-delà, tantôt en série simple comme chez *diadema*, *pseudodiadema*, *heterodiadema*, tantôt en série multiple dans tout ou seulement partie de l'ambulacre, comme chez *diplopodia*, *pedinopsis*. Les pores sont par trois paires et tous les tubercules sont petits dans *hebertia*. Dans d'autres genres les tubercules ne sont pas crénelés et les pores trigéminés sont tantôt en série simple chez *hemipedina*, *diademopsis*, *orthopsis*, tantôt en série échelonnée chez *pseudopedina*.

Je crois devoir séparer en une sous-tribu distincte les oursins du type des pédines; car ils sont nettement caractérisés par leur péristome étroit plus ou moins rentrant et souvent très-fortement entaillé. Les tubercules sont crénelés dans *microdiadema* et lisses dans *echinopsis*, qui, tous deux, ont les pores en série simple. Les tubercules ne sont pas non plus crénelés, mais les pores sont échelonnés par trois paires dans les genres *pedina*, *leiopedina*, *micropedina* et *echinopedina*. Une étude ultérieure de la sous-tribu des *diadémiens*, au point de vue de la forme du péristome, conduira peut-être à transporter quelqu'un de ses types dans la sous-tribu des *pédiniens*.

Les *phyméchinides* sont beaucoup plus variés que les précédents et nous ont paru plus difficiles à classer en groupes bien définis; ce qui tient peut-être à ce que c'est pour cette tribu que nous avons été le moins riche en matériaux d'étude.

On séparera d'abord sous le nom de *phyméchiniens* un ensemble de genres ayant plus ou moins l'aspect des diadèmes, c'est-à-dire une forme peu élevée, d'assez gros tubercules semblables ou inégaux dans les deux aires, mais en général formant des séries verticales peu nombreuses, un péristome assez ample, anguleux, à lèvres peu inégales et avec des entailles très-nettes, mais peu profondes aux angles. Le test est dépourvu de sculptures et d'impressions suturales. Les uns ont les tubercules ambulacraires plus petits que les interambulacraires, et les paires de pores en série unique droite ou peu ondulée. Ces pores sont 2-3 géminés et les tubercules sont crénelés chez les *glyphopneustes* (*gonophiorus problematicus* Cott.), et chez les vrais saléniens, qui devront un jour venir ici. Les tubercules sont lisses et les pores multigéminés chez *goniopygus* et *acropeltis*. D'autres genres ont les tubercules subégaux dans les deux aires et tous bien développés; les pores ont une formule variable, tri-multigéminés, unisériés ou plurisériés, soit dans toute l'étendue de l'ambulacre, soit seulement vers les extrémités. Dans *phymosoma*, *coptosoma* et *micropsis*, les tubercules sont crénelés comme dans *glyptocidaris*, qui se placera peut-être ici et possède seul des pores échelonnés en arcs transverses. Chez *phymechinus* et *leiosoma* les tubercules sont lisses. Enfin les tubercules, tout en étant encore subégaux dans les deux aires, sont atrophiés ou déformés au-dessus de l'ambitus; les pores, en série continue, sont trigéminés partout, ce qui indique plus d'uniformité dans les tubercules de l'ambulacre avec des dimensions moindres; ce sont les genres *glypticus* et *cœlopleurus*.

Les *temnéchiniens* sont particularisés par les impressions suturales et angulaires de leurs assules. On ne comprend pas quelle peut être l'importance de ce lien; car le rôle de ces lacunes n'est point connu. Ce caractère n'est même pas exclusivement propre au groupe, puisque nous l'avons observé déjà chez des cidarides et même dans un genre de diadématide. Il est même probable que, parmi les phymosomides impressionnés, il en est qui ne devraient pas être placés dans cette sous-tribu des temnéchiniens, tels que *echinocyphus*, trop voisin de *phymosoma* pour en être éloigné, et *leiocyphus*, à rapprocher des *psammechinus*. Leurs impressions suturales sont du reste différentes et ne forment point les fossettes si nettes des temnéchiniens. Les autres caractères communs au groupe ainsi limité sont la minceur du test, une taille petite ou médiocre, des tubercules peu développés, mais ordinairement nombreux, un péristome petit ou médiocre à lèvres ambulacraire et interambulacraire peu inégales, à entailles petites et quelquefois même obsolètes, d'où résulte un contour subcirculaire ou faiblement anguleux. Parmi les genres à paires de pores unisériées, les uns ont des tubercules crénelés, *temnopleurus;* les autres les ont lisses, *opechinus*, *temnechinus*. Parmi ceux qui ont des pores échelonnés par trois paires, *salmacis* et *malebosis* ont les tubercules crénelés; *mespilia*, *microcyphus* et *amblypneustes* les ont lisses. Ce sont *temnopleurus* et *amblypneustes* qui ont le péristome le plus petit et le moins entaillé.

Les *psammechiniens* ont le péristome presque circulaire et à entailles obsolètes ou superficielles et sont dépourvus d'impressions en fossettes sur les sutures des assules. Tantôt les pores sont trigéminés en série simple continue; les tubercules sont crénelés dans *micropsidia* (*micropsis Leymerii* Cott.); ils sont lisses dans *leiocyphus*, *cottaldia* et *arbacina;* ce dernier a pour type l'*arbacia monilis* Agas. et diffère de son voisin par ses pores, qui tendent manifestement à s'échelonner en trois paires, et par ses tubercules non homogènes, mais formant deux rangées principales dans chaque aire, au milieu d'une granulation grossière et très-serrée qui imprime au genre un faciès tout particulier. Il y a en outre des traces d'impressions suturales à la base des tubercules principaux, ce qui forme un autre lien avec *leiocyphus* pour faire distraire ce dernier du groupe des temnéchiniens. Tantôt les pores sont trigéminés et échelonnés par trois paires, et les tubercules sont lisses dans *psammechinus*, *echinus* et *stirechinus*, qui en est à peine distinct; les entailles du péristome sont arrondies et superficielles dans ces trois genres, qu'il est assez difficile de bien caractériser par leur test. Tantôt enfin les pores sont échelonnés en arcs de 5 à 6 paires dans *toxopneustes*; les tubercules y sont toujours lisses et le péristome n'a que des entailles obsolètes.

Il est bon de faire remarquer que la diagnose du genre *echinus*, restreint par M. Desor à l'*E. melo* et aux espèces homotypes, telles que *E. sphæra*, *esculentus* et *Flemmingii*, est très-inexacte quant au péristome, qui est dit entaillé; et cette erreur est reproduite par Dujardin et Hupé dans les *Échinodermes* des suites à Buffon. Le genre *psammechinus* est peu homogène et doit être réduit au type des *psammechinus miliaris* et *microtuberculatus*; les autres espèces réunies par les auteurs ont bien la membrane buccale écailleuse; mais leur péristome entaillé les fait placer dans la sous-tribu suivante.

Les *schizéchiniens* diffèrent principalement des précédents par leur péristome subcirculaire, mais pourvu d'entailles plus ou moins profondes en forme de fissures. Les tubercules sont souvent disposés en rangées verticales nombreuses et toujours lisses. Nous ne connaissons pas encore de genre qui ait les pores en série simple; ils sont échelonnés par trois paires dans le genre *schizechinus*, démembré des *psammechinus* à cause même des scissures du péristome et en différant aussi par ses tubercules des aires interambulacraires formant des rangées plus égales et plus nombreuses. Nous en figurons plusieurs espèces fossiles, et on devra y rapporter plusieurs de celles des catalogues du type de *psammechinus Serresii*. Il y en a aussi de vivantes, telles que les *P. semituberculatus*, *variegatus*, *excavatus*; mais il est nécessaire de remarquer au sujet de celles-ci que les tubercules tendent à s'atrophier vers le haut des aires interambulacraires en commençant par les séries internes; en sorte qu'il y a une dénudation très-accusée autour de l'apex. C'est surtout très-marqué dans *P. semituberculatus*; *P. excavatus* fait au contraire transition aux espèces fossiles typiques, car il a une simple bande étroite, lisse au milieu de l'aire interambulacraire. Faudrait-il y voir un caractère générique, comme pour *cœlopleurus*, *lythechinus*, *asterocidaris?* Nous ne le pensons pas, parce que les limites en seraient arbitraires, et qu'il faudrait subdiviser encore d'autres genres, tels que *pseudodiadema*, *echinocidaris* (*E. Dufresnyi et nigra*), *tripneustes* (*T. cœruleus*), etc., qu'il ne serait plus possible de limiter. C'est donc un caractère générique sans valeur. Parmi les fossiles, il en est d'autres, en général, à faciès de *stirechinus* et ayant comme lui les tubercules secondaires très-peu développés, à l'ambitus et au-dessus, d'où résulte une apparence de carène le long des rangées principales; mais le péristome est entaillé et les paires de pores sont plus serrées en raison d'une moindre largeur des assules. Ces espèces ne diffèrent du *schizechinus* que par leurs tubercules non plurisériés comme dans ces derniers, et nous hésitons à conserver le nom générique de *oligophyma* que nous leur avions donné. Dans les genres suivants, les pores sont multigéminés et plus ou moins dissociés et échelonnés. *Sphærechinus* les a par quatre ou six paires, disposées en arc souvent interrompu et tronçonné, mais sans jamais constituer plus de deux séries verticales irrégulières. On a placé à tort plusieurs de ses espèces dans le genre toxopneustes, dont le péristome n'a pas d'entailles. Les espèces à nous connues sont *Sph. brevispinosus*, *granularis* et *æquituberculatus*; le *Sph. Marii* au contraire est trigéminé et rentre dans le genre *schizechinus*. Les pores sont épars de manière à former trois rangées verticales au moins par chaque zone, et les scissures du péristome sont remarquablement profondes dans les genres *tripneustes*, *boletia* et leurs subdivisions.

Les *stoméchiniens* sont surtout remarquables par le péristome, ordinairement assez ample, et par l'aire interambulacraire très-raccourcie et séparée de l'ambulacraire par des entailles angulaires plus ou moins marquées. Les tubercules sont nombreux, non crénelés, tantôt homogènes, tantôt inégaux. Les pores sont souvent multipliés auprès du péristome. *Magnosia* a des pores trigéminés et subunisériés; ils sont échelonnés par trois paires dans *polycyphus*, *stomechinus* et quelques autres genres qui nous sont moins connus. Le péristome est plus étroit et peu anguleux, mais toujours à lèvres très-inégales, et les paires de pores sont assez dissociées pour former plusieurs rangées longitudinales dans *codechinus* et *olopneustes*. Enfin la lèvre interambulacraire est réduite à sa plus simple expression et les entailles ont presque disparu dans les genres *codiopsis* et *echinocidaris*, qui mériteraient peut-être de faire groupe à part. Les pores sont échelonnés par trois paires dans le premier, qui est renflé;

ils sont en série continue et flexueuse par arcs de trois paires dans le second, qui est moins élevé et presque déprimé ; une de ses espèces (*C. nigra*) les a en arcs échelonnés de quatre paires. Dans les deux genres, ces pores sont très-multipliés près du péristome.

Les *héliéchiniens* ont un péristome assez ample, à lèvres peu inégales et à entailles peu profondes, mais très-nettes et arrondies. Les paires de pores, très-multipliées, s'entassent le plus souvent à la base élargie de l'ambulacre. Les tubercules sont nombreux, assez gros, lisses, en rangées multiples. Les uns sont réguliers, c'est-à-dire subcirculaires : *heliocidaris*, *loxechinus*, *anthocidaris* ; les autres sont ellipsoïdaux, à grand axe oblique passant au voisinage de la plaque génitale antérieure gauche, de sorte que le petit axe passe presque par le madréporide. On pourrait les séparer des précédents à cause de ce caractère, qui en fait le type le plus dégradé de la série. *Echinometra* n'a pas les pores très-multipliés vers le péristome ; l'ambulacre est, au contraire, presque pétaliforme chez *ellipsocidaris*, *acrocladia* et *podophora*.

En résumant cette classification des échinides vrais dans le tableau suivant, on remarquera que la série peut être divisée en deux grands groupes principaux, d'après la considération de l'organisation de la bouche, et cette distribution serait sans doute plus naturelle que l'autre ; car il est incontestable que tous les oursins édentés ont entre eux la plus grande analogie d'organisation. Les oursins dentés forment également une série assez continue, et la lacune la plus manifeste se trouve précisément entre ces deux séries, c'est-à-dire entre les cassidules d'un côté et les clypéastres de l'autre. Nous devons avouer que cette dernière distribution aurait toutes nos préférences et nous ne doutons pas qu'on ne l'accepte un jour. Dans ce cas il faudrait apporter quelques modifications dans le groupement des sous-familles. Les atélostomes se diviseraient en spatiformes et lampadiformes, ceux-ci réduits aux échinonéides et aux cassidulides. Les gnathostomes constitueraient aussi deux groupes : clypéiformes, formés des clypéastrides et des galérides, et globiformes, tels qu'ils sont au tableau.

TABLEAU DE LA DISTRIBUTION MÉTHODIQUE DES ÉCHINIDES NON TESSELÉS.

SPATIFORMES	SPATANGIDES ambulacres pétaloïdes	madréporide prolongé en arrière	ambulacres superficiels	breyniens eupatagiens trachypatagiens	ATÉLOSTOMES ou édentés
			ambulacres creusés	leskiens brissiens brissopsiens	
		madréporide subcentral	ambulacres creusés	micrastériens	
			ambulacres superficiels	toxastériens	
		madréporide subantérieur	apex non disjoint	holastériens	
			apex disjoint	métaporiniens	
	ANANCHYTIDES ambulacr. simples	apex allongé		ananchytiens	
		apex compacte		sténoniens	
LAMPADIFORMES	ÉCHINONÉIDES péristome sans bourrelets	apex allongé	disjoint	dysastériens	
			non disjoin	hyboclypéens	
		apex compacte	ambulacres simples	échinonéens caratomiens	
			ambulacres subpétaloïdes	pygauliens astérostomiens	
	CASSIDULIDES péristome pourvu de bourrelets	pas de floscèle	ambulacres dissemblables	archiaciens	
			ambulacres semblables	clypéens	
		un floscèle	pétaliforme	pyguriens	
			simple	échinanthiens	
	CLYPÉASTRIDES ambulacres pétalés	péristome enfoncé, dents verticales		clypéastriens	GNATHOSTOMES ou dentés
		périst. à rosette, dents horizont.	sillons ambulacr. ramifiés	scutelliens	
			sillons ambulacr. simples	laganiens	
		pas de rosette buccale, dents horizontales		fibulariens	
	GALÉRIDES ambulacr. simples	péristome à entailles presque nulles		échinoconiens	
		péristome à entailles profondes		piléens échinoclypéens	
GLOBIFORMES	CIDARIDES ou holostomes	....	zones porifères flexueuses	cidariens	
			zones porifères droites	orthocidariens	
	PHYMOSOMIDES ou glyphostomes	des plaques suranales	tubercules imperforés	eusaléniens	
			tubercules perforés	acrosaléniens	
		pas de plaques suranales, tubercules perforés	aires dissemblables	hétérocidariens hémicidariens	
			aires semblables	diadémiens pédiniens	
		pas de plaques suranales, tubercules imperforés	entailles bucc. médiocres	phyméchiniens temnéchiniens	
			entailles obsolètes	psamméchiniens	
			entailles profondes	schizéchiniens stoméchiniens	
			entailles médiocres, pores très-multipliés	héliocidariens	

Le sous-ordre des oursins tesselés, ou *périschéchinides* de M. M' Coy, est caractérisé, ainsi que nous l'avons expliqué plus haut, par la multiplication des rangées d'assules, dont les médianes de chaque aire ont une forme hexagonale. Leur appareil apicial est construit sur le type de celui des oursins proprement dits; il en est de même du péristome et des dents, du moins dans ceux où l'on connaît ces organes. La constitution des zones ambulacraires permet d'y établir deux familles nettement caractérisées. Les *paléchinides* ont deux rangées seulement d'assules porifères, égaux entre eux ou alternativement inégaux. Les *mélonéchinides* ont au contraire les assules ambulacraires en rangées aussi multipliées que les interambulacraires.

La première famille peut se diviser en deux tribus : les *archæocidariens* ont deux rangées verticales de gros tubercules perforés, portant des radioles analogues à ceux des cidaris et des tubercules petits et nombreux. Les genres sont *archæocidaris*, *eocidaris*, *perischodomus*. Les *paléchiniens* n'ont que des tubercules petits et spiniformes, le plus souvent égaux. *Palæchinus* est le genre typique. *MacCoya*, dont le type est *palæchinus gigas*, a ses pores échelonnés par deux paires ; les rangées d'assules interambulacraires sont un peu irrégulières au nombre de 6-7, et ses tubercules sont plus distinctement mamelonnés que ceux de *palæchinus*. Les deux paires de pores sont figurées par M. M' Coy sur le même assule, peut-être par inadvertance ; dans ce cas on doit prévoir une structure analogue à celle du genre suivant. *Wrigthia* a quatre rangées verticales de paires de pores par ambulacre, dont les deux rangées médianes très-rapprochées ; celles-ci appartiennent à des assules beaucoup plus petits et logés dans une troncature oblique d'un des angles internes de chaque grand assule, qui s'étend dans toute la demi-zone. Ces plaques interambulacraires sont plus hautes que chez les autres *palæchinus* ; car deux seulement correspondent à une plaque interambulacraire, et non de cinq à sept, comme c'est le cas de ces derniers. Le type de ce genre est *palæchinus phillipsiæ* Forb.

La famille des *mélonéchinides* ne comprend encore qu'une tribu et qu'un seul genre ; par ses tubercules elle se rapproche des paléchiniens, et, par la hauteur de ses plaques ambulacraires, elle rappelle le genre *Wrigthia*. La multiplication des rangées verticales de ces dernières pièces est extrêmement remarquable ; celles du milieu de l'aire sont allongées transversalement et portent les paires de pores vers l'angle externe, les autres sont irrégulièrement hexagonales ou en losanges et forment des séries obliques descendant vers les interambulacraires, mais pas toujours régulièrement, et trois d'entre elles correspondent à une plaque interambulacraire. Le nombre des rangées verticales de paires de pores, et par conséquent de plaques, paraît être très-variable ; car MM. Norwod et Owen en comptent dix par zone ambulacraire, ce qui, avec les cinq rangées de plaques ambulacraires, forme bien le chiffre de soixante-quinze, accusées également par M. Bronn. Au contraire, nous avons pu étudier chez M. de Verneuil et au Museum des exemplaires qui portent de douze à seize de ces rangées d'assules porifères, et dans ce dernier cas l'irrégularité est notable vers la partie la plus large des ambulacres. Nous n'avons pu étudier un assez grand nombre d'échantillons pour nous faire une conviction sur la valeur de ces différences; sont-ce des variations individuelles ou plutôt d'âge, ou bien des caractères spécifiques? Nous inclinerions plutôt vers cette dernière hypothèse, et dans ce cas les types du *melonechinus polyporus* (*Melonites* N. et Ow. non Lam.) seraient ceux à dix séries d'assules ambulacraires. Les zones ambulacraires restent constituées comme dans les paléchiniens, c'est-à-dire par cinq à sept rangées de plaques.

Ces oursins tesselés n'ont encore été trouvés qu'en assez petit nombre d'exemplaires, et la plupart des archéocidariens ne sont connus que par des plaques isolées. On ne doit donc envisager l'exposé que nous venons de faire de leurs caractères, que comme un cadre que les découvertes futures rempliront ou modifieront d'une manière que l'on ne peut prévoir.

CLASSIFICATION DES ASTÉRIDES ET DES OPHIURIDES.

Nous n'aurons pas à entrer dans des détails aussi étendus sur la classification des autres ordres d'échinodermes, parce que les uns sont assez rares à l'état fossile et en général assez mal conservés pour ne point fournir les éléments d'une détermination rigoureuse; en sorte que les types éteints n'ont pu ajouter beaucoup aux connaissances fournies par les vivants et que ces derniers seuls sont pris en considération pour la distribution en groupes naturels. Pour les autres, quoique appartenant presque tous aux âges géologiques, leurs représentants sont très-rares et même réduits à deux ou trois de leurs nombreuses tribus, dans les terrains dont nous avons à faire l'histoire paléontologique.

Les *astérides* peuvent être divisés en trois groupes d'une valeur peu importante et sans doute inégale. La différence la plus notable réside dans les rangées de tentacules ambulacraires, tantôt au nombre de quatre, tantôt au nombre de deux seulement, d'où résultent deux divisions qui méritent à peine le nom de sous-familles. La première est représentée par le genre *asteracanthion*, pourvu d'anus et dont le squelette est constitué par des ossicules à plusieurs branches, qui se réunissent par leurs bouts pour construire un réseau. La seconde division se partage en deux groupes du rang de tribu, suivant que la cavité digestive est à deux ouvertures ou en cul-de-sac. Ceux qui sont pourvus d'anus doivent suivre les précédents, et comme ce sont les plus nombreux et les plus variés, il y aurait peut-être lieu de les grouper en sous-tribus, en prenant en considération la structure du squelette. Le premier groupe comprendrait les genres pourvus d'un réseau d'ossicules allongés, portant ou non des piquants ou des tubercules de formes variées : cinq ou six genres, dont *echinaster* peut être cité comme typique. Le second groupe est plus ou moins couvert d'ossicules en pavés ou en tubercules multisériés et subhomogènes, pour les dimensions au moins : une demi-douzaine de genres, parmi lesquels on peut citer : *culcita* et *asteriscus*. Le troisième groupe est caractérisé par les deux rangées de plaques marginales en pavé, beaucoup plus grandes que les ossicules peuserrés du dos ; *astrogonium*, *asteropsis* et trois ou quatre autres genres constituent cette sous-tribu.

Les astéries dépourvues d'anus sont moins nombreuses et moins variées. Les unes ont encore un à deux rangs de grandes pièces marginales et des paxilles pour ossicules du dos ; *astropecten*, *ctenodiscus* et *luidia* sont les genres vivants. Les autres ont des ossicules en piquants groupés sur certaines parties du corps et ont pour type le genre *pteraster* des mers actuelles. Les espèces et les genres fossiles s'intercalent assez bien dans cette série de genres vivants, et fournissent des représentants de tous les groupes que nous avons passés en revue. Dans les terrains récents, on trouve beaucoup d'ossicules isolés, que l'on pourrait presque indifféremment attribuer aux genres des deux groupes des astrogoniens et des cténodisciens. Il est même probable qu'ils appartiennent à des genres dont plusieurs sont éteints. Nous en figurons un exemple sous le nom de *leptogonium saheliensis*, qui diffère des *goniodiscus* en ce que les ossicules de la marge sont contigus sur une grande longueur du dos des rayons; tandis que chez les astrogoniens ces pièces ne se touchent qu'au sommet des bras. Ce genre paraît représenté dans nos mers.

Les *ophiurides* sont tout aussi homogènes que les astérides et semblent ne former qu'une famille unique ; on croirait volontiers en raison de l'analogie des formes extérieures que ces deux grands types ne forment qu'un seul ordre ; mais les différences d'organisation sont trop fondamentales, surtout celles fournies par les ambulacres et les fentes génitales, par les pièces vertébrales des bras et par l'estomac, qui est toujours sans anus, à cœcums très-courts non prolongés dans les rayons, pour qu'on puisse laisser les ophiures dans l'ordre des astéries.

Les uns ont dix poches cœcales courtes à l'estomac, un disque non costulé à la face dorsale près de l'origine des bras, des pièces vertébrales appendiculées de manière à limiter de petites cavités qui correspondent aux tentacules respiratoires. On peut y distinguer deux tribus ; la première a quatre fentes génitales par espace interbrachial et en deux paires; le tégument est revêtu de granules calcaires très-multipliés. *Ophioderma* et *ophiocnemis* entrent seuls dans cette division. La seconde tribu n'a que deux fentes génitales, une de chaque côté des bras. Le tégument est revêtu d'écailles dans une première sous-tribu, avec le disque couvert de plaques dures. Les genres y sont très-nombreux, une quinzaine environ, dont quelques-uns faiblement caractérisés; on peut citer : *ophiolepis*, *ophiura*, *ophiomastix*. Dans une seconde sous-tribu, le disque est nu et dépourvu de plaques, ainsi que tous les téguments ; on y place une demi-douzaine de genres, dont font partie *ophiomyxa* et *ophiothrix*.

Les autres ont les poches cœcales de l'estomac beaucoup plus divisées, un disque pourvu de côtes radiales transverses, des pièces vertébrales non appendiculées et ne formant pas de cavités pour les tentacules respiratoires; le tégument est granuleux et ne porte pas d'épines. Il n'y en a qu'une tribu, celle des astrophytiens, à peine subdivisible en deux sous-tribus suivant que les bras sont simples : *asteronyx*, *asteroporpa*, etc., ou qu'ils sont divisés par dichotomies plus ou moins nombreuses : *trichaster*, *astrophyton*.

Les ophiurides fossiles donnent lieu à des remarques analogues à celles que nous avons faites sur les astérides; leur détermination générique est souvent incertaine. Cependant il est à peu près prouvé qu'il y a eu plusieurs genres étrangers à notre époque et qui viennent se classer à côté des genres vivants, sans donner encore lieu à l'établissement de tribu particulière. Jusqu'en ces derniers temps, les astrophytées ne semblaient pas avoir vécu aux temps géologiques; nous figurons quelques pièces vertébrales, qui indiquent l'existence d'un *astrophyton* dans la mer sahélienne d'Algérie; les nombreuses pièces vertébrales des dichotomies prouvent que cette espèce avait les bras aussi divisés que les espèces vivantes de ce genre.

CLASSIFICATION DES CRINOIDES.

Nous avons déjà dit que les crinoïdes étaient assez diversifiés pour que plusieurs auteurs aient cru devoir diviser l'ordre en trois d'après les particularités suivantes :

Les vrais *crinoïdes* ont des bras plus ou moins ramifiés, insérés sur un calice cupulé, qui loge plus ou moins complétement la poche viscérale et est recouvert, soit par un tégument mou percé d'une bouche et d'un anus, soit par une voûte tessélée n'ayant ordinairement qu'une ouverture à fonction contestée. Les bras portent des tentacules respiratoires et des œufs sur leurs pinnules latérales, du moins dans les genres vivants. Les pinnules forment un sillon ambulacraire portant à la bouche l'eau chargée de particules nutritives au moyen du courant établi par les cils vibratiles et les mouvements des pinnules et peut-être des tentacules. On suppose que chez les fossiles qui n'ont montré qu'une ouverture à la poche viscérale, l'eau y pénétrait par les ouvertures ménagées à la base interne des bras.

Les *blastoïdes* n'ont pas de bras, ou du moins d'appendice libre semblable à celui des crinoïdes. Leur calice est clos et porte, au-dessus des verticilles ordinaires des crinoïdes, cinq zones larges ou étroites, convergeant vers le sommet, striées en travers et séparées en deux par un sillon médian, qui paraît avoir été profond, puisque les deux côtés ont pu glisser l'un sur l'autre. On a nommé ces zones des ambulacres à cause de leur ressemblance avec les zones tentaculifères des échinides; dans les vrais blastoïdes elles sont, en effet, constituées d'une double série de pièces transverses, aux extrémités desquelles sont des rangées de pores. On pourrait cependant rapprocher plutôt ce type des crinoïdes vrais, en supposant que chaque intervalle de ces ambulacres est un bras ou rayon simple dont les deux zones ambulacraires voisines seraient des pinnules soudées. Comme il paraît aussi avoir existé des pinnules libres, insérées à l'origine de ces petites pièces, on pourrait considérer ces dernières comme étant leur premier article modifié. Les pores ont pu loger des tentacules ou servir à l'absorption de l'eau pour la nutrition et la respiration, cette dernière fonction pouvant être attribuée à un appareil de lames situées intérieurement entre les ambulacres. La bouche et l'anus sont souvent contestables; et comme on a supposé que l'ovaire était interne, on a donné le nom d'ovarienne à une ouverture particulière.

Les *cystoïdes* ont aussi un calice clos avec une à trois ouvertures, arbitrairement désignées comme buccale, anale et ovarienne; les pièces en sont plus ou moins nombreuses et sans symétrie quinaire; les bras manquent ou bien ont dû être peu développés; il est vrai qu'on désigne comme bras adhérents des doubles rangées de petites pièces formant des côtes, analogues aux pièces des ambulacres des blastoïdes et paraissant même avoir porté des pinnules, mais dépourvues de pores. Ceux-ci sont dispersés sur les plaques du test, ou concentrés sur ce que l'on a nommé des losanges pectinés; rarement ils sont nuls. L'analogie de ces pores avec ceux des ambulacres de blastoïdes est affirmée par les mêmes lamelles branchiales internes.

Les vrais *crinoïdes* forment deux familles. La première, celle des *encrinides*, est caractérisée par sa poche viscérale recouverte d'un tégument mou; c'est la seule qui ait des représentants dans les mers actuelles. Sa distribution méthodique a donné lieu à des divergences chez les auteurs; les uns ont pris pour critérium le nombre de verticilles du calice; les autres ont préféré l'état d'adhérence ou de liberté du calice à l'état adulte. Les deux opinions sont discutables, et il serait peut-être difficile de déterminer quelle est celle qui doit donner la série la plus naturelle. Nous avons préféré nous en rapporter provisoirement à la seconde.

Les *comatules* ont un calice libre portant cinq bras plus ou moins ramifiés; ceux qui vivent encore dans nos mers, sont cependant fixés à la deuxième période de leur existence à la manière des encrines; mais à l'état adulte, ils deviennent libres et la face inférieure de leur disque ou calice se couvre de cirrhes préhensiles, qui servent à les fixer aux corps sous-marins; plusieurs types fossiles sont cependant dépourvus de ces organes de fixation. Cette différence, ainsi que la complication du calice, permettent de diviser la sous-famille en trois tribus très-distinctes. Les *saccosomiens* n'ont pas de cirrhes et leur calice semble réduit à la pièce basale; cependant, comme ce calice n'a point été vu séparé de ses bras, on ne pourrait affirmer qu'il ne comprend point un verticille de radiales. C'est un type jurassique. Les *marsupitiens* n'ont point non plus de cirrhes; mais leur calice comprend au moins trois verticilles de pièces radiales ou interradiales au-dessus de la basale. Quelques auteurs ont placé ce groupe dans la famille suivante; mais on ne sait pas si le calice avait, ou non, une voûte tessélée. On connaît un genre crétacé et un paléozoïque.

Les *comatuliens* ont des cirrhes à la face inférieure du calice et un verticille de radiales avec ou sans interradiales. Le *solanocrinus*, réduit au *S. Jægeri*, n'est point connu dans sa pièce centro-basale, et on ne sait point s'il était libre et s'il portait des cirrhes. Les interradiales y forment un verticille continu.

Comaster a des interradiales petites logées dans les angles des radiales. Ces pièces manquent tout à fait dans *glenotremites* et *comatula*, et chez ces dernières le calice est constitué par cinq radiales, quelquefois peu adhérentes à une basale unique, qui concourt à former la cavité viscérale très-étroite. Les radiales sont percées extérieurement d'un double trou, qui communique avec la cavité et se ramifie pour communiquer d'une pièce à l'autre. Le disque basal, isolé des radiales, a été pris pour un genre particulier et décrit sous le nom de *allionia* par M. Micheloti. Les comatules sont assez variées; mais à l'exception du genre *actinometra*, séparé à cause de la bouche latérale et de l'anus central, ce qui est le contraire des autres, on n'a point encore essayé de les diviser. Il paraît y avoir des différences notables dans les calices; les deux types que nous figurons dans nos planches, ceux du crag décrits par Forbes et le hertha de Haguenau en sont des exemples; mais une étude des espèces vivantes serait nécessaire pour déterminer leur valeur, et il n'est pas facile de se procurer les calices désarticulés de la plupart des exotiques. Les comaster ont apparu à l'époque jurassique; les glenotremites sont de la craie, et les comatules, ayant apparu dans ce dernier terrain, ont été retrouvées dans les molasses, dans le crag et sont répandues dans toutes les mers.

Les *pycnocrines* forment la deuxième sous-famille et sont caractérisés par une tige adhérente et plus ou moins flexible. On les a divisés en quatre tribus. Les *eugéniacriniens* ont le calice aussi réduit que les comatules et la tige est courte; on les a parfois rapprochés de ces dernières. Les *apiocriniens* ont un calice très-épais à nombreuses radiales et une tige cylindrique à articles radiés. Les *encriniens* ont un calice peu compliqué, des bras peu ramifiés, la tige à articles arrondis alternativement inégaux. Les *pentacriniens* ont un calice très-petit, des bras très-ramifiés, la tige prismatique, à articles étoilés. Le genre typique est le seul des crinoïdes fixés qui soit représenté dans les mers actuelles et qui ait été encore rencontré dans les terrains miocènes.

Les *cyathocrinides* composent la seconde famille et sont caractérisés par la voûte tessélée, qui recouvre leur poche viscérale. Cette voûte, tantôt tronquée, tantôt prolongée en tube, ne porte qu'une ouverture, pas toujours distincte, parfois fermée par des pièces valvaires triangulaires; les uns y ont vu une bouche, les autres une ouverture ovarienne, et peut-être faudrait-il la considérer comme anale. L'eau d'imbibition et de nutrition paraît pénétrer dans la cavité par les ouvertures qui existent à la base interne des bras, au bas de la gouttière ambulacraire, qui n'atteint jamais la prétendue bouche. L'analogie avec les encrinides fait supposer que les œufs naissaient sur les pinnules. Ils forment des types assez variés et ont été subdivisés en tribus d'après la constitution de la partie sous-brachiale du calice; mais il y aurait peut-être lieu de chercher un autre critérium pour une distribution plus naturelle, ce que nous ne pouvons faire ici; car ces animaux sont étrangers aux faunes fossiles que nous avons à décrire. Ces tribus sont celles des *platycriniens*, *carpocriniens*, *actinocriniens*, *cyathocriniens* et *anthocriniens*; cette dernière méritant de former sous-famille par la réticulation de ses bras foliacés.

L'ordre ou sous-ordre des *blastoïdes* peut se diviser en deux familles suivant que le calice est pourvu ou non d'ouvertures spéciales au sommet des zones pectinées. Les *haplocrinides* ont au sommet du calice une ouverture ou lacune ménagée entre les sommets des cinq rayons, et probablement fermée par des pièces valvaires, ainsi que le montre l'un de leurs genres. Ce doit être au moins une ouverture évacuatrice. Ils comprennent trois types bien distincts : les *polycriniens* ont dix doubles zones pectinées que l'on a nommées leurs bras adhérents, tandis qu'elles ne représentent probablement que les pinnules de ces bras, qui seraient ici une fois divisés dès leur base. La zone comprise entre deux de ces pseudo-ambulacres et représentant le tronc de ces bras, les dépasse en dessus et se courbe pour former voûte avec quatre pièces valvaires fermant l'ouverture. Les *cupressocriniens* n'ont que cinq doubles zones pectinées étroites s'étendant jusqu'au sommet, et leurs intervalles sont très-élargis. On peut encore définir ce groupe comme ayant cinq bras simples à rachis élargi et valvaire. Les *haplocriniens* rappellent ces derniers avec cette différence que la partie baso-radicale du calice est aussi développée que la partie brachiale, ou, si l'on préfère, pseudo-ambulacraire; mais il y a cette différence que le bas des doubles zones pectinées présente une lacune, livrant passage au fluide aqueux nourricier et dépuratif. On a supposé que c'était l'insertion de bras, qui pouvaient se loger dans le sillon pectiné, et cette interprétation contredirait celle que nous avons hasardée sur la taxonomie de ces pseudo-ambulacres; mais il nous semble probable que ces appendices, s'ils ont existé, représenteraient plutôt les premières pinnules des bras. On pourrait encore supposer que les sillons pectinés étaient bordés d'une rangée de ces pinnules, comme chez certains pentremites, constituant une gouttière ambulacraire pour conduire l'eau aux orifices du bas des sillons. Dans plusieurs genres de cette tribu le sillon n'a pas encore montré de zones pectinées, mais la petite taille des spécimens observés fait supposer leur état de jeunesse, pendant lequel les assules de ces organes devaient être moins adhérents ou plus fragiles. Les pores des zones pectinées sont plus évidents chez ces blastoïdes que chez ceux des deux tribus précédentes ; mais nous ignorons si l'on a observé à l'intérieur l'organe lamellaire des pentremites considéré comme branchial et ayant des rapports manifestes avec ces pores.

La famille des *pentrémitides*, ou blastoïdes typiques, doit également se diviser en trois tribus. Les *pentrémitiens* ont cinq ouvertures situées au sommet des lobes, ou de ce qu'on pourrait nommer le rachis des zones pectinées. Chacun de ces pores reçoit deux rameaux, un sur chaque zone pectinée, et l'un des cinq admet un troisième rameau particulier au rachis et que l'on a supposé être ovarien. Les *éléacriniens* n'ont qu'un pore sur l'un des rachis, c'est le génital rappelant un peu par sa situation le même pore des échinides ; les pores des zones ambulacraires sont désunis et s'ouvrent isolément à leur sommet. La cavité centrale est close par quelques pièces valvaires et il devait en être de même dans les autres tribus. Les *codastériens* ont aussi le pore génital isolé, mais il n'y a pas de pore terminal aux zones pectinées, dont l'appareil lamellaire interne arrive au jour sur la troncature du sommet. Ces trois tribus n'ont chacune qu'un genre ; mais celui des pentrémites, riche en espèces, devra sans doute être divisé en plusieurs types.

L'ordre ou sous-ordre des *cystoïdes* doit être divisé en familles, d'après les modifications de l'appareil respiratoire. Ces échinodermes peuvent être dérivés des blastoïdes, dont ils ont les lamelles branchiales internes en rapport avec des pores tentaculaires ou absorbants, dont l'emplacement est seul différent, quoique les losanges pectinés soient encore une réminiscence des ambulacres des pentrémites. Des trois ouvertures des cystidés, celle qui est couverte par une valvule de pièces triangulaires est l'analogue de la lacune centrale et terminale des blastoïdes, et les deux autres ne peuvent que représenter le pore génital et l'un des cinq ou dix trous évacuateurs des ambulacres de ces mêmes blastoïdes.

La famille des *pseudocrinides* comprend les types à losanges pectinés, ayant des pores aux extrémités des sillons de ces rudiments d'ambulacres. Leur calice est formé de pièces en nombre défini. Les *pseudocriniens* sont supposés avoir des bras adhérents partant du vertex et rappelant les zones pectinées des *eucalyptocrinus* ; mais ces organes paraissent dépourvus de pores et constitués par des pinnules semblables à celles figurées par M. Roemer sur les pentrémites. On pourrait donc admettre en raison de cette analogie que ce sont de faux ambulacres. Chez les uns ces organes sont en relief sur les angles du calice ; mais tantôt ils sont au nombre de quatre avec deux rangées de pinnules ascendantes et couchées ; tantôt au contraire ils sont au nombre de deux, paraissent n'avoir eu qu'un seul rang de pinnules étalées et forment autour du calice une espèce d'aile pectinée. Il est impossible de laisser confondus ensemble ces deux types et nous séparons ce dernier sous le nom de *pterocystites* avec les deux espèces décrites par Forbes sous les noms de *P. bifasciatus* et *P. magnificus*. D'autres genres ont ces organes dans des sillons des angles du calice et avec des pinnules obsolètes sous forme de dentelons. Il semblerait presque que c'est une gouttière ambulacraire pour conduire l'eau à l'orifice supérieur, qui est malheureusement peu distinct. *Apiocystites* et *callocystites* constituent ce groupe remarquable, qui prépare celui des *sphéronites*. Les *prunocystiens* auraient, au contraire, des bras libres dont on ne connaît encore que les attaches vraies ou supposées. Un examen attentif de ces organes ou de leur point d'attache indique que ce sont plus probablement des pinnules groupées autour de l'orifice supérieur, c'est-à-dire un organe semblable à celui des pseudocystiens relégué vers le sommet du calice.

La famille des *caryocystides* n'a point de losanges pectinés, mais les pores sont disséminés sur un certain nombre d'assules des parois latérales du calice. Dans la tribu des *caryocystiens*, les pores forment des rangées rayonnant du centre aux angles des pièces qui en sont pourvues. On peut séparer encore en sous-tribu ceux qui ont le calice formé de pièces en nombre indéfini comme *echinospherites* et *caryocystites*. Ces cystidés ont des ouvertures analogues à celle des haplocriniens et que l'on a considérées comme l'indice de bras.

La tribu des *sphéronitiens* est caractérisée par ses pores géminés, épars sur les assules qui en sont pourvus ; on a considéré comme des gouttières ambulacraires des sillons ramifiés qui convergent au sommet et qui ont une analogie manifeste avec ceux des apiocystites.

La famille des *cryptocrinides* ne présente pas de pores visibles ni sur des losanges pectinés, dont on ne voit pas de traces, ni sur les assules ordinaires du test. L'ouverture, pourvue de valvules en pyramide, existe encore sur ces cystidés, mais les autres n'y ont point été observées ; il est vrai que ce sont des types peu connus. Les uns, *agélacriniens*, sont sessiles et pourvus de costules dites bras adhérents comme chez les pseudocrines. Il faudra séparer l'*agelacrinus Buckii* Forbes, qui paraît avoir été pédonculé et avoir porté des pinnules plus évidentes sur ses faux bras, qui s'étendent jusqu'au-dessous de l'ambitus. Les autres, *cryptocriniens*, sont pédonculés et dépourvus de ces prétendus bras.

Ce n'est qu'avec doute que nous rattachons à cette famille un curieux fossile du terrain miocène de l'Algérie occidentale : c'est un type rampant et prolifère à la manière de certains bryozoaires, ayant souvent aux bifurcations un calice celluliforme, subconique, tesselé irrégulièrement, ainsi que les stolons et paraissant avoir eu son ouverture unique fermée par de petites pièces valvulaires, que nous n'avons point trouvées en place. Du reste, on n'y distingue point de pores, à moins que ce ne soient les irrégularités à peine distinctes des sutures. Certains de nos exemplaires ont bien montré quelques perforations sur les assules des stolons ; mais leur inconstance démontre qu'elles sont accidentelles. Les stolons sont formés d'un lit d'assules reposant directement sur le corps, auquel la colonie adhère, et c'est ce même corps qui forme la surface inférieure de la poche viscérale. On peut juger, d'après cette organisation, que son caractère crinoïde est bien incertain ; mais, comme elle semble ne se rattacher qu'au type échinoderme par son test tesselé, nous ne pouvons que provisoirement l'inscrire à la suite des cystidés les plus imparfaits, sous le nom générique de *herpocystus*, et la tribu qu'elle y constitue, sous celui de *herpocystiens*. Nous résumons dans le tableau suivant la classification du grand type des crinoïdes que nous venons d'esquisser.

TABLEAU DE DISTRIBUTION MÉTHODIQUE DES ÉCHINODERMES CRINOIDES

Ordres ou sous-ordres.	Familles.	Sous-familles.	Tribus.
CRINOÏDES	ENCRINIDES	comatules	saccosomiens comatuliens marsupitiens
		pycnocrines	eugéniacriniens apiocriniens encriniens pentacriniens
	CYATHOCRINIDES	cyathocrines	platycriniens carpocriniens actinocriniens cyathocriniens
		anthocrines	anthocriniens
BLASTOÏDES	HAPLOCRINIDES		polycriniens cupressocriniens haplocriniens
	PENTRÉMITIDES		pentrémitiens éléacriniens codastériens
CYSTOÏDES	CARYOCYSTIDES		caryocystiens sphéronitiens
	PSEUDOCRINIDES		pseudocriniens punocystiens
	CRYPTOCRINIDES		cryptocriniens agélacriniens ? herpocystiens

APERÇUS MORPHOLOGIQUES.

Après avoir analysé les différences, qui permettent de concevoir un ordre sérial dans chacun des groupes de la classe des échinodermes, il nous semble convenable d'exposer ici quelques aperçus d'organomorphose, qui pourront mettre en lumière certaines relations de structure, rattachant ces groupes entre eux. En effet, on se demande comment des animaux qui ont leurs organes de respiration et de génération internes comme les oursins, peuvent être comparés à d'autres, où ces mêmes organes sont externes et situés sur des processus, qui paraissent d'un ordre appendiculaire.

Si nous examinons à ce point de vue les espèces vivantes de crinoïdes, qui appartiennent à ce dernier type, nous verrons que les tentacules respiratoires sont insérés sur les côtés des pinnules articulées, qui alternent de chaque côté des bras et de leurs ramifications. Les ovaires sont situés à la face interne et dans la gouttière de ces mêmes pinnules; il ne peut donc pas y avoir de trou ovarien sur le calice lui-même. La poche viscérale s'ouvre par deux orifices dont l'une est la bouche et l'autre l'anus, ce dernier se prolongeant un peu en tube. La bouche est centrale au point de convergence des gouttières; mais il paraîtrait que cette position n'est point essentielle; car, dans un genre de comatules, elle cède cette place à l'orifice anal et les gouttières convergent excentriquement.

Les cyathocrinides, ayant des bras avec pinnules plus ou moins développées, ont dû avoir leurs tentacules et ovaires semblablement disposés. Mais il n'en est plus ainsi pour les orifices de la poche digestive, et dans ceux que l'on connaît le mieux, il n'en existe qu'un seul sur la voûte viscérale; cet orifice, en outre, n'est point situé au centre de convergence des gouttières que l'on peut nommer ambulacraires; il ne pouvait donc en recevoir le courant portant les particules nutritives et n'était point la bouche. On a déjà fait remarquer que les gouttières des bras se prolongeaient à travers la voûte tessélée du calice et devaient permettre l'introduction dans celui-ci de l'eau mise en mouvement par les tentacules. D'un autre côté, on a pu remarquer chez plusieurs cyathocriniens les relations intimes de cette voûte avec la base des bras, qui concourt souvent à la former d'une manière incontestable. On peut en déduire cette conséquence, que cette voûte n'est point due à la sclérification de la tunique supérieure de la poche viscérale, mais bien à un développement de la base des bras ou des pièces appendiculaires du voisinage de leur commissure. La vraie bouche serait donc dans une cavité recouverte par cette voûte, mais distincte de la poche viscérale, et l'orifice de cette voûte pourrait n'être que l'issue d'une sorte de cloaque, lorsqu'elle est médiane et prolongée en tube, mais pourrait tout aussi bien être un vrai périprocte lorsqu'elle est latérale. Il y aurait alors une certaine analogie avec les ascidies, dont la vraie bouche est au fond d'une poche respiratoire, avec cette différence que l'orifice d'admission de cette poche y est unique et terminal.

Les animaux réunis sous le nom de blastoïdes sembleraient, à première vue, pouvoir se rattacher au même type en supposant leurs bras atrophiés et réduits à une récurrence du bord pinnulaire; et la manière dont le calice se termine dans l'eucalyptocrinus et le culicocrinus n'est pas dépourvue d'une certaine analogie. Mais nous pensons que c'est une illusion. En effet, lorsqu'on examine le cupressocrinus avec soin, on ne peut méconnaître que les faces de la pyramide représentent les rachis des bras devenus valvaires, et que les sillons, striés en travers, des angles de cette pyramide correspondent aux bords pinnulaires de ces bras; plusieurs auteurs prétendent même que ces pinnules ont existé, et cette opinion, suggérée par des traces de ces organes, semble confirmée par leur observation directe chez un autre genre de ce même type. M. Roëmer a figuré en effet un pentrémite, dont le bord de l'ambulacre porte des pinnules à deux rangs alternes d'ossicules, qui s'appuient parallèlement entre elles sur cet ambulacre, en se dirigeant vers le sommet. Les orifices de la poche digestive ne doivent point se montrer en dehors d'un tel calice, dont les bras sont ainsi appliqués comme des valves; ils doivent être situés dans la lacune centrale, qui est parfois operculée par un verticille de pièces valvaires. Les ovaires doivent, à plus forte raison, être internes et se trouver en rapport avec un ou plusieurs de ces orifices pour l'émission des œufs. On a, en effet, considéré comme tel, chez les pentrémites, un orifice impair situé dans un interambulacre, et on peut supposer que dans les genres où il n'est pas visible, cet orifice s'ouvrait dans la lacune centrale devenue cloaque.

Les ambulacres sont constitués par des ossicules parallèles étroits, alternes d'une rangée à l'autre, et portent près du rachis un trou comparable aux pores tentaculaires des oursins; chaque pinnule semble avoir été en rapport avec un de ces trous et peut-être y avait-il là un pore aquifère comme à la base des bras des cyathocriniens, pour conduire l'eau à la bouche en même temps qu'à des branchies internes, correspondant aux lames parallèles de la région sous-ambulacraire intérieure. Cette interprétation, toutefois, ne nous paraît pas acceptable; l'assule ambulacraire qui porte le trou est certainement d'origine appendiculaire et n'appartient point au rachis du bras. Il ne paraît être que le premier article de la pinnule qui lui est liée, et son pore a dû être tentaculaire à la manière des pores des pétales d'échinides, qui présentent souvent à leur face intérieure des sillons ou des lames branchiales semblables à celles des cystidés. Le reste de la pinnule, si elle a existé, ne paraît pas avoir eu de gouttière, et n'a sans doute rempli les fonctions d'organe respiratoire que par les cils vibratiles de son épithélium. Les canaux sous-ambulacraires, dans lesquels les pores semblent déboucher, ont dans la première hypothèse été considérés comme évacuateurs de l'eau ayant servi à la respiration; dans la seconde hypothèse, on pourrait supposer, au contraire, qu'ils ont servi à introduire l'eau et ses particules nutritives vers la cavité viscérale. Nous n'avons pas eu assez de matériaux pour élucider cette question par des coupes indicatives des dispositions profondes de ces canaux et de la poche viscérale. Dans l'eucalyptocrinus, les ambulacres sont en nombre double par dichotomie de chaque bras; leur rachis, dépassant la zone pinnulée, porte au centre sur la lacune une sorte d'opercule valvaire, comme celui des échinocidaris, dont on retrouve l'analogue chez *eleacrinus* et qui a peut-être existé chez tous les genres.

Chez les haplocriniens, la structure paraît être la même, et nous ne pensons pas que des bras se sont insérés à la base du sillon ambulacraire et nous devons convenir que, si leur existence était démontrée, elle fournirait une objection capitale à notre mode d'interprétation morphologique. Il nous paraît, au contraire, que si des appendices se sont insérés au bas de ce sillon, ce devaient être des pinnules, et si les orifices supposés à l'aisselle de ces pinnules ont réellement existé, on pourrait y voir les analogues des canaux sous-ambulacraires des pentrémites et ils seraient aquifères. Ces haplocriniens, ainsi que le *stephanocrinus* qui s'y rattache, ont, du reste, possédé les organes sublamelleux internes admis comme branchiaux; ce ne sont donc point des crinoïdes vrais. Ce n'est évidemment que sous réserve d'une étude plus approfondie de la structure interne que l'on peut ranger ici les *coccocrinus* et les *myrtilocrinus*, dont les gouttières ambulacraires sont remplacées par des fissures et qui ont peut-être possédé de vrais bras; c'est encore plus nécessaire pour les *epactocrinus* à grande ouverture proctidienne latérale, qui entraîneront sans doute avec eux les précédents parmi les cyathocrinides, pour constituer une tribu distincte au voisinage des platycriniens ou peut-être des anthocriniens. C'est une question à résoudre par la recherche des branchies internes et des appendices brachiaux, aidée de cette opinion de Dujardin et Hupé, que ce sont de jeunes individus de certains cyathocrinides.

L'analogie évidente, quoique éloignée, qui rattache les blastoïdes aux échinides, peut-elle permettre de considérer leurs zones respectives comme homologues? Nous ne voyons rien qui s'y oppose absolument, si ce n'est peut-être l'existence d'un œil unique au sommet de chaque ambulacre, qui, par suite, ne semblerait pas être divisible en deux parties indépendantes, comme l'exigerait la théorie, d'après laquelle on considérerait les oursins comme constitués par cinq bras, dont les interambulacres seraient des rachis et dont les demi-ambulacres contigus seraient les pinnules tentaculifères. Cependant l'œil est ici un organe nouveau, particulier à des êtres non fixés, et qui peut être aussi bien rattaché à l'apex qu'à l'ambulacre, et l'on pourrait même ajouter que le nerf des ambulacres étant formé comme de deux troncs parallèles, dont chacun envoie ses ramules à la branchie respective, indique bien cette distinction originale entre les deux zones de chaque ambulacre. Les pores génitaux sont bien placés comme celui ainsi déterminé dans les blastoïdes, dans un interambulacre; chez les oursins ils se trouvent à l'autre pôle, c'est-à-dire sur les pièces analogues aux basales et dont l'une d'elles portant le madréporide paraît conserver des traces du stipe, qui a peut-être existé à l'un des états embryonnaires de l'échinide. Peut-être cette situation des pores génitaux chez les oursins indique-t-elle une particularité d'organisation des blastoïdes, qui consisterait en ce que les organes génitaux au nombre de 4-5 auraient eu leurs canaux déférents dirigés vers le pôle dorsal et confluents en un canal unique inversement dirigé. L'analogie pourrait peut-être encore être poursuivie plus loin, et l'on serait presque autorisé à se demander si les tubes sous-ambulacraires des pentrémites ne seraient pas les analogues des entailles du péristome des diadèmes et des pygures; et si elles ne portaient pas des branchies buccales plutôt que de servir de canal déférent ou afférent. Cette idée cependant serait peut-être difficile à concilier avec l'organisation du codaster. Les oursins seraient donc des crinoïdes à calice rudimentaire, à bras soudés et dont les zones ambulacraires correspondraient aux bords pinnulaires.

Pour passer de la forme des oursins à celle des astéries dans l'idéal morphologique que nous exposons, il suffirait d'admettre que la région dorsale se serait dilatée et étalée, et que l'interambulacre ou le rachis des bras se serait divisé longitudinalement jusqu'à la complète dissociation de ses rangées d'assules. Cette manière de considérer les choses paraît peu rationnelle, lorsqu'on envisage les astéries à rayons grêles et allongés, qui, contrairement aux apparences, n'auraient point alors des bras comparables à ceux des crinoïdes; mais elle devient plus acceptable par la comparaison des types pentagonaux, comme *goniodiscus*, surtout avec les haplocriniens, abstraction faite de la station, de la base du calice et du support. Il y a même entre certaines astéries et les *cupressocrinus* un certain air de parenté qui avait frappé d'Orbigny, non pas qu'il eût interprété comme nous ces analogies, mais parce que celles-ci se dévoilent au naturaliste exercé avant qu'il les ait analysées et par conséquent définies.

Il ne paraîtra pas beaucoup plus difficile de rattacher à ce type synthétique la structure des ophiurides; cependant cela ne laisse pas que d'offrir quelques difficultés. Le sillon ambulacraire ayant disparu, on se demande si l'analogie ne serait pas plus intime avec les comatules, d'autant plus qu'il n'y a qu'un seul osselet vertébral dans les rayons. Mais il ne faut pas oublier qu'il n'y a point de pinnules chez ces échinodermes, que leurs squames paraissent plutôt être des sclérites épidermiques que de vrais ossicules assulaires; que s'il n'y a qu'une pièce vertébrale, on y reconnaît des appendices latéraux entre lesquels sont logés les tentacules et qui peuvent représenter les assules ambulacraires, tandis que les pièces vertébrales résulteraient de la soudure d'assules interambulacraires. L'analogie des ophiurides avec les comatules est donc bien plus éloignée que ne le laisserait supposer leur forme extérieure; puisque les bras des premiers seraient presque réduits à la partie pinnulaire de ceux des seconds, complétement separée de son rachis qui correspondrait au contraire à la commissure des rayons.

Cette vue peut paraître paradoxale; cependant il est possible encore de la justifier par une comparaison avec certains échinides. Les scutelles à lacunes, vues par la face inférieure ou buccale, présentent une certaine analogie par les ramifications de leurs sillons ambulacraires inférieurs avec les rameaux plus ou moins divisés des *astrophyton*; il suffit de supposer que les lacunes du test se sont étendues dans tous les intervalles des rameaux de ces sillons, de la même manière qu'elles existent dans quelques-uns, et de réduire le disque à la partie comprise en dedans des ramifications, pour avoir l'image d'un *astrophyton* dont l'ambulacre serait un peu en gouttière; il va sans dire qu'il faudrait supprimer la partie pétaloïde des ambulacres et arrondir les divisions. Les ophiurides seraient, d'après ces vues, les échinodermes les plus éloignés du type crinoïde, considéré comme le plus simple.

La difficulté est encore plus grande pour rattacher au même type d'organisation le groupe des cystidés. Dans les *pseudocrinus* on peut encore, à la vérité, retrouver les ambulacres avec pinnules des pentrémites; mais il ne paraît pas s'y trouver de pores à la base des pinnules, et l'assule basilaire même de celles-ci semble plutôt appliqué à la surface ou dans un sillon, que compris dans les pièces tessélées, qui forment la cavité. Au contraire, il existe trois rudiments des véritables ambulacres avec pores conduisant à des sillons parallèles internes, dans ce qu'on a nommé les losanges pectinés, et ces organes ne sont point symétriquement placés autour du sommet, d'où partent les pseudo-ambulacres; sur une des faces, une cavité nommée ovarienne nous paraît plutôt, en raison de sa structure, comparable à un périprocte avec valves operculaires; d'autres ouvertures près du sommet sont sans doute analogues aux trous des pentrémites, et l'un d'eux doit être ovarien. On pourrait dire que ces cystidés sont des blastoïdes monstrueux ou imparfaits. Si l'on suppose que les organes appendiculaires ont plus ou moins disparu et que les losanges pectinés couvrent la majorité des assules, on arrive au type des sphéronites et hémicosmites, qui ont des pores disposés en séries le long des diagonales de leurs assules, pores correspondant parfois à des sillons très-accusés comme ceux des losanges pectinés. Il semble ici que les tentacules se sont répandus sur toutes les surfaces, de la même manière que chez les astéries ils ont gagné la région dorsale, en même temps qu'il en est resté dans la gouttière ambulacraire.

On prétend avoir reconnu sur quelques genres des traces de sillons comme ceux dits brachiaux dans les apiocystites, et chez quelques autres un certain nombre de fossettes semblent indiquer l'existence de pinnules, que l'on a nommées également des bras. Dans un autre groupe, celui des sphéronitiens, il existe encore des sillons presque ramifiés comme ceux des scutelles, et on les a considérés comme des gouttières ambulacraires de crinoïdes, ce qui supposerait que les bras se sont réfléchis par le dos sur le calice; mais nous préférons, au contraire, y voir une commissure de zones pinnulaires pouvant remplir, du reste, les mêmes fonctions, c'est-à-dire le transport des matières nutritives à l'orifice de la cavité digestive par les courants qu'ils déterminent. Mais ce qui particularise surtout ce groupe, c'est la disposition géminée des pores nombreux épars sur les assules; il semblerait voir un mélonite dont les assules ambulacraires seraient soudés par groupes en plaques hexagonales, avec cette différence qu'il n'y aurait plus traces d'interambulacres; rien n'y rappelle les losanges pectinés. Les ouvertures sont les mêmes que dans les types précédents.

Cette organisation tend encore à se simplifier; car il ne reste plus rien de ce qui semble essentiel au type comme organe tentaculaire, pas de bras, pas de pores, pas de losanges pectinés. Chez *agelacrinus* on retrouve encore les pseudo-ambulacres des pseudocrines; mais on ne distingue plus que l'ouverture que nous nommons anale. Chez les cryptocrines ces faux bras ont même disparu et il faut admettre que, chez ces échinodermes primitifs, la respiration s'opérait par les cils vibratiles de l'épithélium; l'ouverture anale existe encore et on peut supposer l'existence d'un autre orifice terminal, qui serait buccal ou pourrait conduire à la bouche.

Ce qu'il y aurait de plus singulier, ce serait le retour, dans des temps relativement modernes, d'un type qui peut être considéré comme la première ébauche, parfois même très-anormale du type des échinodermes. Notre *herpocystus* semblerait même encore être inférieur en organisation à ses précurseurs les plus anciens; il paraît n'avoir qu'une seule ouverture terminale, sans pores, sans bras, sans pinnules; il est sessile et se propage par bourgeonnement du calice à la manière des bryozoaires. Ce qu'on en connaît n'a des échinodermes que le squelette tessélé et encore sans ordre, et on doit faire des réserves sur la place que cette organisation indique dans la série animale. Du reste on doit reconnaître qu'il reste beaucoup à apprendre pour l'histoire de ces êtres anormaux.

Nous devons encore dire quelques mots de l'opinion émise par Dujardin et Hupé sur la nature de ces crinoïdes imparfaits, et qui consistait à les considérer comme des organes de reproduction d'animaux à génération alternante comme les méduses. Cette interprétation était basée surtout sur cette autre opinion que ces êtres problématiques étaient dépourvus de bouche et de poche digestive. Il nous semble au contraire qu'il ne devait pas en être ainsi, et qu'on peut toujours déterminer des orifices qui ont pu servir à la nutrition. En outre, ces animaux étaient fixés comme les vrais crinoïdes et l'on ne comprendrait plus le but de cette génération alternante, qui semble surtout avoir été destinée à la diffusion des germes par la dispersion des gemmes reproducteurs.

DISTRIBUTION GÉOLOGIQUE.

Les différents ordres d'échinodermes ont chacun une histoire paléontologique particulière. Les plus anciens sont les cystidés et les blastoïdes, qui ne sortent pas des terrans paléozoïques et caractérisent surtout les formations inférieures. Les crinoïdes commencent aussi à cette même époque; mais ils y sont uniquement représentés par les cyathocrinides, qui ne se sont pas perpétués dans les temps suivants. Les encrinidés leur ont immédiatement succédé à l'époque triasique et se sont seuls continués et en petit nombre dans les mers de l'époque actuelle. Les échinides ont commencé aux temps paléozoïques par le type des tessélés, qui semblent se rattacher aux cystidés et se sont éteints dans la même période; puis dans les terrains secondaires ils se sont montrés sous la forme typique, d'abord représentés par des globiformes et des lampadiformes, puis par des spatiformes, et se sont continués dans les mers actuelles après des pertes considérables dans chacune de leurs séries. Enfin les astérides et les ophiurides, si répandues dans les mers actuelles, paraissent avoir existé dans toutes les périodes géologiques; mais leurs corps, facilement détruits ou disloqués, sont trop peu fréquents dans les couches du globe pour qu'on puisse faire l'histoire de leur développement. En somme, il résulte de cette distribution géologique que le type des échinodermes est un des plus anciens à la surface du globe, et que l'apparition successive de ses types ne paraît point essentiellement en rapport avec la filiation qu'indiqueraient leurs affinités respectives.

Imprimé par Charles Noblet, rue Soufflot, 18.

CLASSIFICATION MÉTHODIQUE

ET

GENERA

DES

ÉCHINIDES VIVANTS & FOSSILES

HISTORIQUE

L'ordre des échinides comprend des animaux auxquels leur vestiture épineuse donne une physionomie spéciale, qui ne permet la confusion avec aucun autre. Ses caractères taxonomiques, nets et homogènes dans toute la série, en font un des types les mieux déterminés et les mieux définis. Ils sont répandus dans toutes les mers actuelles, où on en connait près de 300 espèces, et ils ont vécu en non moins grand nombre dans les mers de toutes les périodes géologiques, à partir des premiers temps paléozoïques; et à chaque époque, ils se sont montrés, de même que les autres êtres organisés, avec des caractères spéciaux, indiquant de l'une à l'autre des modifications plus ou moins profondes, dont le processus ne nous est pas connu et donne lieu, en ce moment, à des discussions philosophiques passionnées entre les différentes écoles.

Cet ordre est un des mieux représentés dans les collections paléontologiques, et il le doit moins à son abondance relative qu'à la nature en général très solide de son test-squelette, qui en a facilité la conservation dans les sédiments marins de tous les âges géologiques. La complication étonnante de structure de ce test et l'importance des organes qui sont avec lui en relation intime, en font un élément de détermination des plus précis et d'autant plus précieux que les caractères susceptibles de s'être conservés sur les fossiles sont en même temps ceux qui doivent le plus utilement servir à l'établissement de la classification méthodique et naturelle.

De tout temps, les naturalistes ont dû porter leur attention sur ces animaux si remarquables, dont plusieurs servent à l'alimentation, et beaucoup d'entre eux en ont fait l'objet de leurs études de prédilection. Breynius, Klein, Leske, Van

Phelsum nous ont laissé des travaux remarquables pour l'époque où ils ont été exécutés. Ce n'est toutefois que plus récemment, après le premier quart de notre siècle, et sous l'impulsion de la nomenclature linnéenne et surtout de la nécessité de scruter les détails de l'organisation pour l'établissement de la classification méthodique, que les recherches ont pris ce caractère de précision et en même temps de généralité qui est le cachet de notre époque.

Gray, dès 1825, publiait un premier essai de disposition méthodique, dans lequel il s'était inspiré d'un tableau antérieur de Latreille; il établissait :

1° Un « TYPICAL GROUP » pour les RÉGULIERS de Latreille, avec deux familles : *cidarideæ* et *echinideæ*;

2° Un « ANNECTENT GROUP » pour les IRRÉGULIERS du même, avec trois familles : *scutellideæ, galerideæ, spatangideæ.*

Ch. Desmoulins, en 1835, insiste surtout sur la valeur des caractères que l'on peut tirer de la bouche et de la dentition pour la classification des oursins.

Agassiz, en 1836, les divise en trois familles :

ÉCHINIDES ayant l'anus opposé à la bouche et au sommet du test;

CLYPÉASTROÏDES ayant la bouche centrale et l'anus hors du sommet;

SPATANGOÏDES ayant la bouche antérieure et l'anus hors du sommet.

Le même, en 1847, établit quatre familles, deux dentées, deux édentées :

Les CIDARIDES, formant quatre groupes : *cidarides* vrais, *salénies, échinides, échinomètres ;*

Les CLYPÉASTROÏDES, l'ancienne famille dont les édentés sont exclus pour former :

Les CASSIDULIDES, divisés en deux groupes : *échinonéides, nucléolides ;*

Les SPATANGOÏDES (avec les dysasters).

Les galérides restent associés aux échinonéides, l'auteur ignorant qu'ils étaient dentés.

Albin Gras, en 1848, admet les divisions primordiales de Latreille en RÉGULIERS ou NORMAUX et IRRÉGULIERS ou PARANORMAUX.

Il divise les seconds en cinq familles : les *collyrites,* les *nucléolidés,* les *galéridés,* les *clypéastridés* et les *spatangidés.*

Gray, en 1855, revient aux termes mêmes de Latreille : RÉGULIERS et IRRÉGULIERS. Les premiers forment six familles : *cidarideæ, diadematidæ, arbaciadeæ, hipponoïdeæ, echinideæ, echinometradeæ.*

Latreille divisait les IRRÉGULIERS en *misostomes* (les premiers clypéastroïdes d'Agassiz) et *plagistomes* (les spatangoïdes du même). Gray les répartit ainsi :

Dentés : *scutellideæ;*

Édentés : *galeritideæ, echinolampasideæ, spatangideæ.*

M. Wright, en 1856, crée le nom d'ENDOCYCLICA, pour les réguliers, avec les cinq familles suivantes : *cidaridæ, hemicidaridæ, diademadæ, echinidæ, salenidæ.*

Les irréguliers prennent le nom d'EXOCYCLICA, avec les huit familles suivantes : *echinoconidæ, collyritidæ, echinonidæ, echinobrissidæ, echinolampadidæ, clypeastridæ, echinocoridæ, spatangidæ.* Les caractères de la dentition ont, pour la première fois, servi à séparer les échinonées des galérites; mais ils n'ont pas empêché de laisser les clypéastres au milieu des édentés.

M. Desor, en 1848, admet les noms de Latreille et de Wright pour les deux divisions principales. Les RÉGULIERS se divisent en deux familles :

1° Les *tessélés*, pour les oursins paléozoïques découverts depuis peu;

2° Les *cidaridés*, subdivisés en angustistellés *(cidaris)*, latistellés *(echinus)* et salénies.

Les IRRÉGULIERS comprennent cinq familles :

1° Les *galéridées*, subdivisées en dentés (galéridées vrais), et édentés (échinonées);

2° Les *dysastéridées;*

3° Les *clypéastroïdes*, comprenant les laganes, les scutelles, les clypéastres;

4° Les *cassidulides*, subdivisés en caratomes et échinanthes;

5° Les *spatangoïdes*, sectionnés en ananchydées et spatangoïdes vrais.

M. Cotteau, en 1861, ne s'éloigne pas beaucoup de la classification de M. Wright; mais il réunit les hémicidaridées aux diadématidées et les échinobrissidées aux échinolampadidées, sous le nom de cassidulidées; et la disposition sériale est un peu modifiée. RÉGULIERS : *échinidées, diadématidées, cidaridées, salénidées;* IRRÉGULIERS : *échinoconidées, échinonéïdées, clypéastroïdées, cassidulidées, collyritidées, échinocoridées, spatangidées.*

Dans les Comptes-rendus de l'Académie des Sciences, en 1867, et dans ma revue des échinodermes, en 1868, j'ai proposé l'arrangement méthodique suivant :

Sous-ordre des TESSÉLÉS ou PÉRISCHÉCHINIDES, divisés en deux familles : *paléchinides* et *mélonéchinides* (plutôt des tribus);

Sous-ordre des NON TESSÉLÉS, divisés en dentés ou gnathostomes et édentés ou atélostomes.

Les dentés forment deux familles : les GLOBIFORMES, subdivisés en *phymosomides* ou *glyphostomes* et *cidarides* ou *holostomes;* et les CLYPÉIFORMES, divisés en apétalés *galérides* et pétalés *clypéastrides.*

Les édentés forment deux familles : LAMPADIFORMES, comprenant les *cassidulides* et les *échinonéïdes*, ces derniers réunissant les dysastériens et les hyboclypiens comme tribus dépendantes; SPATIFORMES, divisés en *ananchytides* et *spatangides.* Ces huit sous-familles sont subdivisées en une quarantaine de tribus, traduisant toutes les gradations un peu nettes de l'organisation dans la série, et en ménageant parfaitement les transitions. Les classifications antérieures étaient dues surtout à des paléontologistes et avaient principalement en vue les oursins fossiles. J'ai voulu tenir compte des types vivants pour éviter les lacunes que leur omission produit infailliblement dans les enchaînements; mais les plus intéressants de ces types étaient encore à découvrir.

M. Cotteau, en 1875, dans son tableau des réguliers pour la paléontologie des terrains jurassiques, se borne à transposer les salénides et les cidarides, parce que les premiers ne paraissent plus faire la transition aux irréguliers.

M. A. Agassiz, en 1874, dans sa *Révision des Échinides*, a publié un classement méthodique dans lequel il paraît avoir tenu trop peu de compte des animaux fossiles, et qui, à la vérité, n'était destiné qu'à encadrer des types vivants, dont un bon nombre, et des plus remarquables, provenaient de découvertes récentes, et ont été illustrés dans son magnifique ouvrage. Il admet trois grands types :

DESMOSTICHA embrasse tous les globiformes divisés en cinq familles, dont la première, CIDARIDÆ, réunissant les *cidarides* et les *salénies*, forme un groupe bien disparate; les autres sont : ARBACIADÆ, DIADEMATIDÆ (échinothuridées comprises), ECHINOMETRADÆ, ECHINIDÆ, divisés en *temnopleurides* et *triplêchinides*. Les paléontologistes saisiront difficilement le lien qui rattache ces familles entre elles et leur enchaînement avec les types si variés des nombreuses faunes éteintes ;

Les CLYPEASTRIDÆ comptent deux familles : les vrais CLYPEASTRIDÆ, avec trois tribus, *fibulariœ*, *echinanthidœ* (les clypéastres) et *laganidœ;* et les SCUTELLIDÆ, disposition qui me paraît peu conforme aux véritables affinités de ces divers types ;

Les PETALOSTICHA forment deux familles : CASSIDULIDÆ, subdivisées en *echinonidœ* et *nucleolidœ;* SPATANGIDÆ, subdivisées en *ananchytidœ, euspatanginœ, Leskiadœ* et *Brissinœ.* Nous verrons plus loin que les oursins vivants, rapprochés des ananchytes, en sont très différents et appartiennent à une autre famille. Je ne vois pas la place qui peut être réservée aux galérides, et je ne sais si l'auteur a suivi les errements anciens, qui en faisaient des échinonéïdes.

Il est possible que ce cadre soit très approprié à la faune actuelle ; mais lorsqu'on a à considérer l'ensemble des types vivants et des types fossiles, on est frappé du défaut de pondération entre ses différentes parties.

M. de Loriol, en 1873, dans l'échinologie helvétique pour les terrains crétacés, propose de faire un ordre spécial des tessélés et de diviser celui des vrais échinoïdes en trois sous-ordres :

EXOCYCLIQUES ATÉLOSTOMES, avec trois familles : SPATANGIDÉES, comprenant *spatangoïdes* et *paléostomes ;* HOLASTÉRIDES, avec *échinocoridées* (holaster et ananchytes) et *collyritidées ;* CASSIDULIDÉES, groupant *échinolampadidées* et *échinonéïdées ;*

EXOCYCLIQUES GNATHOSTOMES, réunissant les deux familles de CLYPÉASTROÏDES et ÉCHINOCONIDES ;

Enfin, ENDOCYCLIQUES, formant trois familles : GLYPHOSTOMES, subdivisés en *échinidées* et *diadématidées* (ces dernières comprenant les salénies) ; ÉCHINOTHURIDÉES ; CIDARIDÉES ou holostomes.

M. Zittel, dans son manuel de paléontologie, en 1880, adopte cette disposition méthodique avec les changements suivants : Les échinoïdes forment une classe divisible en deux sous-classes : PALECHINIDEÆ, avec trois ordres, CYSTOCIDARIDEÆ, BOTHRIOCIDARIDEÆ, PERISCHOECHINIDEÆ ; et EUECHINOIDEÆ, avec les trois ordres de M. de Loriol et la seule différence dans la série en ce que les SALENIDEÆ sont rétablies entre CIDARIDEÆ et ECHINOTHURIDEÆ et les CONOCLYPEÏDEÆ sont ajoutées aux gnathostomes irréguliers.

Cette classification tenant compte des dernières découvertes importantes est à ce point de vue en progrès incontestable sur celles antérieurement proposées. Elle a bénéficié, dans une certaine mesure, de quelques-unes des améliorations que j'avais essayé d'introduire dans la méthode, et a emprunté plusieurs de mes dénominations les plus caractéristiques; mais elle n'a pas pu se débarrasser de cette vieille conception des deux grands types des réguliers et des irréguliers, et je persiste à croire que cela lui imprime un fort défaut d'équilibre, les dentés irréguliers étant bien plus proches parents des globiformes que des atélostomes. On peut regretter aussi de ne pas y trouver les échinonées entre les échinolampes et les dysasters, où ils seraient bien mieux encadrés qu'entre les clypéastres et ces derniers.

Pendant que ces efforts s'accomplissaient pour perfectionner l'arrangement méthodique des séries, d'autres savants se livraient avec une rare patience à des recherches anatomiques et embryogéniques, et permettaient, par leurs découvertes, l'emploi de caractères d'une grande importance organique, qui n'ont pas peu contribué aux améliorations successives que nous venons de constater.

Valentin a ouvert la voie, en collaborant aux monographies d'Agassiz, par l'anatomie du genre echinus; puis sont venus les travaux de Jean Müller sur les larves des échinodermes, de 1846 à 1854; le mémoire sur la structure des échinodermes du même, en 1855; et enfin les magnifiques études de M. Lovén sur les échinoïdes, en 1874; les recherches de M. Perrier sur les pédicellaires; celles de M. A. Agassiz sur le développement de beaucoup d'espèces vivantes, etc.

Il résulte de l'exposé qui précède que les échinologistes sont loin de s'entendre sur la meilleure des classifications à adopter pour traduire le plus exactement possible les affinités de tous les types organiques. Il n'y a pas là seulement une question de perfectionnement de méthode, au point de vue de l'art et de la symétrie; il faut, en effet, aux paléontologistes, une base certaine de discussion sur les affinités et sur les parentés possibles ou probables de cette longue succession de faunes, si différentes entre elles que les liens en paraissent brisés. Il y a donc lieu d'essayer à nouveau de coordonner tous les documents recueillis jusqu'à ce jour sur ce groupe si remarquable d'animaux rayonnés, de discuter la valeur et la coordination des caractères qui ont servi à les sérier méthodiquement, et de les fixer par des diagnoses pour tous les degrés d'organisation, jusqu'aux sous-genres, ou même leurs sections qui pourraient le devenir pour certains auteurs.

TAXONOMIE

Chez tous les oursins le test est formé de plaquettes ou *assules* calcaires unis par juxtaposition ou, plus rarement, par légère imbrication, plus ou moins rigides dans le premier cas, flexibles dans le second, disposés en bandes méridiennes dont l'ensemble constitue dix *aires* dont cinq portant les organes de la respiration, dites *ambulacraires*, alternent avec cinq autres recouvrant les organes de la génération, dites *anambulacraires* ou *interambulacraires*. Chacune de ces aires, dans les oursins ordinaires, est formée de deux rangées, soit 20 en tout, et lorsqu'il y a quelque rare exception, c'est pour l'anambulacre par dédoublement, en quelque sorte tératologique, des assules du pourtour, ou *ambitus*, et pour l'ambulacre par suite de l'entassement d'un certain nombre de petits assules qui se réunissent pour constituer un assule composé unique qui rentre dans la règle. Dans les oursins des temps primitifs, il en est tout autrement; ou bien il y a réduction du nombre des rangées, et c'est sur l'aire génitale qu'elle porte, ou bien il y a multiplication tantôt sur l'aire génitale seulement, tantôt sur les deux aires; dans ce cas, le chiffre total des rangées peut aller de 75 au delà de 100.

Il y a lieu de faire remarquer que le type simplifié est celui qui apparaît le premier, et que le type complexe s'éteint au moment même où se fixe le type actuel, qu'on peut considérer comme normal.

A la partie inférieure, ces rangées méridiennes ne se ferment pas et laissent une ouverture nommée *péristome*, recouverte par la *membrane buccale*, nue ou renforcée par des sclérites ou des plaquettes écailleuses, au centre de laquelle est l'ouverture de la *bouche*.

La partie supérieure de chaque aire ambulacraire se termine par une pièce unique, quel que soit le nombre des rangées d'assules, et cette pièce est percée d'un pore portant un organe pigmenté que l'on détermine comme œil, d'où le nom de *plaque ocellaire*. Dans les échinides paléozoïques, ces plaques sont aveugles ou percées de deux pores. Il est difficile de dire si chacun de ces pores portait un œil, ou si la paire correspondait à un seul tentacule terminé par un œil, ce qui est plus probable.

Chaque aire génitale se termine également au sommet par une pièce unique percée d'un pore qui sert de canal efférent aux organes génitaux; elle a été nommée *plaque génitale*. Ces dix plaques alternent entre elles, soit en s'intercalant, soit en deux séries, les génitales en dedans, les ocellaires en dehors, ce qui est le cas le plus habituel et par conséquent normal. L'ensemble de ces dix pièces, dont la génitale postérieure avorte quelquefois plus ou moins, constitue l'*appareil apicial* ou *apex*. (Voir la planche et son explication.)

Sa forme assez variée fournit des caractères importants pour la classification. Il peut être discoïde avec les ocellaires en dehors et toutes adjacentes, et on le dit alors compacte; ou bien sublinéaire avec les ocellaires totalement intercalées, de manière à former deux séries contiguës sur l'axe; on le dit alors *allongé*. Lorsque les deux ocellaires postérieures sont séparées de l'apex et reportées en arrière avec les deux ambulacres dont elles sont le sommet, on le dit *disjoint*. Dans ces deux derniers cas la génitale postérieure manque; il y a souvent aussi quelques plaques *supplémentaires* dans les apex dépourvus de la cinquième génitale et sur la ligne qui réunit les deux sommets de l'apex disjoint.

L'apex est aussi de forme annulaire, soit en deux cercles distincts, soit avec une, plusieurs ou toutes les ocellaires alternantes. Cet apex entoure l'orifice anal, qui s'ouvre dans une membrane renforcée par des plaquettes plus ou moins développées, le plus souvent inégales et nombreuses, dont une ou plusieurs peuvent devenir adhérentes à l'apex et le compliquer d'éléments que l'on a cru longtemps être spéciaux à un groupe (salénies), tandis qu'ils n'y sont que plus persistants. L'ouverture logeant la *membrane anale* est le *périprocte;* son cadre n'est pas toujours formé par les plaques apiciales; il y a même un très grand nombre de types où l'anus est en dehors. On peut voir, chez quelques-uns (pygaster), ce cadre constitué en partie seulement par l'appareil génital ouvert et en partie par les plaques coronales de l'interambulacre postérieur. Dans beaucoup d'autres, il est complètement sorti et logé dans l'anambulacre; et il peut occuper, dans la longueur de cette aire, toutes les positions jusqu'à devenir presque adjacent au péristome. Ces transitions démontrent l'exagération de la valeur taxonomique attribuée au fait de l'inclusion ou de l'exclusion du périprocte par rapport à l'apex; la transition que l'on méconnaissait existe, elle est elle-même très nuancée et prouve que la situation de cet orifice n'a qu'une importance secondaire pour fixer le degré d'organisation des échinides.

L'apex comprend un élément particulier dont la constance indique la très grande importance : c'est le *madréporide* ou corps criblé toujours lié à la plaque antérieure de droite et fournissant ainsi le critérium de l'orientation chez les espèces les plus rayonnées, et même chez d'autres où un allongement oblique masque complètement l'axe réel. On a cru longtemps que cet organe indiquait la partie postérieure du corps de l'animal; mais partout où l'orientation peut être révélée, soit par la position excentrique de l'anus, soit par un prolongement anormal d'un des angles de l'apex, la situation du madréporide s'est trouvée la même, en sorte qu'il n'y a maintenant plus de doute à avoir à ce sujet.

Le corps criblé correspond, à l'intérieur du test, à un *canal* dit *aquifère* plus ou moins développé, dont la fonction est de mettre en rapport, par ces ouvertures, l'intérieur des aires branchiales avec le liquide ambiant. Le fait que, dans l'état larvaire des oursins, ou *pluteus,* le premier acte de métamorphose définitive est la constitution de ce système aquifère, démontre suffisamment son importance sans que j'aie besoin d'insister.

Dans les apex annulaires, le madréporide donne à sa génitale un peu plus de développement, et il forme plus ou moins bouton entre le pore génital et le bord du périprocte. Cependant, quelquefois, l'encroûtement exagéré de l'apex le masque en partie et ne le laisse apparaître que dans une petite fossette à côté du pore (salénie) ou à la marge même de la plaque (goniopygus). Dans les apex pleins, la plaque génitale madréporique peut être ou à peine plus grande que les autres, ou prolongée, au centre, d'une quantité variable, jusqu'à constituer un bouton central entièrement criblé, autour duquel les ocellaires et les autres génitales sont très réduites et arrivent même à ne plus en être distinctes. C'est ordinairement le cas des clypéastridés et des lampadiformes les mieux pétalés. Le madréporide peut encore exagérer son extension en arrière et sortir du cadre apicial en appendice plus ou moins développé, séparant les ocellaires postérieures et tenant la place de la génitale postérieure, toujours atrophiée dans les spatiformes, où se produit cette singulière structure. J'ai déjà fait remarquer qu'elle était propre à presque tous les spatangoïdes actuels et des époques tertiaires, tandis qu'il n'y en avait peut-être pas d'exemple connu dans la période crétacée. Depuis, M. Lovén a encore insisté sur l'importance de ce caractère à propos de l'unique espèce vivante qui ne le montrât pas : *micraster expergitus.*

Dans les oursins des temps paléozoïques, il n'a pas encore été possible de constater la présence du corps criblé, en sorte que l'existence du madréporide typique peut y être mise en doute. Dans ce cas, il existerait, entre ces animaux fossiles et ceux des autres époques, une différence fondamentale qui justifierait mon premier sentiment sur leur séparation absolue; mais il me paraît probable que cet organe y revêtait seulement des formes particulières dont les études futures nous révéleront le secret. On a déjà remarqué que la multiplicité des pores des plaques génitales des oursins tessélés n'était point nécessitée par l'accomplissement des fonctions génitales, et que ceux qui n'y servaient pas pouvaient bien être des pores aquifères remplaçant le corps criblé. L'une des génitales, et quelquefois ses voisines, ont souvent un plus grand nombre de ces pores, et on en a conclu que c'était la génitale antérieure de droite, d'où nouvel argument pour attribuer à ces pores supplémentaires cette fonction physiologique de madréporide. La diffusion de cet appareil sur toutes les génitales n'est pas une objection sérieuse à cette hypothèse, parce que nous avons des exemples de cette diffusion de l'appareil criblé sur plusieurs génitales restées indépendantes dans le *micropedina* et dans plusieurs *discoïdea;* mais, par contre, l'apex d'un tessélé incontestable, le *prosechinus,* paraît avoir un vrai madréporide sur une seule génitale d'aspect plus rugueux, tandis que les autres pièces portent encore une série de cinq à six pores arquée à l'extérieur d'un gros tubercule qui manque à l'autre. Quoi qu'il en soit, si cette structure se confirmait, elle prouverait seulement que le madréporide de ces tessélés nous est simplement masqué par quelque particularité de structure et qu'il finira par être découvert, comme celui des salénies et des goniopygus; car un organe aussi essentiel au type échinoderme ne peut faire ici défaut.

Les aires ambulacraires présentent chacune deux *zones porifères* marginales et une *zone interporifère* pourvue de tubercules ou de granules mamelonnés. Les assules qui les constituent portent chacun une paire de pores, *zygopore,* plus ou moins rapprochés près d'une extrémité. Dans un très grand nombre d'oursins ils sont superposés régulièrement dans toute la longueur de l'aire, plus ou moins étroits et bien plus nombreux que les assules anambulacraires. Chez certains autres, les zones porifères ne sont pas semblables dans toute leur étendue ; la partie voisine de l'apex est plus développée que celle du pourtour et du dessous, et les pores y sont différents ; on donne alors à cette partie le nom de *pétale.* Lorsque cette différence se produit sur le pourtour du péristome, on lui donne le nom de *phyllode,* et à l'ensemble de la rosette celui de *floscèle.* Si les zygopores sont homogènes dans toute l'étendue de la zone, l'ambulacre est dit *simple;* mais si, malgré cette homogénéité, les zygopores s'entassent de manière à couvrir une plus grande surface, surtout au voisinage de la bouche, l'ambulacre est dit *pétaloïde.* Lorsque les assules restent indépendants et que leurs pores forment une simple série de paires, on les dit *unigéminés* ou par *simples paires.* Dans beaucoup d'oursins, au contraire, et surtout chez les glyphostomes, plusieurs de ces assules se groupent pour former une plaque composée, mais d'apparence simple, portant un ou plusieurs tubercules primaires, oblitérant les sutures à la surface extérieure; les pores sont encore dits, dans ce cas, disposés par simples paires, lorsqu'ils sont en série unique, mais on ne peut plus alors les dire unigéminés, ainsi qu'on l'a fait souvent : ils sont *2-3-multigéminés,* suivant le nombre d'assules réunis en une seule plaquette. Lorsque la série appartenant à chaque plaque composée dévie de la ligne droite pour alterner sur deux rangs, on dit les pores en *paires dédoublées;* et lorsqu'elle se dispose en arcs ou en échelons interrompus, ou qu'elle se disperse, on dit les pores disposés par paires multiples. Ces distinctions sont souvent subtiles; elles ont pris naissance sous l'inspiration de la croyance que les plaquettes porifères étaient indépendantes des plaques de la zone interporifère, ce qui est une erreur; il n'y a de différence fondamentale que dans l'indépendance des assules élémentaires où leur soudure en plaques coronales complexes. Les *oligopores* et les *polypores* de M. Desor, en principe, devaient séparer ceux qui avaient trois paires de pores par plaque de ceux qui en avaient davantage; mais, en pratique, l'auteur a réuni aux oligopores des genres nombreux réellement polypores, mais à paires presque unisériées, ne laissant dans les polypores que les types à zones porifères élargies et échelonnées par plus de trois paires.

Lorsque la zone porifère reste unisérié, les assules élémentaires ne sont pas trop déformés et presque tous s'étendent d'une suture à l'autre, droits ou un peu contractés, et les sutures sont rendues facilement évidentes par une faible détrition du tubercule ou de la surface; parfois même les sutures restent toujours visibles, sauf sous le mamelon. Mais lorsque les paires de pores doivent former des arcs interrompus ou des échelons ou s'entasser en plusieurs séries verticales, les assules sont très inégaux, l'inférieur du groupe devient trapéziforme, élargi en dedans pour porter le ou les tubercules et les autres souvent nombreux et cunéiformes se superposent sur le bord du premier régulièrement ou irrégulièrement, et le supérieur redevient quelquefois complet jusqu'à la suture médiane; dans quelques cas la plaque ambulacraire complexe résulte de la soudure de deux autres déjà composées et ordinairement alors il y a inégalité dans la série des tubercules. Plus rarement l'on voit les assules très rétrécis dans une grande étendue se dédoubler par enchevêtrement alternatif et conduire ainsi, en apparence, à la structure des mélonéchinides, mais avec cette différence fondamentale qu'il y a toujours ici un groupe qui se confond plus ou moins pour former une plaque ambulacraire composée.

C'est ordinairement au contact de l'apex que se constituent les nouveaux éléments du test; c'est toujours du moins en ce point que l'on rencontre ceux qui commencent à se former. Chaque assule ambulacraire est d'abord très petit, réduit presque à sa partie porifère et le pore y apparaît d'abord simple en dehors, puis il se cloisonne pour constituer la paire; c'est après que se forme la partie correspondant à la zone interporifère et qui doit porter les tubercules. Or, c'est le développement de cette partie qui se fait inégalement, et l'on comprend ainsi pourquoi c'est la première pièce de chaque groupe qui prend ainsi l'avance et oblige celles de formation ultérieure à se souder à son bord, par défaut d'autre place. En général, à la face intérieure les pores sont plus régulièrement disposés qu'à l'extérieure, et lorsqu'il y a de forts ressauts dans la série, cela tient surtout à des divergences plus grandes dans la partie qui traverse le test. Je n'ai jamais pu observer la production de nouveaux éléments assulaires dans les parties déjà constituées du test; les jeunes ont le même nombre de pores que ceux qui sont beaucoup plus âgés; mais ces pores sont plus petits ainsi que l'assule qui grandit dans toutes ses parties, quoique de nature testacée, jusqu'à l'âge adulte. Chaque assule ambulacraire, dès qu'il a quitté le contact de la plaque ocellaire, est complet et ne fait plus que grandir et développer ses radioles. C'est du moins ce que j'ai constaté chez sphœrechinus et toxopneustes.

A chaque paire de pores correspond un tentacule dont la fonction est essentiellement respiratoire, mais peut devenir en même temps locomotrice par le développement de son extrémité en ampoule susceptible d'adhérer et d'exercer une traction par la contraction de l'organe. Les tentacules ainsi constitués ont leurs pores ronds, rapprochés, séparés par une forte verrue et entourés d'une marge elliptique; ils peuvent être localisés soit en dessous (arbacia), soit dans certains ambulacres (brissus), soit généralisés (echinus). Les tentacules épais à la base et atténués en pointe correspondent à des pores moins serrés, encore arrondis, mais réunis par une petite gouttière remplaçant la verrue des précédents; lorsque, avec une forme semblable, ils sont grêles et courts, leurs pores sont très petits, séparés par une très mince cloison, souvent visible uniquement en dedans et même oblitérée, ou plutôt non constituée ; on les rencontre surtout chez les oursins à ambulacres pétaloïdes en dehors des zones pétalées; on les voit même dans certains clypéastroïdes sous forme de simple lacune poriforme sur les sutures horizontales et s'y disposer en séries. D'autres tentacules sont larges et plus ou moins lobés et sont particuliers aux ambulacres pétalés; leurs pores sont plus ou moins séparés, allongés, ovales ou linéaires, surtout ceux des rangées externes et les paires sont *conjuguées* par un sillon étroit plus ou moins profond, qui donne le plus souvent à la zone porifère un aspect fortement strié en travers. Tantôt la zone porifère, ou ce qui revient au même, la rangée de tentacules, s'arrête au péristome (echinus) et alors elle est encore représentée par un tentacule porté par un assule isolé, dont les dix rapprochés en cinq paires forment une couronne sur la membrane buccale entre la bouche et le péristome. Dans ce cas on trouve en dehors du bord ambulacraire et sur l'anambulacre une couronne de dix *branchies* très ramifiées traversant la membrane buccale et appliquées contre le bord du péristome, qui est plus ou moins *entaillé* ou simplement émarginé pour les recevoir. Tantôt la zone tentaculée se prolonge sur la membrane buccale jusqu'à la bouche (cidaris); chaque tentacule correspond alors à un assule libre et imbriqué à deux trous, prolongeant la série ambulacraire de même que l'anambulacraire est continuée par d'autres assules également imbriqués sur deux rangs alternes. Dans ce cas les branchies buccales font défaut, ou si elles existent dans quelques cas, ainsi qu'on l'a affirmé, elles sont très réduites et reportées au bord même de la bouche et le bord du péristome reste *entier*. Cette nature écailleuse de la membrane buccale n'est pas cependant spéciale à ce type; on la rencontre également dans le type à branchies; mais alors les écailles ne sont pas des assules, mais de simples sclérites, et on les distingue toujours des dix assules tentaculifères qu'elles entourent.

On a cru trouver, entre cette structure de la membrane buccale des cidarides et le test des paléchinides, une analogie complète, même dans la multiplication des rangées d'assules. S'il en est bien ainsi, quant à la flexibilité du test résultant de la faible cohésion des assules, ce n'est plus vrai quant à la multiplication des rangées de plaquettes, qui peuvent bien quelquefois être un peu en désordre, mais ne forment que les doubles séries habituelles pour chaque aire. On ne pourrait appliquer cette comparaison qu'aux sclérites squameuses, qui ne sont pas des assules. En fait, l'analogie est presque complète avec les échinothuridées à test flexible et à éléments réunis par des sutures membraneuses. Mais il y a cependant encore des degrés dans cette structure, et les assules de la membrane buccale, chez ces animaux, sont encore différenciés nettement par leur plus grande indépendance des plaques coronales, qui ont dû conserver une certaine rigidité relative pour fixer par leurs auricules l'appareil masticatoire.

Cet appareil est construit à peu près sur le même modèle dans ce qu'il a de plus essentiel, chez tous les oursins dentés, même les paléchinides. Il se compose de cinq *mâchoires* formées de deux pièces homologues plus ou moins soudées, portant chacune en dedans, dans une rainure commissurale, une dent analogue de forme à l'incisive inférieure des rongeurs. Chez les globiformes, ces mâchoires sont surmontées de pièces accessoires qui forment ensemble la lanterne d'Aristote; elles sont verticales et fixées par des muscles à des apophyses internes du bord péristomal, qu'on nomme des *auricules*. Chez les clypéiformes connus, les mâchoires sont simples, plus ou moins disposées horizontalement, adossées à cinq auricules ou pivotant sur un nombre double de petites apophyses, avec des dents tantôt insérées verticalement, tantôt horizontalement. Chez les galérites, cet appareil est moins connu, mais il paraît avoir eu une forme intermédiaire à celle de ces deux types.

Le test des oursins porte extérieurement des appendices de plusieurs sortes qui ont fourni des caractères de moindre importance pour la classification, et qui ont servi surtout à l'établissement des coupes génériques. Les *radioles* sont les épines qui ont fait comparer ces animaux à des hérissons; on a dû leur imposer un nom spécial, parce qu'ils peuvent prendre la forme de massue, de rame ou de gland; ce sont des organes de protection, probablement aussi de locomotion, faisant fonction de levier; ils existent toujours et sont susceptibles de se reconstituer lorsqu'ils ont été enlevés ou simplement brisés. On distingue dans le radiole : la *facette articulaire* à bord *lisse* ou *crénelé ;* le *bouton* conique qui la porte ; un *anneau* saillant strié qui surmonte celui-ci, et la *tige* qui est le corps même du radiole. Cette tige est différemment ornée et, à sa base, elle porte souvent une partie de structure particulière que l'on nomme la *collerette*.

La structure interne des radioles est assez variée. M. Mackintosh les divise en : *Acanthocœlata ;* fistuleux, verticillés; chaque verticille formé d'un rang de bâtonnets linéaires solides; forme spéciale aux diadèmes et échinothuries. *Acanthodictyota ;* axe central réticulé ; une large zone finement radiée ; la périphérie occupée par une couche plus dense ; la partie inférieure de la tige non recouverte forme la collerette : cidaris, pseudodiadèmes, pédines, salénies, phymosomes, etc. *Acanthosphenata ;* périphérie formée d'un seul ou de plusieurs cercles de bâtonnets triquètres, continus dans toute la longueur, plus ou moins réunis par du tissu réticulé formant le centre ; un seul cercle : arbacia, salmacis, etc. (dans le premier le sommet de la tige se coiffe d'une pellicule dense) ; plusieurs cercles : echinus, toxopneustes, echinometra, glyptocidaris, etc. Lorsque cette structure sera mieux connue dans les nombreux globiformes fossiles, on peut espérer qu'elle jettera quelque lumière sur les affinités encore douteuses de beaucoup d'entre eux ; mais les identités de structure entre diadèmes et calvéries, entre cidaris et pédines, indiquent déjà que chacun de ces types de radioles peut se présenter en des points assez différents de la série organique.

Les radioles s'insèrent sur des *tubercules* dans lesquels on distingue le *mamelon* sphérique qui s'articule avec le bouton, et qui peut être lisse ou perforé d'un trou au sommet ; le *col* plus ou moins conique qui fait saillie sur le test, est lisse à sa surface et peut être crénelé ou non à la marge supérieure ; les crénelures sont quelquefois des granules (salénies), le plus souvent des fossettes (cidarides). A la base du col et en continuité avec lui, est une surface déprimée, annulaire, nommée *scrobicule ;* elle est souvent bordée d'une série de granules, nommée cercle *scrobiculaire*. Les tubercules, comme les radioles, sont de grandeur variée ; on distingue parmi les gros tubercules des rangées primaires ou secondaires, dont les combinaisons ont souvent servi à la distinction des genres ; les très petits tubercules qui portent des radioles contrastant par leur petitesse avec les précédents, sont nommés *granules mamelonnés* lorsqu'ils portent un petit mamelon distinct, et *miliaires* lorsqu'ils en sont dépourvus ; auquel cas ils sont souvent inermes ou portent des pédicellaires.

Chez beaucoup de spatiformes on remarque des bandelettes lisses en apparence, mais en réalité formées de très petits granules serrés en quinconce, qui portent des *clavules* vibratiles dont la fonction n'est pas encore bien connue : ce sont les *fascioles* ou *sémites ;* leur position est constante dans chaque genre, et leurs relations intimes avec différentes parties des ambulacres est manifeste ; on a cru, en conséquence, pouvoir leur attribuer une grande importance pour les distinctions génériques. Il leur arrive cependant de s'atrophier quelquefois jusqu'à disparaître de certains points, et de laisser des doutes sur l'attribution générique de certaines espèces, micraster gibbus, par exemple.

M. Desor, qui le premier s'en est servi, nomme *fasciole péripétale* celui qui contourne l'extrémité des pétales; *fasciole interne* celui qui forme un anneau dans l'intérieur de l'étoile pétalée coupant les pétales en deux tronçons dont l'intérieur est plus ou moins oblitéré : le *fasciole latéral* est celui qui se détache du péripétale derrière les ambulacres antérieurs et contourne les flancs pour aller passer sous l'aréa anale; le *marginal* contourne le pourtour dans toute ou partie de son étendue; le *sous-anal* contourne le talon du plastron ou forme un écusson sous l'aréa anale et il englobe souvent une partie des ambulacres postérieurs où les tentacules sont à ampoule terminale; le fasciole est *anal* lorsqu'il contourne la périprocte et il peut se lier soit au sous-anal, soit au péripétale en remontant sur le dos; enfin, je nomme *fasciole diffus* une bande de granules à clavules vibratiles qui est péripétale, mais est peu limitée et a ses bords diffus par son mélange avec les granules miliaires. Les fascioles paraissent être un apanage des spatiformes; tous n'en ont pas; mais il n'y a qu'eux qui en possèdent.

Les *pédicellaires* sont d'autres appendices plus ou moins grêles, flexibles, toujours en mouvement, terminés par des pinces de forme variée qui saisissent ce qui passe à leur portée et souvent le retiennent; ces petits organes sont abondamment répandus et inégalement sur les diverses parties du test, paraissant surtout nombreux au voisinage des organes délicats qu'ils semblent avoir pour mission de protéger; mais leur distribution varie beaucoup d'une espèce à l'autre; on pourrait peut-être en tirer parti pour la classification, mais ils n'ont point laissé de traces chez les fossiles; et même chez les vivants leur ténuité en rend l'étude peu pratique. Les *sphérides* paraissent être une forme particulière de pédicellaires sessiles, globuleux, qui occupent de petites dépressions ou *fossettes* aux angles suturaux, ou même sur la surface des assules. Ces fossettes peuvent ou non être en relation avec des impressions variées des bords suturaux qui se font remarquer par leurs apparences lisses, mais qui portaient aussi quelque organe analogue aux pédicellaires, assez ténu pour n'avoir pas laissé trace de son insertion. Ces *impressions* sont employées comme caractères génériques; mais elles n'ont pas toutes la même valeur taxonomique et il y aurait lieu de faire des recherches sur leur rôle physiologique. Comme les fossettes à sphérides, elles sont plus ou moins marquées sur certains types et manquent dans beaucoup d'autres.

Les échinologistes ont souvent montré des tendances à attribuer une importance taxonomique aux dénudations de certaines parties du test, le plastron, par exemple, chez les spatiformes, le haut des zones miliaires médianes des anambulacres chez les globiformes. Ces particularités impriment, en effet, une physionomie particulière aux oursins qui les présentent; mais leur valeur est faible et surtout elles montrent trop de nuances transitives pour ne pas être employées sans discrétion.

CLASSIFICATION

La mise en œuvre des éléments taxonomiques que je viens d'analyser m'a conduit à modifier un peu la disposition méthodique que j'avais proposée en 1867, mais en conservant le principe de subordination des caractères qui m'avait alors guidé.

Je persiste à croire que la division primordiale à établir dans l'ensemble de l'ordre doit reposer sur la considération de la présence ou de l'absence des mâchoires et des dents; parce que cette différence imprime des modifications profondes dans le régime alimentaire et les organes qui en assurent la fonction; parce que cette différence est absolue, ne comportant pas d'appréciation de nuances et parce qu'enfin elle permet de rapprocher dans un même groupe des animaux qui ont entre eux des affinités incontestables : echinus et pygaster.

Les oursins dentés sont en général phytophages, se tenant habituellement sur les stations à corallines, dont on trouve souvent des fragments triturés dans leur intestin, et s'ils y ajoutent des matières animales, c'est après les avoir triturées pour en préparer la digestion. Les édentés, au contraire, sont plutôt zoophages; mais ils ne paraissent se nourrir que de tous les petits animaux sarcodaires ou autres qu'ils avalent avec le sable dans lequel ils vivent et dont leur intestin très ample est abondamment rempli.

Il me semble que la position du périprocte, par rapport au sommet organique, ne peut avoir une importance aussi grande et que son emploi, comme caractère fondamental, ne peut conduire qu'à un arrangement systématique et non méthodique. Son inconstance chez les oursins bilatéraux, qu'il me répugne de qualifier d'irréguliers, son influence à peu près nulle sur la structure de l'apex chez les cycloïdes et la disposition transitive qu'il affecte chez quelques clypéiformes, ne peuvent laisser de doute sur son infériorité taxonomique.

Nous voyons d'abord se manifester une tendance manifeste à son expulsion du cadre apicial dans les acrosalénies du type milnia, dont la génitale postérieure, très en arrière, est réduite à un étroit chevron, tandis que les anales persistantes envahissent tout le disque jusqu'à hauteur des ocellaires postérieures. Un pseudodiadème confondu avec le Bourgueti par M. Cotteau et l'hétérodiadème doivent avoir eu une structure d'apex très analogue et le dernier avait été pris par Coquand pour un pygaster. Il ne faut plus que la disparition de cette grêle génitale impaire pour obtenir la structure apiciale de ces pygaster et surtout de ceux du sous-genre macropygus chez lesquels le madréporide borde le périprocte par son bord postérieur, ainsi que le font les ocellaires postérieures et une des génitales. La disposition transitive est encore bien plus nettement marquée dans le sous-genre plesiechinus, où les quatre génitales s'étalent en arc de cercle pour entrer toutes dans la formation du bord antérieur du cadre périproctal, de telle sorte qu'il n'est pas plus possible de lui appliquer l'expression d'exocyclique que celle d'endocyclique; le périprocte envahit toute la place et au delà que devrait occuper la génitale impaire.

Cette ambiguïté de caractère concorde ici avec une analogie complète de structure du péristome et même aussi de la vestiture défensive du test, et la solution de continuité de la série est ici tellement faible qu'on ne peut penser à y tracer une coupure de premier ordre; mais une structure analogue d'apex ouvert par le périprocte, dans des oursins édentés, témoigne encore bien mieux en faveur de ma thèse. L'exemple nous en est donné par les hyboclypus, les galeropygus et surtout les menopygus que j'en ai détachés; ces derniers étant absolument comparables au plesiechinus, on ne peut que conclure de cette répétition d'une pareille anomalie en plusieurs points de la série, que l'inclusion de l'anus dans le cadre génital n'a guère plus d'importance que sa position infère ou supère. Il est vrai que son excentricité entraine plus habituellement l'atrophie des organes génitaux postérieurs; mais nous avons des exemples de cette atrophie dans lesquels la situation du périprocte n'entre pour rien.

Je divise donc l'ordre des échinides en deux sous-ordres : édentés et dentés.

Le sous-ordre des édentés, ou ATÉLOSTOMES, renferme deux types assez distincts qui ont droit au rang de famille : les SPATIFORMES et les LAMPADIFORMES.

Les premiers sont, de tous les oursins, ceux chez lesquels la symétrie rayonnée est le plus dissimulée au bénéfice de la symétrie bilatérale par la très forte excentricité en avant du péristome plus ou ou moins bilabié et la forme différente et en quelque sorte diminuée de l'ambulacre antérieur, le plus souvent logé dans un sillon. Les seconds ont un péristome pentagonal, ordinairement central, des ambulacres le plus souvent semblables entre eux, sans sillon antérieur; la structure rayonnée est plus ou moins dominante, masquée seulement parfois par l'allongement de l'axe antéropostérieur et l'excentricité de l'anus. Cependant, la plupart de ces caractères ne sont pas sans transitions et même sans exception, de même que la disposition pétalée ou non des ambulacres à la face supérieure, et ces transitions ont donné lieu à bien des divergences sur la place à assigner aux types ambigus. Certains auteurs les ont résolues par la création de familles distinctes, sur la délimitation desquelles on est encore loin de s'entendre et qui, lorsqu'elles sont naturelles, doivent être descendues au moins d'un rang dans la hiérarchie méthodique.

C'est en cherchant l'agencement sérial des genres qui tiendrait le mieux compte de leurs affinités réciproques, que j'ai cru pouvoir arriver plus naturellement et à posteriori à fixer la limite entre les deux familles et à trouver le critérium de cette division; à savoir : la forme de plastron que prend l'interambulacre impair à la face inférieure et l'hétérogénéité des ambulacres à la même face, chez les spatiformes; et, au contraire, l'homogénéité des aires autour du péristome, dans les lampadiformes.

Le plastron est formé par un petit nombre de grands assules anambulacraires bordés par des avenues ambulacraires également formées d'assules plus développés et surtout plus allongés que dans les autres parties de l'aire et percés de quelques petits pores, espacés, souvent simples (non géminés). Le péristome, lorsqu'il n'est pas bilabié, a toujours une lèvre postérieure un peu plus proéminente; les pores grossissent à son pourtour, sont bien géminés et séparés par une verrue avec souvent une marge les réunissant; ce sont des pores de tentacules à ampoule. Les rangées divergent, la zone s'élargit et occupe la presque totalité du cadre du péristome devant les interambulacres pairs dont les assules en sont plus ou moins exclus.

Dans les lampadiformes, l'interambulacre postérieur est de structure, sinon de proportion, peu ou pas différente des autres, et il est au plus pulviné dans les espèces où le péristome est le plus excentrique en avant. Les ambulacres qui le bordent sont formés comme les trois autres de nombreux petits assules courts et transverses; les pores dont ils sont pourvus sont plus nombreux et plus homogènes et lorsqu'ils arrivent au péristome, ils se comportent d'une tout autre manière; ou bien ils ne se modifient pas, restant tantôt en série simple, tantôt s'échelonnant par trois paires obliques; ou bien ils se multiplient, se serrent et se conjuguent plus ou moins à la manière des pétales et forment alors des *phyllodes* contractées aux angles du péristome. Celui-ci est ou arrondi, ou polygonal, souvent obliquement elliptique; les interambulacres y aboutissent largement et forment même souvent des *bourrelets* entre les extrémités des ambulacres. Le plus léger examen démontre que si les ananchytes sont de vrais spatiformes, les collyrites au contraire sont des lampadiformes, et sont sous tous les rapports tellement voisins des hyboclypus, qu'il n'est pas possible d'hésiter à les réunir dans un même groupe. C'est cette structure du reste qui avait engagé MM. Wright et Desor à les rapprocher des échinonéïdes dont les hyboclypus sont également apparentés de très près.

Le sous-ordre des dentés ou GNATHOSTOMES est un peu plus complexe; on pourrait même se demander dès l'abord s'il y a lieu d'y incorporer les oursins paléozoïques, si différents à première apparence par la multiplication de leurs rangées d'assules, et dans mon premier essai de classification, je les avais en effet complètement distraits en un groupe de même valeur que celui des échinides typiques et c'est là encore la manière de voir de M. Zittel. Mais en discutant la valeur des caractères sur lesquels peut s'appuyer cette séparation si profonde, on les voit s'affaiblir très notablement par suite des considérations suivantes: la découverte des bothriocidaris, les plus anciens de tous les échinides, nous démontre qu'à côté de ces types à rangées méridiennes multipliées, il y en avait d'autres à rangées réduites et par exemple, celui-ci n'en ayant que quinze au total par la disparition d'une interambulacraire; de sorte que si les rapports devaient être établis sur cette considération, il faudrait séparer ces bothriocidaris des tesselés par toute la série des oursins normaux, et cependant la presque égalité des rangées d'assules et la structure de l'apex leur donne un caractère très net de parenté.

Nous connaissons un cidaris, de type incontestable en raison de tout le reste de son organisation, dont les aires génitales ont la partie moyenne de leurs rangées divisée par des sutures verticales, de manière à en former quatre bien distinctes dans une grande étendue ; de telle sorte qu'on le prendrait pour un tessélé. Ici, à la vérité, il est hors de doute que le processus est différent, qu'il résulte d'un simple dédoublement en quelque sorte tératologique, puisqu'il n'intéresse pas la totalité de l'aire, revenant brusquement à la forme normale, et que les rangées d'assules dédoublés n'alternent pas ; mais il n'en est pas moins vrai que l'analogie est évidente, et d'autant plus que tel lepidocentrus et même tel perischodomus nous montre une alternance des rangées aussi peu manifeste que celle de ce tétracidaris.

On doit en outre remarquer que si tous ces degrés dans la complication des aires résultaient réellement de différences fondamentales, il faudrait donner à ceux qui séparent les périscoéchinides des mélonéchinides une valeur de même ordre. Les premiers, en effet, ont encore leurs aires ambulacraires très simples et bisériées, plus même qu'elles ne le sont dans de vrais échinides, comme hipponoë et heliocidaris ; tandis qu'au contraire, les seconds arrivent à une complication des mêmes aires qui dépasse celle des aires anambulacraires. Entre tous ces types si variés d'organisation, il n'y a que des gradations ménagées, et il faut nous résoudre à abandonner cette conception typique des vingt rangées coronales, à laquelle nous avaient habitués les oursins récents et mésozoïques.

Il ne reste plus comme argument que la structure de l'apex, dont la valeur n'est certes pas méconnaissable ; mais il est en quelque sorte négatif, puisque la différence consiste principalement dans le corps criblé ou madréporide, dont on ne connaît pas encore suffisamment l'organisation, mais qui ne peut pas manquer d'être représenté d'une façon quelconque dans des animaux pour le reste si semblables aux oursins actuels, auxquels cet appareil est en quelque sorte essentiel. Mais il ne serait pas prudent de préjuger la question.

Je ne crois donc pas qu'il y ait lieu de séparer fondamentalement les échinides paléozoïques de tous les autres, et qu'il convient de les rattacher au sous-ordre des dentés ou gnathostomes. Je ne serais même pas éloigné d'en faire un simple groupe des globiformes, s'il n'y avait lieu de tenir compte de la découverte de types exocycliques chez ces tessélés, et je suis conduit à établir une première grande division des *néaréchinides* à génitales percées d'un seul pore, et à madréporide criblé évident sur la génitale antérieure droite, et des *paléchinides* à madréporide criblé non visible, peut-être remplacé par les pores multipliés des génitales, et à rangées d'assules ou multipliées dans une des aires au moins, ou au contraire diminuées du nombre normal.

Les néaréchinides se divisent naturellement en deux familles, d'après la situation du périprocte : les *clypéiformes* à anus hors de l'apex, dont l'orientation est ainsi toujours manifeste, et les globiformes dont l'anus est compris dans le cadre apicial, et chez lesquels l'orientation n'est plus indiquée que par la position du madréporide. Peut-être aurait-il convenu d'y constituer trois familles par dédoublement des clypéiformes qui présentent deux formes très distinctes d'ambulacres, mais j'examinerai plus loin cette question.

Les paléchinides actuellement connus peuvent être divisés en trois familles, un peu hétérogènes sans doute, mais dont les limites et caractères pourront être améliorés par les découvertes futures :

Les périschoéchinides sont des tessélés dont les aires anambulacraires ont toujours des rangées multipliées d'assules ; le périprocte est endocyclique ;

Les cystocidarides ont leurs aires anambulacraires constituées comme les précédents, mais le périprocte serait exocyclique ; l'apex est peu connu ;

Les bothriocidarides ont une seule rangée d'assules dans les aires anambulacraires ; leur périprocte est endocyclique ; ils sont les plus aberrants des échinides ; mais ils sont encore connus par un trop petit nombre de sujets pour discuter leurs caractères.

TABLEAU DES DIVISIONS PRIMORDIALES

ATÉLOSTOMES ou ÉDENTÉS		spatiformes lampadiformes
GNATHOSTOMES ou DENTÉS	NÉARÉCHINIDES	clypéiformes globiformes
	PALÉCHINIDES	périschoéchinides cystocidarides bothriocidarides

J'ai aussi à discuter et à justifier les divisions d'un ordre inférieur, dont les dernières ne sont en quelque sorte que de grands genres linnéens et pouvant être plus ou moins modifiées dans leurs détails par des allongements ou des raccourcissements d'accolade dans les tableaux synoptiques, sans apporter de modification sérieuse dans la série ; je me contente des diagnoses que j'ai données à leur rang. Mais il en est d'autres d'un ordre intermédiaire qui ont un peu plus d'importance et pour l'établissement desquelles j'ai employé des caractères peu ou pas encore utilisés. C'est de celle-ci que je m'occuperai principalement.

Je crois devoir établir dans la famille des spatiformes deux grandes sous-familles, d'après la considération du développement du madréporide et du rôle qu'il joue dans la constitution du disque apicial. J'avais déjà fait remarquer que tous les spatangoïdes de l'époque actuelle, alors connus, avaient un madréporide fortement allongé et prolongé plus ou moins au delà des ocellaires postérieures. Ces oursins se font aussi remarquer par l'obliquité de leur socle scrobiculaire et par leurs tubercules très serrés ; ils ont en dedans de la commissure gauche du péristome une lame saillante très développée. La grande majorité des spatangoïdes tertiaires a la même structure d'apex ; mais je n'en connais pas encore d'exemple parmi les fossiles de la période crétacée.

Ces derniers ont le madréporide petit, le plus souvent confiné à la partie antérieure du disque apicial et sa génitale n'est guère plus grande que les autres. Cela est surtout manifeste dans les apex allongés, puisque les ocellaires antérieures paires s'interposent entre les deux paires de génitales. Tout au plus lorsqu'il est un peu plus développé, ce madréporide forme-t-il un bouton central pénétrant entre les génitales postérieures et touche-t-il très rarement aux ocellaires postérieures qui sont en contact entre elles. Les tubercules sont assez généralement dispersés, entremêlés de nombreux granules miliaires et même lorsqu'ils sont rapprochés, leur scrobicule ne présente pas le socle oblique des précédents, mais se creuse plus ou moins. A la vérité, ces caractères tirés de la vestiture ne sont ni aussi importants, ni aussi absolus ; mais ils frappent immédiatement l'œil du naturaliste et indiquent une parenté réelle. Il y a aussi quelques espèces de ce type dans les faunes tertiaires, tels que les pericosmus et on en a découvert une espèce vivante, le *micraster expergitus* de M. Lovén. Ce savant a fait parfaitement ressortir le caractère fourni par le disque apicial ; caractère qui exclut du genre typique toutes les autres espèces récentes attribuées à ce genre, puisque celles-ci ont le madréporide prolongé en arrière. Je suis heureux de voir confirmer par une autorité pareille l'importance du caractère que j'avais employé dès 1867, pour établir les deux grandes sections des spatangides et des progonastérides que je conserve ici.

La sous-famille des spatangides comprend des oursins qui diffèrent entre eux par la forme pétalée ou simple de leurs ambulacres. Les pétalés se laissent subdiviser par la considération des pétales à fleur chez les uns et enfoncés dans des sillons chez les autres ; ceux-là se distinguant encore suivant que les pétales sont ou non déformés par un fasciole interne et que ces pétales sont lancéolés ou linéaires oblongs. Ces subdivisions sont suffisamment justifiées par leurs diagnoses.

Les apétalés paraissent à première vue différer beaucoup des spatangides ordinaires, et ils comprennent la plupart de ces oursins si extraordinaires des mers profondes dont les ambulacres sont en quelque sorte monstrueusement simplifiés et que l'on a cités comme les représentants actuels des spatangides crétacés du groupe des holaster et des ananchytes. Mais ainsi que l'a fait remarquer M. Lovén, le madréporide de tous ces oursins est construit comme chez les brissus et ne permet pas de les associer à des genres où cet organe est construit comme chez les micraster. Au reste, en dehors de cette structure apiciale, il y a encore entre les types fossiles et les vivants une différence essentielle qui consiste en ce que les ambulacres chez les premiers sont formés par des pores doubles, sauf au plastron ; tandis que les abyssicoles ont les ambulacres formés de séries de pores simples dans toute ou presque toute leur étendue, sauf au péristome et quelquefois aussi au voisinage de l'apex et plus particulièrement à l'ambulacre antérieur où les pores sont quelquefois doubles et séparés par une verrue. Ces derniers portent des tentacules à ampoule terminale, et les autres des tentacules grêles et terminés en pointe. Leurs formes souvent ne sont pas moins étranges ; à tous les points de vue ils constituent un type spécial, encore inconnu à l'état fossile et qui paraît propre aux mers actuelles.

Les genres d'oursins abyssicoles sont déjà nombreux et sont loin d'être homogènes. Je crois devoir les subdiviser ; les uns ont un apex compacte et parmi eux il en est qui ont encore quelques pores doubles au voisinage de l'apex, et d'autres dont tous les pores sont simples en dessus. Chez d'autres encore l'apex est allongé ou même disjoint. Mais dans le premier cas l'allongement résulte bien du développement des ocellaires paires antérieures, mais non de leur intercalation, puisque le madréporide s'allonge entre elles pour les séparer ainsi que les ocellaires postérieures, et dans le second cas les ocellaires rejetées en arrière n'ont point entraîné avec elles le madréporide et sont restées contiguës. Du reste beaucoup de ces animaux paraissent avoir été aveugles et les plaques que l'on détermine comme ocellaires sont souvent imperforées.

J'ai employé aussi le caractère des ambulacres pétalés ou apétalés pour subdiviser la sous-famille des micrastérides, et à ce point de vue on peut dire que les deux séries sont en quelque sorte parallèles. Chez les pétalés l'apex est tantôt compacte, tantôt allongé et les pétales sont à fleur de test, ou enfoncés dans des sillons. Chez les apétalés le disque apicial est ou compacte ou allongé et delà cinq tribus nettement caractérisées. Mais ici aucun des types ne paraît ni aussi complexe, ni aussi dégradé que les extrêmes des spatangides.

La famille des lampadiformes constitue une série très graduée dont les extrêmes sont très contrastants, mais dans laquelle il n'y a point de lacune bien accentuée qui permette d'y tracer des divisions tranchées. Cependant la considération de la structure ambulacraire permet encore de former deux sous-familles, les apétalés ou *échinonéides* et les pétalés ou *cassidulides.* La seule difficulté consiste à placer convenablement un groupe ambigu, dont le type est le genre caratome, chez lequel on distingue facilement une différence de grandeur entre les paires de pores du dos et ceux des autres parties et une transition assez brusque des uns aux autres qui rappelle la disposition des pétales; mais ces pores sont simplement ovales, un peu plus espacés et souvent inégaux, et ils ne sont point conjugés par un sillon, qui est ici la caractéristique la plus nette des pétales. En deux mots, leurs pores sont simples comme chez les échinonéides, mais ils sont contrastants; ils sont contrastants comme chez les échinantides, mais ils ne sont pas conjugués; ils ne forment que des pétales rudimentaires.

Néanmoins j'incline plutôt à les associer aux pétalés parce que chez nucléolites qui a des pores arrondis, le sillon de conjugaison est tellement faible qu'il s'efface à la moindre détrition, de manière à le faire ressembler beaucoup alors à un caratomide et cependant on ne peut le séparer des cassidulides. En outre, on peut remarquer que chez les vrais apétalés, comme collyrites et galeropygus qui ont aussi une légère inégalité soit dans leurs paires de pores, soit entre les parties différentes du même ambulacre, cette dernière différence est tellement faible et tellement nuancée, qu'il n'est pas possible de fixer le point où elle se produit. Quelle qu'opinion à laquelle on s'arrête, il n'en résultera qu'une différence de contact d'accolade, la place du groupe restera celle que détermine cette ambiguïté même, soit à la fin des premiers, soit au commencement des seconds.

En tête de cette famille et de la sous-famille des échinonéides, je place un groupe qui est non moins ambigu, sur la place duquel les échinologistes ont beaucoup varié et beaucoup contesté, et au sujet duquel je n'ai point réussi encore à faire accepter mon sentiment; c'est celui des dysastérides. On ne peut nier que chez quelques-uns d'entre eux, metaporinus, collyrites capistrata, C. friburgensis, etc., la grande excentricité du péristome en avant, et l'existence d'un sillon antérieur ne leur donne tout à fait la physionomie des spatangoïdes; mais je ne crois pas qu'il y ait dans ces faits un argument suffisant pour distraire ce groupe des lampadiformes, ni, parce que la structure de son péristome s'opposerait à son association avec les spatangoïdes, pour en faire une petite famille indépendante. En effet, le sillon antérieur n'est pas un apanage des spatiformes; il y en a une apparence incontestable chez certains pygurus et chez les hyboclypus; il manque aux spatangoïdes qui par leurs ambulacres ressemblent le plus aux dysasters. Le péristome est souvent excentrique en avant chez beaucoup de lampadiformes incontestables, echinobrissus et hyboclypus par exemple; et chez les dysastérides eux-mêmes, s'il est au maximum de l'excentricité dans le friburgensis, il est à peu près central dans le Voltzii; en sorte qu'il y a inconstance en quelque sorte constitutionnelle dans la position de ce péristome chez ces animaux et par conséquent négation de sa valeur taxonomique, puisque le groupe tout entier est indissoluble.

L'apex allongé des ananchytes est, a-t-on dit, un acheminement vers l'apex disjoint des collyrites, et éloigne ceux-ci des cassidulides; mais on oublie que les hyboclypus présentent la même structure et la même affinité, et qu'en outre, pour tous les autres détails de l'organisation, ambulacres, péristome, vestiture et faciès, ils montrent une affinité bien plus étroite encore avec ces collyrites, qui n'en diffèrent réellement que par la position du périprocte au voisinage du bord postérieur. Cette dernière différence, bien atténuée par le périprocte du grasia, vient complètement disparaître par la découverte du collyrites Ebrayi, qui n'est absolument qu'un hyboclypus à apex disjoint et qui devient le type de mon genre spatoclypus.

On a encore argué des tendances qu'a l'ambulacre antérieur des collyrites, et surtout des metaporinus, à se différencier des autres par des pores plus petits, pour prouver leur affinité intime avec les spatangoïdes. Mais on a oublié que les ananchytes, beaucoup de toxaster, des epiaster, etc., ont leurs ambulacres peu ou pas différenciés, que de vrais échinanthides, comme archiacia, les ont encore plus contrastants, puisque les séries de pores simples se dédoublent à l'ambulacre antérieur; que le caratomus Lehoni Cott. présente aussi une grande différence dans son ambulacre antérieur; et, qu'enfin, la même disposition est encore un caractère des asterostoma, qui n'en sont pas plus pour cela des spatangoïdes.

Il faut conclure de cette discussion que les collyritides ne peuvent être séparés des hyboclypus et galeropygus qui les rattachent aux échinonéides; que leur isolement en famille distincte, trop petite et de trop faible importance, ne résout pas le problème taxonomique, à savoir l'indication de la liaison la plus étroite qui vient d'être indiquée, et que ces oursins devront être placés en tête des échinonéides, c'est-à-dire à la suite des spatangides vers lesquels ils ménagent parfaitement la transition.

Je dirai peu de choses de l'autre extrémité de la série : la forme de plus en plus pétalée des ambulacres, les différences de développement de la rosette ambulacraire autour du péristome, d'abord à phyllodes rudimentaires, puis à phyllodes simples séparés par des bourrelets, enfin à phyllodes pétaliformes avec pores conjugués, ont servi à la distribution des genres en tribus qui préparent une transition à la famille suivante par les types les plus fortement pétalés.

Les clypéiformes présentent deux types ambulacraires qui peuvent servir à les diviser en deux sous-familles : *Clypéastrides* pétalés, *Galéritides* apétalés. Cette division paraît si nette au premier abord que l'on serait tenter de lui donner un rang supérieur, celui de famille, surtout si l'on considère le développement des piliers et cloisons internes, le développement des pétales, la vestiture plus serrée et plus courte, etc. des clypéastrides. Cependant les fibulaires et les échinocyames sont bien moins pétalés et quelques-uns le sont à peine, en sorte que ce caracrère est bien moins absolu. Le genre discoïdea est aussi cloisonné en dedans que les échinocyames ; s'il est certain que les mêmes discoïdea, les holectypus et les pygaster, étaient pourvus de branchies buccales comme les echinus, on pourrait aussi signaler la présence d'organes analogues chez les scutellides, en sorte que c'est encore un lien entre les divers types de gnathostomes. L'appareil masticatoire paraît être à la vérité un peu différent et plus voisin de celui des echinus, mais il est encore peu connu et la différence est plutôt dans la direction plus verticale que dans la structure.

Les clypéastrides eupétalés forment trois groupes bien distincts. L'un d'eux est presque indistinct des lampadiformes par son faciès et il a été longtemps classé parmi eux. Le type est conoclypus qui ne diffère des échinolampes gibbeux que par son périprocte elliptique longitudinal et l'absence totale de floscèle autour du péristome arrondi et enfoncé, les ambulacres se resserant au contraire pour y aboutir. On doit à M. Zittel la découverte d'un appareil masticateur très robuste, dont cependant les détails ne sont pas bien connus; il paraît y avoir existé quelques rudiments de piliers intérieurs d'après M. de Loriol ; ils sont nommés *conoclypéidés*.

Les *clypéastridés* par leur bouche enfoncée, leurs sillons ambulacraires simples en dessous, leurs dents verticales et leurs pétales très développés, sont très bien limités. Les *scutellidés* bien pétalés aussi ; mais à bouche à fleur de test avec des tubes buccaux, ne le sont pas moins, mais doivent comprendre les laganiens et les scutelliens.

Il est enfin utile de former un groupe séparé avec tous les genres dont les pétales sont imparfaits, c'est-à-dire les scutelliniens et les fibulariens. On a émis l'opinion que ces oursins, en général petits, n'étaient que les jeunes de types bien mieux pétalés ; mais sans contester qu'il puisse en être ainsi de quelques-uns, comme de *moulinsia*, je crois cependant encore devoir conserver des doutes à cet égard ; car on s'est souvent trop pressé d'établir ces rapprochements et ce qui me paraît un argument irréfutable, on ne trouve point les adultes de beaucoup de prétendus jeunes dans les mêmes lieux où ils pullulent eux-mêmes ; en sorte que si ce sont des types imparfaits comme des jeunes, ils sont restés frappés constitutionnellement d'un arrêt de développement, qui suffit pour en faire des types distincts. En se plaçant du reste à ce point de vue, il n'y aurait pas de réduction qui fut impossible, puisque toutes les différences peuvent être à la rigueur ramenées à un arrêt de développement.

Les galéridés sont assez peu différenciés entre eux ; cependant, on peut encore y distinguer les *echinoconus* à péristome petit et quelquefois oblique, et si peu entaillé que l'on peut croire qu'il n'avait pas de branchies buccales ; puis les *discoïdea* et les *pygaster*, qui, certainement, en étaient pourvus et ont un péristome entaillé en conséquence ; ceux-ci ont tantôt le périprocte en dessous, tantôt en dessus. Anorthopygus rappelle un peu pygaster; mais je pense que son péristome le rapproche davantage encore des galérites.

Quelques échinologistes persistent à rapprocher ces oursins dentés des échinonéïdes édentés, en considération de l'analogie des ambulacres ; mais je pense que ces analogies sont fortement balancées par celles plus fondamentales des mâchoires et des branchies, qui manquent à ces échinonéïdes. Nous avons trouvé, dans toutes les familles qui précèdent, la même gradation, un type pétalé, un type apétalé, et ici la transition par les fibulaires est toute naturelle.

Les globiformes présentent, dans la structure de leur péristome et de leur bouche, des différences que l'on peut considérer comme fondamentales et qui séparent la sous-famille des *glyphostomes* de celle des *holostomes*. Ceux-là ont le péristome plus ou moins entaillé ou au moins légèrement émarginé pour le passage de branchies qui percent la membrane buccale, et cette membrane ne porte qu'un cercle de dix plaquettes perforées ayant chacune un tentacule et placées par paires devant les ambulacres. C'est un des groupes les plus homogènes, où cependant la multiplicité des espèces a conduit à l'établissement de genres nombreux assez bien limités, à la vérité, mais reposant sur des particularités de structure dont l'importance n'est pas toujours appréciable. On s'est servi surtout des tubercules, qui peuvent être pourvus d'un mamelon perforé ou non et d'un col crénelé ou non au sommet, et du nombre et de la disposition des rangées de ces tubercules. De tous ces caractères, celui qui paraît le plus important, à cause de sa constance dans les types voisins, est celui de la perforation du mamelon, et je l'emploie pour former deux tribus : *phymosomidés* à tubercules imperforés, *diadématidés* à tubercules perforés. La complication des zones porifères, la forme et la profondeur des entailles du péristome, les impressions du test, la présence ou l'absence des crénelures aux tubercules, et enfin la structure pleine ou fistuleuse des radioles ont servi à caractériser des sous-tribus assez nombreuses dans les deux groupes.

J'avais déjà proposé, en 1868, de renoncer à grouper dans une seule famille les oursins du type des salénies, en appelant l'un des premiers l'attention des échinologistes sur le peu d'importance du caractère qui avait conduit à les ériger en groupe distinct. Leurs plaques suranales ne sont pas, en effet, un appareil spécial, puisqu'elles existent presque dans la généralité des oursins. Ainsi qu'il a été dit plus haut, elles ne présentent qu'une particularité d'adhérence plus intime. Ces vues ont été confirmées depuis par les remarques de M. A. Agassiz sur le mode de formation de ces plaques protectrices. Mais l'habitude a prévalu ; on a un peu modifié la place précédemment assignée en raison de vues auxquelles il a fallu renoncer; on a même descendu le groupe au rang de section de tribu; mais on l'a maintenu dans sa composition. Cependant, une particularité de structure aussi peu importante me paraît un faible lien pour retenir dans une série isolée des types ayant entre eux des différences essentielles qui m'engagent à les distribuer entre les sous-tribus des hémicidariens, des pseudodiadémiens et des phymosomes saléniens. Il n'y a pas, en effet, plus de raison de réunir acrosalenia à salenia qu'il n'y en aurait à grouper ensemble arbacia (et les affines cœlopleurus et podocidaris) et parasalenia, qui est pour tout le reste un échinomètre, et même trigonocidaris qui est un temnopleuride, parce que leur périprocte ne renferme que quatre grandes valves anales le couvrant tout entier. Je supprime donc toute la famille des salénides et je conserve, pour les salénies typiques, une sous-tribu caractérisée par ses tubercules crénelés, ses ambulacres très étroits, à pores unisériés, renvoyant acrosalénie à pseudodiadématiens et hétérosalénie à hémicidariens.

M. A. Agassiz a cru voir un lien de parenté assez intime entre les salénies et les cidaris pour ne pas hésiter à les comprendre dans un même groupe. La différence très nette entre les radioles et les clavules qui arment le test, les derniers étant seuls sur l'ambulacre, leur imprime, à la vérité, une certaine ressemblance; mais l'agencement de ces clavules est bien différent, et on retrouve des ressemblances de même nature avec des échinomètres; la structure des radioles est voisine aussi, mais on la retrouve dans la plupart des diadématides à radioles non fistuleux. M. Duncan s'est élevé contre ce rapprochement et a parfaitement établi que la structure du péristome s'y opposait d'une façon absolue, les salénies étant des glyphostomes et les cidaris des holostomes, ce qui est péremptoire.

Pour l'arrangement sérial des glyphostomes, j'ai dû abandonner l'emploi des divisions principales reposant sur la disposition des pores que l'on distinguait par les dénominations de oligopores et de polypores, ou celle de pores par simples paires et par paires multiples, qui ne sont pas en rapport avec la structure réelle des ambulacres et n'ont, du reste, pas de limite réelle dans leurs degrés, ainsi que je l'ai exposé plus haut.

Les holostomes n'ont point de branchies appliquées contre le cadre du péristome qui, par conséquent, ne porte aucune empreinte de leur existence. Les plaques coronales se prolongent au delà du péristome par des plaquettes libres imbriquées, sur lesquelles les ambulacres prolongent leurs tentacules jusqu'à la bouche. Lorsque je créai le nom de holostomes, en 1867, je l'associai à celui de cidarides, dont les espèces en présentent le caractère typique, pour indiquer qu'il pouvait y avoir deux degrés d'organisation dont quelque paléchinide pourrait bien offrir un échantillon du second. Ce type alors inconnu nous est arrivé en effet, mais de la craie et des mers actuelles : c'est celui des échinothuridés.

Les échinothuridés, par leurs radioles fistuleux et verticillés disposés en plusieurs rangées, par leurs tentacules du dos terminés en pointe et ceux du dessous terminés en ampoule, ont une affinité évidente avec les diadémiens qui terminent la série précédente, et doivent, par conséquent, être mis en tête des holostomes. Mais ce sont de vrais holostomes par la structure de leur membrane buccale et par le prolongement des zones tentaculées jusqu'à la bouche; leurs radioles et la flexibilité de leur test les distingue des suivants.

Les cidaridés n'ont de radioles qu'aux interambulacres, et ces radioles sont pleins, granulés, striés ou échinulés sur la couche de tissu dense qui les revêt; ailleurs ce sont des clavules; leur test est rigide. J'ai des raisons de croire que certains cidaridés fossiles présentaient une structure de tentacules analogue à celle des diadèmes et des échinothuridés, voire même des arbaciens; car leurs pores du pourtour et du dessus sont liées par une gouttière dans chaque paire, comme ceux qui portent des tentacules terminés en pointe; les rhabdocidaris et quelques autres genres qui se groupent autour, en sont un exemple; il en résulterait, si cela était nécessaire, un argument de plus pour distraire les calveria des diadèmes et ne pas les séparer des cidarides.

Je n'ai rien à ajouter à ce que j'ai précédemment dit des paléchinides, ni à leur division en familles. J'ajouterai seulement, quant à leur subdivision, qu'aujourd'hui comme en 1867, je crois que les caractères fournis par la structure des zones porifères priment ceux de la vestiture, et que les radioles ne peuvent avoir une importance taxonomique réelle par leur variation de taille. C'est la raison qui me fait conserver les tribus des *périschodomidés* et des *mélonéchinidés*. Je n'ai pas pensé qu'un peu plus de rigidité dans le test permît d'attacher plus de valeur que celle de sous-tribu à la division comprenant les *palechinus*, d'autant plus que si ce caractère concorde avec celui de l'homogénéïté de la vestiture, dans les rhoechinus, qui ont cette même homogénéïté, la mobilité des pièces du test n'y est pas douteuse. On trouve, du reste, des différences analogues entre les échinothuridés : calveria, par exemple, et phormosoma.

Dans la revue qui suit, et dont on aura un tableau général dans celui qui indique leur répartition dans le temps, j'ai tenu à noter tous les degrés d'organisation. Ces degrés sont d'ordre assez inégal; les derniers sont des sous-genres ou même de simples sections; mais leur existence méritait d'être signalée et fixée par des dénominations, en faisant ressortir toutefois cette inégalité par des artifices de typographie. Il m'a semblé que c'était le seul moyen de préparer l'examen et la recherche des processus par lesquels ont pu se constituer tant de faunes successives dont la paléontologie nous a révélé l'existence.

DIAGNOSES

—

Le sous-ordre des ÉDENTÉS ou ATÉLOSTOMES

comprend tous les oursins dépourvus d'appareil masticatoire; il se subdivise en deux familles.

LES SPATIFORMES

ont l'interambulacre impair développé en plastron à la face inférieure, le péristome excentrique en avant, plus ou moins labié par la saillie de la lèvre postérieure, les autres étant envahies par l'élargissement des zones porifères. Le périprocte est ouvert à la face postérieure. Les fascioles ou sémites sont particuliers à la famille, mais ils manquent à un certain nombre de genres.

L'apex y présente deux types assez particuliers de structure caractérisés par les rapports du madréporide avec les autres pièces du disque et permet de diviser l'ensemble en deux sous-familles qui ont une histoire géologique différente.

Les Spatangides

ont le madréporide prolongé en arrière du disque apicial à travers les génitales et les ocellaires postérieures, à la place qu'occuperait la cinquième génitale oblitérée.

Cette première sous-famille comprend la presque totalité des spatiformes de l'époque actuelle, la majeure partie de ceux des terrains tertiaires et ne me paraît pas encore avoir eu de représentant dans les terrains crétacés.

Un premier groupe comprend les genres qui ont les ambulacres pétaloïdes.

LES EUSPATANGIDÉS

ont les pétales à fleur de test, sauf l'ambulacre antérieur qui est simple et peut être logé dans un sillon quelquefois obsolète.

Les BREYNIENS sont caractérisés par la présence d'un fasciole interne dans l'intérieur de l'étoile ambulacraire, coupant les pétales dont la partie entourée est plus ou moins oblitérée.

BREYNIA Desor. Un fasciole péripétale rapproché du pourtour, un fasciole sous-anal entourant un écusson rayonné. A la face supérieure de gros tubercules fortement scrobiculés limités entre les fascioles interne et péripétale ; un sillon antérieur évasé. *B. australasiæ* vivant est le type ; une espèce miocène douteuse des Antilles et deux ou trois nummulitiques.

LOVENIA Desor. Un fasciole interne, mais pas de péripétale. Un fasciole sous-anal contournant le talon du plastron et pénétrant dans une fosse où s'ouvre le périprocte ; pétales fortement divergents en croissant. De gros tubercules dont le scrobicule se creuse profondément en ampoule faisant saillie à l'intérieur, le mamelon étant oblique sur la cavité. Un sillon antérieur évasé. *L. elongata* et deux autres vivantes du grand océan.

Sarsella un fasciole interne, pas de péripétale. Un fasciole sous-anal contournant le talon, s'élargissant sur une aréa sous-anale superficielle surmontée du périprocte; ambulacres divergents en étoile, l'antérieur dans un sillon qui se creuse au pourtour. Tubercules fortement scrobiculés sur les interambulacres pairs, mais ne formant pas d'ampoule à l'intérieur. Le type S. *sulcata* (Haime sub Breynia) est nummulitique; les autres espèces : *Lovenia Forbesii, Desorii, Gauthieri* et *Lorioli* sont des terrains miocènes.

ECHINOSPATAGUS Breyn. (non d'Orb.) *Echinocardium* Gray, *Amphidetus* Ag.). gibbeux; un fasciole interne, pas de péripétale; un sous-anal cordiforme à la face postérieure, distinctde l'anal en croissant. Un sillon antérieur plus ou moins marqué, évasé; pétales triangulaires; quelques gros tubercules. *E. cordiformis* Breyn. et *E. australe* Gray sont vivants. Le premier est fossile des terrains pliocènes; les *E. Sartorii, depressus* et *Deikei* sont des terrains miocènes.

N. C'est à ce type que Breynius a réellement appliqué le nom d'*Echinospatagus* et il le désigne par les qualificatifs de *cordiformis vulgatissimus*. Le deuxième type, *magis compressus* et *minor*, n'est pas un toxaster, mais probablement un holaster, d'après M. de Loriol; ce qui oblige à renoncer à la synonymie de d'Orbigny.

Echinocardium peut former au moins une section caractérisée par un sillon presque superficiel en dessus, le fasciole sous-anal contigü à l'anal, des pétales linéaires et par la présence de quelques gros tubercules au-devant des aires interambulacraires paires. *E. flavescens* est vivant.

Amphidetus est une autre section caractérisée par l'absence totale de sillon dans le fasciole interne qui forme un disque plat et large. Il y a un faible sillon antérieur échancrant le bord; fasciole anal lié au sous-anal; pétales sublinéaires; pas de gros tubercules : *A. mediterraneus* Forbes est vivant.

GUALTERIA Ag. Un fasciole interne coupant les pétales au delà du milieu, les pores du haut un peu plus petits que ceux du dehors; probablement deuxième fasciole plus interne; fasciole sous-anal autour d'un écusson radié. Des fossettes et des bosselures autour du péristome sur les ambulacres; pas de gros tubercules; forme ovale et déprimée. Deux espèces nummulitiques : *G. orbignyana* et *ægrota*.

Les EUPATAGIENS sont caractérisés par des pétales lancéolés, à pores peu serrés, bien ouverts et dont les antérieurs pairs ont la zone porifère antérieure oblitérée près du sommet. Ils n'ont jamais de fasciole interne.

EUPATAGUS Ag. A peine cordiforme, plus ou moins déprimé; un fasciole péripétale près du bord, limitant de gros tubercules aux aires ambulacraires paires; plastron tuberculeux souvent caréné en arrière avec un fasciole sous-anal entourant le talon. Le type *E. Valencienesii* est vivant ; une dizaine d'espèces dans les terrains nummulitiques ; rare dans les terrains miocènes.

SPATANGUS Klein. Plus ou moins convexe ou déprimé, à sillon antérieur variable échancrant plus ou moins le bord antérieur ; plastron tuberculé avec de larges avenues ambulacraires; pas de fasciole péripétale; un fasciole sous-anal entourant le talon; de gros tubercules dans toutes les aires, fortement scrobiculés, formant des séries en chevron. Le type est *S. purpureus* vivant, ainsi que trois ou quatre autres; une douzaine d'espèces des terrains miocènes ou pliocènes.

Les espèces typiques sont plus ou moins gibbeuses avec un sillon antérieur peu profond. Il en est d'autres qui sont fortement déprimées et dont le sillon est profond, caréné sur les bords et échancre profondément l'ambitus. Le *S. chitonosus* en est le type ; il y en a plusieurs d'inédites. (Sect. *Platyspatus).*

Lonchophorus Dames, a toute la physionomie des spatangues typiques, mais ses pétales sont un peu plus étroits et il est dépourvu de gros tubercules; le type *S. Meneghini* est du terrain nummulitique. Le *S. subinermis* Pom. du même groupe est du terrain pliocène.

Manzonia deviendra peut-être un sous-genre distinct. Il est de grande taille, échancré en avant; ses pétales allongés atteignent presque le bord et leur zone interporifère est assez étroite; le plastron est souvent étranglé au milieu, mais il est tuberculeux dans une trop grande étendue pour en permettre l'attribution au genre Maretia. Le type est *Sp. Pareti* du terrain miocène.

HEMIPATAGUS Desor *(Spatangus* sect. *Maretia* Gray). Diffère de spatangus par son plastron lisse dans la totalité ou la plus grande partie de son étendue, et ordinairement caréné comme dans eupatagus, dont ce genre présente le faciès. Deux espèces vivantes dans le grand Océan. Le type est *H. Hofmanni* Desor du miocène inférieur; on énumère une dixaine d'espèces tertiaires, dont quelques-unes douteuses.

Quelques auteurs maintiennent la distinction entre HEMIPATAGUS dépourvu de fasciole et à plastron tuberculé à sa partie la plus postérieure et MARETIA à plastron presque entièrement lisse et pourvu d'un fasciole sous-anal ; ce dernier comprenant les espèces vivantes. Je n'ai pu faire la vérification ; mais je crois qu'il y a confusion.

NACOPATAGUS A. Ag. Ovoïde, sans sillon antérieur, sans gros tubercules en dessus, pourvu d'un fasciole sous-anal, me paraît devoir être classé ici, en raison de la forme de ses pétales ; mais les antérieurs pairs ont leur zone porifère antérieure réduite à une rangée de pores simples. Le type est vivant : *N. gracilis* A. Ag. de Juan Fernandez.

La sous-tribu des HYPSOPATAGIENS a des pétales à fleur de test; mais ces pétales sont allongés, à zones parallèles au moins sur une certaine longueur, et les paires de pores sont plus rapprochées.

PLAGIOBRISSUS *(Plagionotus* Ag. non Muls.). Sommet subcentral; sillon antérieur peu marqué ; gros tubercules du dos limités par un fasciole péripétale peu éloigné du bord ; plastron étroit, un fasciole sous-anal entourant des pores ambulacraires terminant des sillons rayonnants. Type vivant : *P. pectoralis* Ag. des Antilles ; *P. Holmesii* et *Ravenellianus* McCr. et *P. Loveni* Cott. sont fossiles des terrains tertiaires de la même région.

Liopatagus Pom. *(Leiopatagus* Olim. err. typ.) Destiné à comprendre des espèces plus ou moins déprimées, avec sillon antérieur très peu accusé, qui ne paraissent pas avoir eu de fasciole péripétale ni de gros tubercules scrobiculés à la face dorsale. Les pétales sont linéaires avec leur zone interporifère à fleur, non différente des interbulacraires par la vestiture. Ce sont *L. depressus* (Cotteau sub *Brissus), L. Ficheri* (Loriol sub *Macropneustes),* espèces nummulitiques très incomplètement connues.

PLATYBRISSUS Grube. Ovoïde sans sillon antérieur ; pas de fascioles. Tous les ambulacres à fleur ; les pairs pétaloïdes, mal fermés, à pores inégaux dans chaque paire (non conjugués ?) ; tubercules uniformes en dessus ; plastron n'ayant qu'une courte surface triangulaire tuberculée, uni dans le reste. Péristome grand à lèvre postérieure peu saillante ; périprocte postérieur sur la convexité. *P. Rœmeri* Grube est des mers actuelles.

PALŒOPNEUSTES A. Ag. Hémisphérique gibbeux, sans sillon antérieur ; ambulacres pairs pétaloïdes, à zones étroites non fermées, à pores internes arrondis et externes virgulaires plus grands. Péristome grand en croissant ; périprocte petit au sommet d'une troncature postérieure. Plastron lancéolé oblong ; un fasciole diffus péripétale plus ou moins marqué ; des séries en chevron de tubercules un peu plus gros que les autres à la face dorsale. Les analogies signalées avec les ananchytes ne vont pas au delà du faciès. Deux espèces vivantes : *P. cristatus* A. Ag. et *P. Murrayi* A. Ag.

GENICOPATAGUS A. Ag. Profil hémisphérique ; pétales de palœopneustes ; l'antérieur semblable aux autres. Lèvre postérieure du péristome plus saillante ; périprocte à mi-distance de l'ambitus et de l'apex. Tubercules principaux plus gros à la face dorsale des interambulacres et se montrant aussi sur les ambulacres ; en dessous de chaque côté du plastron, ils sont très proéminents. Il semble que c'est un palœopneustes à pétales tous semblables ; fascioles ? *G. affinis* A. Ag. est unique et des mers actuelles.

BRISSOMORPHA Laube. Ovoïde, convexe en dessus, tronqué en arrière ; sommet ambulacraire excentrique en avant. Ambulacres à fleur ; les pairs pétaloïdes droits, ouverts, formés de zones de petits pores non conjugués, subégaux, péristome grand en croissant au quart antérieur ; périprocte très grand au haut de la troncature postérieure ; plastron mal défini. Fasciole péripétale un peu sinueux ; fasciole sous-anal ? *B. Fuchsii* Laube est miocène.

TOXOPATAGUS Pom. Cordiforme, plat en dessous, déclive en avant par dessus, à sommet ambulacraire très excentrique en arrière ; ambulacre antérieur très élargi dans une dépression oblancéolée, qui échancre le pourtour, à paires de pores espacées ; les ambulacres pairs pétaloïdes, à zones porifères arquées, un peu divergentes, non fermées, à paires rapprochées de pores conjugués ;

les zones antérieures plus étroites; zones ambulacraires élargies au delà des pétales, qui se continuent par des paires de petits pores espacés. Péristome antérieur, fortement labié; périprocte dans une faible troncature du bord postérieur; plastron terminé en arrière par deux gibbosités. Des tubercules un peu plus gros à la face dorsale; pas de fascioles? Le type est fossile des molasses serpentineuses de Bologne: *T. italicus* (Manzoni sub *Hemipneustes).*

HETEROBRISSUS Manzoni. Subconique à sommet peu élevé, un peu excentrique en avant. Ambulacres tous à fleurs, les pairs pétaloïdes droits, ouverts divergents, à paires de pores ronds, conjugués par une fossette, s'étendant presque jusque vers le pourtour. Péristome aux 2/5 antérieurs, fortement labié, les trois ambulacres antérieurs y aboutissant par des sillons aigus (déformation?); plastron peu distinct; périprocte dans une faible troncature du bord postérieur. De gros tubercules épars en dessus; pas de fasciole. Type mal connu représenté par *H. Mantessi* Manz. du terrain miocène.

BRISSOLAMPAS Pom. Subconique surbaissé, à sommet excentrique en avant. Ambulacre antérieur à fleur (pores inconnus), les pairs pétaloïdes divergents, un peu resserrés mais non fermés au bout, à pores (non conjugués?) subégaux, rapprochés. Zones interporifères pourvues de gros tubercules comme ceux des zones interambulacraires, épars, peu développés. Plastron étroit, limité par des zones ambulacraires lisses; péristome aux 2/5 antérieurs en croissant; périprocte elliptique, au-dessous du pourtour non tronqué; pas de fascioles? Le type est *B. conicus* (Dames, sub *Palœopneustes)* du terrain nummulitique.

HYPSOPATAGUS Pom. Plus ou moins renflé, à sommet subcentral. Ambulacre antérieur simple dans un sillon peu marqué, les pairs pétaloïdes, à zones porifères un peu déprimées, l'interporifère à fleur et tuberculée. Un fasciole péripétale peu ou pas flexueux; pas de sous-anal. Péristome en croissant excentrique en avant; périprocte dans une faible troncature du bord postérieur; de gros tubercules épars en dessus; test très épais. Les espèces typiques sont du terrain nummulitique. *H. Meneghini*, Pom.; *H. Ammon* (Desor sub *Macropneustes).* C'est à tort que M. Cotteau réserve le nom de *Macropneustes* à ce type.

TRACHYPATAGUS Pom. Plus ou moins renflé, à sommet peu excentrique; sillon antérieur nul; les ambulacres pairs pétaloïdes, allongés, à zone interporifère tuberculée. Péristome excentrique en avant, en croissant; périprocte grand dans la troncature du bord postérieur. Fasciole péripétale un peu sinueux, assez rapproché de l'ambitus; un fasciole sous-anal n'embrassant pas de pores ambulacraires. Des tubercules principaux peu développés, épars. Le type *T. oranensis* est fossile du miocène supérieur.

LES BRISSIDÉS

ont leurs pétales linéaires, plus ou moins déprimés, avec une vestiture particulière sur la zone interporifère ordinairement étroite; l'ambulacre antérieur, ordinairement simple, est à fleur de test ou dans un sillon.

Ils paraissent ne former qu'une seule sous-tribu, celle des BRISSIENS ; car il ne me semble pas possible d'attribuer une plus grande valeur aux groupes presque artificiels, qu'on peut tracer dans cette série très enchaînée.

Le groupe des *Brissopatagus* se rattache à la tribu précédente par ses gros tubercules dorsaux qui sont mêlés aux petits tubercules homogènes et plus ou moins limités par un fasciole péripétale.

PLESIOPATAGUS. Pom. Cordiforme déprimé; sillon antérieur bien marqué. Pétales lancéolés comme dans eupatagus, mais creusés et nettement délimités. Un fasciole péripétale limitant les gros tubercules dorsaux; un fasciole sous-anal. Plastron assez largement tuberculé et caréné au milieu. Le type est *P. Cotteaui* (Loriol sub *Eupatagus)* du terrain nummulitique, aussi que *P. Haynaldi* (Pavay sub *Macropneustes).*

CIONOBRISSUS A. Ag. Paraît surtout différer du précédent par ses pétales linéaires et par son fasciole sous-anal, qui circonscrit un talon rudimentaire et aigu comme dans Echinocardium; fasciole péripétale flexueux limitant les gros tubercules dorsaux; un plastron caréné. *C. revinctus* A. Ag. des mers actuelles.

BRISSOPATAGUS Cott. Cordiforme; apex un peu excentrique en avant. Sillon antérieur peu profond. Pétales peu déprimés, les pairs antérieurs arqués en croissant derrière une dépression circulaire des interambulacres antérieurs; pétales postérieurs presque droits divergents en arrière. Un fasciole péripétale limitant les gros tubercules des demi-zones postérieures interambulacraires. Fasciole sous-anal? *B. Caumontii,* Cott. est du terrain nummulitique, ainsi que *B. Beyrichii,* Dames; un troisième du miocène de Java.

CARDIOPATAGUS Pom. Gibbeux et cordiforme échancré en avant. Apex très excentrique en avant. Ambulacre antérieur dans un sillon étroit et profond; pétales antérieurs arqués, convexes en avant, déprimés en gouttière aiguë, avec le sommet de la zone porifère antérieure presque atrophiée; pétales postérieurs droits divergents. Péristome labié, très excentrique en avant; périprocte grand, ovale, au sommet de la face postérieure tronquée, très étroite; de gros tubercules dorsaux (limités par un fasciole péripétale non conservé?). *C. carinatus* Cotteau sub *Eupatagus),* du terrain tertiaire?

MACROPNEUSTES Ag. (non Cotteau, *Peripneustes* Cott.). Ovoïde plus ou moins cordiforme, à sillon antérieur évasé; ambulacres pairs pétalés, linéaires, divergents, bien déprimés. Fasciole péripétale peu sinueux, ne limitant pas les gros tubercules, qui sont épars sur tout le dos. Péristome labié, excentrique en avant; périprocte au haut de la face postérieure tronquée. Fasciole sous-anal autour du talon; plastron tuberculé, non caréné. Les types sont: *M. Deshayesi* Ag., *M. pulvinatus* Ag,, *M. brissoïdes* Des. des terrains nummulitiques. Il faut y réunir les *Peripneustes* Cott., genre créé pour les espèces à fasciole sous-anal, ce qui est le propre des espèces typiques: *M. antillarum* Cott. (spec.), *M. Clevei* Cott. (spec.), et quelques autres moins connues des couches miocènes.

Les *Macropneustes* de M. Cotteau sont probablement des *Hypsopatagus*, du moins en partie, et peut-être en partie des espèces à ambulacres creux sur lesquelles on n'a point distingué de fasciole sous-anal, telles que *M. crassus* Ag.,

M. Hantkenii Pavay. Si celles-ci en sont réellement dépourvues, il y aurait lieu de les distinguer par un nom spécial.

Deakia Pavay. Ne paraît en différer que par le sillon antérieur plus profond, qui échancre assez fortement le pourtour ; par la zone interambulacraire postérieure prolongée en rostre au-dessus du périprocte ; par les pétales divergents et creusés et la présence de gros tubercules épars sur tout le dos, sans être limités à l'intérieur du fasciole péripétale ; celui-ci et le fasciole sous-anal ne montrent pas de différence. Les exemplaires étant tous déformés par la compression, il y a lieu de douter de la légitimité du genre, auquel trois espèces tertiaires de Hongrie ont été attribuées. Ce n'est peut-être qu'une déformation de *Schizobrissus* Pom.

Kleinia Gray. Ovoïde cordiforme, à apex subcentral; quatre pores génitaux. Ambulacre antérieur simple dans un sillon évasé ; les pétales creux, médiocrement allongés, confluents en croissant de chaque côté, avec les zones porifères internes oblitérées près de l'apex. Fasciole péripétale sinueux ; fasciole sous-anal entourant le talon et se reliant par deux branches avec le péripétale, derrière les pétales postérieurs. Péristome transversal labié, au 1/3 antérieur ; périprocte médiocre au sommet de la troncature postérieure très oblique et visible d'en haut. Quelques tubercules plus gros au milieu du dos. Le type *K. luçonica* Gray est des mers actuelles. *K. lonigensis* (Dames sub *Metalia)* paraît constituer une deuxième espèce nummulitique ; le prétendu *Brissopsis lyrifera* de la Floride est probablement une autre espèce vivante.

Le groupe des vrais *Brissus* est caractérisé par des tubercules homogènes, en général assez rapprochés, inégaux dans les diverses régions, mais sans mélange contrastant d'autres plus gros. La considération de la disposition des fascioles permet d'introduire dans cette série très enchevêtrée un ordre systématique, sinon méthodique.

α. Les uns ont un fasciole péripétale et un fasciole sous-anal fermé, avec branches remontant de chaque côté de l'anus.

Rhinobrissus A. Ag. Large et proclive en avant, sans sillon pour l'ambulacre impair simple; côté postérieur atténué; apex subcentral; pétales divergents. Péristome en croissant transversal, étendu ; périprocte médiocre au haut du côté postérieur. Fasciole péripétale ovale, le sous-anal fermé médiocre, l'anal distinct en long croissant ; plastron oblong, tuberculé. Le type *R. pyramidalis* A. Ag. est vivant des mers de Chine. Une deuxième espèce est d'attribution douteuse, puisqu'elle manque du fasciole remontant aux côtés de l'anus. Son ambulacre antérieur à fleur et ses pétales mieux limités la rapprochent de Brissus *(R. hemiasteroïdes* A. Ag.).

Metalia (Gray section de *Brissus)*. Grands oursins ovoïdes à sommet un peu excentrique en avant. Ambulacre antérieur simple dans un sillon évasé qui échancre un peu le bord ; les pétales rayonnants, un peu flexueux, allongés. Fasciole péripétale un peu sinueux ; le sous-anal formant au bout du plastron un disque avec sillons rayonnants terminés par un pore ambulacraire, les branches remontantes en forme de croissant. Péristome grand antérieur en croissant; périprocte au haut du bord postérieur; plastron tuberculé oblong. Le type est vivant: *M. sternalis* Gray du grand Océan, ainsi qu'une deuxième espèce; une troisième est des îles Cherboro. Les fossiles me paraissent douteux.

Prometalia Pom. En diffère par la forte excentricité en avant du sommet ambulacraire, qui devient presque marginal; par la disposition digitée des pétales tous dirigés en arrière; par la situation du fasciole sous-anal, qui est presque en totalité à la face postérieure, et par son plastron élargi en arrière. Le type est vivant: *P. Robillardi* (Loriol sub *Brissus-Metalia).*

β. D'autres ont un fasciole péripétale et un fasciole sous-anal en écusson non appendiculé.

Brissus Klein. Ovoïde allongé, à apex excentrique en avant. Ambulacre antérieur à fleur, sans sillon ou à peine avec un méplat; les pétales longs, divergents, flexueux. Fasciole péripétale flexueux, le sous-anal entourant le talon. Péristome grand, arqué; périprocte ample, arrondi au milieu de la face postérieure et très rapproché du fasciole; le plastron très développé, oblong. Deux espèces vivantes dans le grand Océan; une troisième dans les mers d'Europe et l'Océan Atlantique tempéré, subdivisée par certains auteurs. Quelques espèces fossiles tertiaires, dont une difficile à distinguer de la vivante: *B. Scillæ* Ag. *(B. unicolor* Klein et A. Ag.).

Brissopsis Ag. Ovoïde cordiforme, à apex submédian; quatre pores génitaux. Ambulacre antérieur simple, dans un sillon évasé peu profond; les pétales rayonnants, peu inégaux, à zones porifères homogènes. Fasciole péripétale sinueux, le sous-anal entourant le talon; péristome assez éloigné du bord antérieur, transverse, labié; périprocte au haut de la face postérieure médiocre, distant du fasciole. Le type est vivant des mers d'Europe; une quinzaine d'espèces fossiles des terrains tertiaires de divers âges. *Megalaster* Duncan n'en diffère peut-être pas.

Cyclaster Cott. Ovoïde; apex peu excentrique en avant; ambulacre antérieur simple, à fleur, sans sillon ou avec une faible dépression disparaissant avant le pourtour; les pétales divergents, peu inégaux, faiblement creusés, peu allongés. Fasciole péripétale pentagonal; un fasciole sous-anal au talon. Péristome labié, sémilunaire, petit; périprocte à la face postérieure convexe. Le type est *C. declivus* Cott. du terrain nummulitique; trois ou quatre autres espèces du même horizon géologique. Les espèces crétacées de Tercis doivent être exclues du genre; leur apex a le madréporide central.

Toxobrissus Desor. Ovoïde déprimé, un peu cordiforme; apex subcentral plus ou moins déprimé. Ambulacre antérieur simple dans un sillon évasé; les pétales confluents en croissant sur chaque côté, avec les zones porifères internes atrophiées vers le haut; un fasciole péripétale flexueux. Un fasciole sous-anal entourant le talon. Péristome sémilunaire labié, au 1/3 antérieur; périprocte médiocre au sommet du bord postérieur; plastron étroit entre de larges bandes ambulacraires lisses. Le type est *T. crescenticus* (Desor) de Malte. Cinq à six autres espèces des terrains miocène et pliocène. *T. pulvinatus* (Philip. sp.) est vivant dans la Méditerranée.

Verbeckia Fritsch. Paraît être un *Toxobrissus* à apex plus excentrique en avant, à pétales encore plus confluents ; les zones porifères intérieures des pétales postérieurs se réunissant l'une à l'autre très loin en arrière de l'apex. Le plastron est réduit à une étroite zone tuberculée entre deux larges bandes lisses. On ne connaît pas le fasciole péripétale ; un fasciole sous-anal. Il serait intéressant d'étudier cette structure anormale sur de meilleurs exemplaires. *V. dubia* Fr. est de l'éocène de Bornéo.

SCHIZOBRISSUS Pom. Cordiforme ; apex saillant en mucron et excentrique en avant. Ambulacre antérieur simple dans un sillon évasé, qui échancre fortement le pourtour ; pétales de brissus, les postérieurs plus longs. Fasciole péripétale très flexueux, le sous-anal réniforme entourant le talon. Péristome labié, transverse, antérieur ; périprocte rond, ample sous le sommet rostré du bord postérieur ; plastron très développé, bordé par des carènes. Des tubercules sensiblement plus gros vers le sommet des interambulacres. Le type est *S. mauritanicus* Pom. du terrain miocène, ainsi que le *S. cruciatus* (Ag. sub *Brissus).*

γ. Un fasciole péripétale ; un fasciole sous-anal ouvert en croissant ; pas de disque sous-anal.

MEOMA Gray *(Hemibrissus* Pom.) Sémiovoïde, à peine émarginé en avant ; apex excentrique en avant. Ambulacre antérieur simple dans un léger sillon ; les pétales longs, divergents, flexueux, peu inégaux ou les postérieurs plus longs, tous bien creusés. Fasciole péripétale flexueux, le sous-anal bordant le plastron et remontant en forme de croissant au niveau de l'anus. Péristome labié en arc, près du bord antérieur ; périprocte médiocre, à la face postérieure convexe. Le type est *M. grandis* Gray vivant de Panama ; une seconde espèce de la mer des Antilles : *M. ventricosa* Lütk.

FAORINA Gray (emend.) Ovale subglobuleux, un peu cordiforme ; apex peu excentrique en avant. Ambulacre antérieur simple dans un sillon large ; pétales divergents, creux, flexueux, les antérieurs plus longs, descendant peu sur les flancs. Fasciole péripétale peu sinueux, dédoublé en avant ; le sous-anal très court à l'arrière du plastron ; pas de disque sous-anal. Péristome petit, labié près du bord antérieur ; périprocte à la face postérieure, à fleur de la convexité. *F. chinensis* Gray, vivant, en est le type.

δ. Un fasciole péripétale conjugué avec un fasciole latéro-sous-anal ou marginal.

AGASSIZIA Val. Globuleux, à apex subcentral. Ambulacre antérieur simple, superficiel ; les pétales antérieurs dimidiés par atrophie de la zone antérieure, réduite à une rangée de petits pores et de petits assules ; les postérieurs normaux, concaves, plus courts. Un fasciole latéral autour de l'ambitus ; le péripétale s'en détachant derrière les pétales antérieurs et contournant les postérieurs. Deux espèces vivantes de chaque côté de l'isthme de Panama ; une espèce fossile dans le terrain tertiaire des Antilles.

PRENASTER Desor. Diffère du précédent par son apex plus excentrique en avant, ses pétales antérieurs normaux en croix, égaux aux postérieurs ou plus courts, peu creusés ; le fasciole marginal plus inférieur passe sous l'ambitus devant la bouche ; pas de sillon antérieur. *P. alpinus* Desor est du terrain nummulitique, ainsi qu'une dizaine d'autres espèces, toutes de petite taille.

PARASTER Pom. Globuleux, peu ou pas émarginé en avant ; quatre pores génitaux ; apex subcentral. Ambulacre antérieur simple dans un sillon évasé ; les pétales peu inégaux, flexueux, rayonnants, médiocrement creux, les antérieurs à zone porifère antérieure atténuée et subatrophiée du côté de l'apex, formée de paires de très petits pores. Fasciole submarginal un peu en écharpe ; le péripétale réduit à la partie postérieure comme dans Agassizia. Le type vivant est *P. gibberulus* Pom. (Ag. sp.) ; deux espèces fossiles nummulitiques, *P. Souverbii* (*Cotteau*, sub *Agassizia)* et *P. confusus (Agassizia gibberula* Cott.) bien distincte de l'espèce vivante.

Peribrissus Pom. Ovoïde cordiforme ; apex très excentrique en avant, l'étoile ambulacraire limitée à la moitié antérieure. Ambulacre antérieur simple dans un sillon ample, évasé, échancrant fortement le bord ; les pétalés normaux linéaires, très creux, rayonnants. Fasciole submarginal conjugué à un péripétale réduit à la partie postérieure. Péristome labié, transverse ; périprocte ample au haut de la face postérieure ; granulation serrée. *P. saheliensis* est du miocène supérieur.

LINTHIA Mérian. Globuleux ovoïde, cordiforme ; apex en avant. Ambulacre antérieur simple dans un sillon profond bien limité, échancrant un peu le bord ; les pétales divergents, droits, linéaires, très creux. Fasciole péripétale très flexueux serrant de près les ambulacres, conjugué au latéral derrière les pétales antérieurs. Péristome près du bord, fortement labié ; périprocte petit au sommet d'une aréa postérieure concave ; plastron saillant, sans avenues lisses. Le type est *L. insignis* Mérian, du nummulitique. Pour les auteurs qui refusent de séparer ce genre du suivant, il doit en devenir synonyme étant moins ancien.

TRIPYLUS Gray (Phil. emend.). Globuleux cordiforme ; apex subcentral ; 3-4 pores ovariens. Ambulacre antérieur simple dans un sillon évasé, échancrant plus ou moins le bord ; pétales profonds (faisant fonction de marsupium) ovales ou oblongs, divergents. Fasciole péripétale flexueux, émettant derrière les pétales antérieurs un fasciole latéro-anal. Péristome transverse, labié ; périprocte médiocre au haut de la face postérieure ; tubercules rapprochés, égaux. Le type est *T. excavatus* Phil. vivant de Patagonie. Les espèces fossiles nummulitiques paraissent nombreuses. *T. subglobosus, T. inflatus, T. Orbignyanus, T. suborbicularis, T. Heberti, T. Scarabœus, T. bathyolcos, T. latisulcatus, T. Delanouei, T. cavernosa, T. Thebensis, T. foveatus, T. Ibergensis, T. Navillei* qui sont des Linthia pour les auteurs : Cott., Lor., Desor, Laube, Dames, etc.

PROTENASTER *(Desoria* Gray, non Ag.) Ovoïde convexe, émarginé en avant ; apex très excentrique en avant ; 4 pores génitaux. Ambulacre antérieur simple dans une faible dépression ; pétales creux, étroits, flexueux, les antérieurs transverses, les postérieurs très divergents en arrière, plus longs. Fasciole péripétale très flexueux émettant derrière les pétales antérieurs un fasciole latéro-anal. Péristome labié, antérieur ; périprocte petit à la face postérieure sans aréa. Diffère de Linthia par le sillon antérieur superficiel et par son sommet ambulacraire plus excentrique. *P. australis* (Gray sp.) vivant de Tasmanie.

Schizaster Ag. 1847 (*Micraster* Ag. 1836). Cordiforme; apex plus ou moins excentrique en arrière. Ambulacre antérieur à pores simples, nombreux dans un sillon abrupte à fond plat, échancrant le pourtour; les pétales inégaux, creux, les antérieurs plus longs, flexueux dirigés obliquement en avant avec la zone porifère antérieure un peu atrophiée au sommet; 2 pores génitaux. Péristome labié, près de l'échancrure; périprocte petit au sommet de la face postérieure. Fasciole péripétale sinueux, émettant derrière les pétales antérieurs un fasciole latéro-anal. Les espèces fossiles sont nombreuses dans tous les étages tertiaires; elles ont les pores ambulacraires antérieurs sur une double rangée; c'est la forme qu'on pourrait considérer comme typique.

Le *S. canaliferus*, vivant, a les pores dédoublés et sur quatre rangées dans l'ambulacre impair. C'est un type de section auquel on pourrait réserver le nom de *Nina* Gray. Le *S. fragilis*, vivant, a les ambulacres moins creusés et l'antérieur pair un peu comme dans le genre *Paraster*; mais le sillon antérieur est abrupte et échancre le pourtour; Gray a donné à cette section le nom de *Brisaster*.

Le *S. ambulacrum* est bien plus différent par son large sillon antérieur, évasé, ses pétales droits, son sommet subcentral, son plastron renfoncé au lieu d'être en saillie; son périprocte très grand au sommet d'une aréa ovalaire déprimée et par sa forme plus raccourcie et globuleuse; le *sch. lucidus* en est voisin à beaucoup d'égards; ils ont des affinités avec *Tripylus*. On pourrait consacrer le nom de **Brachybrissus** à ce type très probablement de valeur sous-générique.

Les schizaster des catalogues qui n'ont pas l'ambulacre antérieur dans un sillon plat à bords abruptes et les pétales antérieurs courbés près de l'apex sont étrangers au genre et peut-être des *Paraster*; mais je ne puis qu'en recommander la révision à de plus riches que moi en matériaux nécessaires à ce travail.

Moira A. Ag. (*Moera* Mich., *Schizaster* Ag. 1836, Gray). Globuleux à apex excentrique en arrière, un peu échancré en avant. 2 pores génitaux. Ambulacres tous profonds, étroits, plus ou moins resserrés et couverts par la saillie des bords des sillons. Fasciole péripétale bordant les sillons ambulacraires, le latéro-sous-anal partant du milieu des pétales antérieurs. Péristome labié, transverse; périprocte médiocre au haut de la face postérieure. 3 espèces des mers actuelles, dont une fossile du quaternaire de la Floride : *M. atropos, clotho* et *stygia* devraient reprendre le nom de schizaster.

ι. Un fasciole péripétale seulement.

Opissaster Pom. Ovoïde cordiforme; apex plus ou moins excentrique en arrière; 2 pores génitaux. Ambulacre antérieur simple dans un sillon abrupte moins creux en avant, mais échancrant le pourtour. Pétales antérieurs obliques en avant, flexueux près de l'apex, creux; les postérieurs bien plus petits. Péristome labié, médiocre, rapproché du bord; périprocte petit au haut d'une aréa postérieure. Fasciole péripétale sinueux. Le type est *O. polygonalis* du miocène supérieur d'Algérie; c'est, en quelque sorte, un schizaster sans fasciole latéro-anal et on devra y classer tous ceux qui en sont dépourvus et divers prétendus Hemiaster comme *Katksburgensis, H. Scillœ, H. Cotteaui* qui ont le madréporide prolongé en arrière. C'est aussi la place probable de *O. amplus* (Desor sub *Hemiaster*) qui serait bien une espèce crétacée. (Quenst. Petr. deutch.).

TRACHYASTER Pom. globuleux à apex excentrique en arrière. 4 pores génitaux. Ambulacre antérieur simple dans un sillon peu profond, effacé en avant, émarginant ou non l'ambitus; pétales déprimés, inégaux, ovales ou oblongs, les antérieurs parfois un peu flexueux au sommet. Fasciole péripétale anguleux. Péristome labié peu rapproché du bord; périprocte au sommet du côté postérieur, surmontant une dépression plus ou moins marquée; tubercules serrés. Le type est fossile du miocène supérieur; il faut y réunir la plupart des Hemiaster tertiaires comme *H. nux, H. digonus, H. rotundus*, etc., qui ont le madréporide prolongé entre les ocellaires postérieures et probablement *H. gibbosus* et *H. zonatus* vivants.

Abatus Lovén (*Tripylus* sect. *Abatus* Trosch.) diffère du précédent par son test moins élevé, par ses pétales moins inégaux bien divergents, ovales ou oblongs, fortement creusés (dans les femelles) et formant marsupium. 2 pores ovariens; plus rarement trois. Deux ou trois espèces de Patagonie. Le *Linthia latisulcata*, dont on ne connaît pas le fasciole latéro-anal, est probablement du même genre.

PALŒOSTOMA Lovén. (*Leskia* Gray). Elliptique émarginé en avant; apex subcentral; deux pores ovariens; madréporide prolongé en arrière. Ambulacre antérieur simple dans une dépression évasée; pétales peu inégaux, déprimés, obovés, divergents. Péristome au tiers antérieur, non labié, pentagonal; périprocte petit, postérieur, mais visible d'en haut; cinq plaques en pyramide, fermant chaque ouverture. Fasciole péripétale peu sinueux. On a attaché aux cinq pièces operculaires des deux orifices une importance exagérée, que ne comporte pas l'extrême variabilité de leur nombre dans la série des genres et des espèces. Le type est *P. mirabilis* (Gray sub *Leskia)*, de l'archipel indien.

Nous ne connaissons pas encore de type générique dépourvu de fasciole.

Un second grand groupe de **Spatangides** comprend des oursins chez lesquels les ambulacres pairs non seulement ne sont pas pétaloïdes, mais ne sont pas même pourvus de doubles pores dans chacune de leurs zones, les tentacules n'ayant qu'un seul pore au lieu des doubles pores habituels, sauf parfois quelques-uns auprès du péristome ou de l'apex. Cette réduction du système ambulacraire les avait fait considérer comme les représentants d'un certain nombre de genres des terrains crétacés qui n'ont que de petits pores arrondis; mais il suffira à l'encontre de cette idée de faire ressortir la différence profonde que présente leur madréporide dans ses relations de position avec l'apex et la simplicité des pores de leurs tentacules, tandis que dans ces genres anciens le madréporide est limité à l'avant de l'apex et que les tentacules ont toujours une paire de pores. Ces oursins remarquables habitent tous les mers profondes actuelles et leur existence est restée inconnue jusque dans ces derniers temps; ils sont encore trop peu étudiés et l'on doit prévoir que les dragages profonds nous réservent encore à cet égard bien des surprises.

LES PHILOBATHIDÉS

comprennent tous les apétalés qui ont l'apex compacte.

La sous-tribu des ACESTIENS conserve encore des pores doubles dans son ambulacre impair et les tentacules qui leur correspondent sont terminés en ampoule adhésive spiculée, tandis que ceux des ambulacres pairs sont grêles et terminés en pointe. L'apex est compacte, c'est-à-dire que les plaques génitales et ocellaires sont groupées en deux rangées circulaires et alternantes.

ACESTE W. Thom. Cordiforme à apex très excentrique en arrière ; deux pores ovariens. Ambulacre antérieur déprimé dans une large fosse déclive échancrant le bord ; les ambulacres pairs à fleur, étroits, à pores distants. Péristome grand, subpentagonal près de l'échancrure antérieure ; périprocte dans la troncature postérieure. Plastron oblong bien limité. Fascioles ? *A. bellidifera*, W. T., est des îles Gomera.

ŒROPE W. Thom. Obové un peu gibbeux ; apex un peu excentrique en avant ; 4 pores ovariens tubuleux en avant du madréporide. Ambulacre antérieur portant 4 à 5 paires de tentacules adhésifs, entourés d'un fasciole qui va du bord antérieur à l'arrière de l'apex. Péristome ovalaire au tiers antérieur ; périprocte arrondi au haut du bord postérieur dépourvu d'aréa ou de troncature ; plastron très réduit, lancéolé. *Œ. rostrata*, W. T. de l'île Tristan d'Acunha.

La sous-tribu des BATHYSPATIENS comprend les genres à ambulacres homogènes en dessus, tous à pores non géminés, ayant en outre l'apex compacte.

BATHYSPATUS Pom. Ovoïde déprimé, à peine émarginé en avant ; apex excentrique en avant. Pores génitaux ? Madréporide grand. Tous les ambulacres à fleur, à pores distants. Un fasciole marginal, émettant près de l'ambulacre antérieur un second fasciole péripétale. Péristome grand en croisant au tiers antérieur ; périprocte dans une faible troncature postérieure. Plastron tuberculé hastiforme. Le type est *B. confusus (Agassizia concentrica* jeune, A. Ag., err. ex ipso) de la Floride.

HOMOLAMPAS A. Ag. Cordiforme atténué en arrière ; une faible dépression antérieure ; apex un peu excentrique en avant. Ambulacres à fleur. Péristome à fleur subpentagonal, au tiers antérieur ; périprocte au sommet du bord postérieur. Un fasciole sous-anal entourant le talon et donnant deux branches sous l'anus. Plastron presque lisse réduit à une petite surface tuberculée à l'arrière ; de gros tubercules sur les interambulacres pairs, quelques-uns épars sur les flancs. Le type est *H. fragilis*, A. Ag., auquel s'est ajouté le *H. fulva* plus déprimé en avant, à fasciole plus long et pentagonal.

ARGOPATAGUS A. Ag. Elliptique légèrement cordiforme, très déprimé. Apex excentrique en arrière. Ambulacres à fleur. Un fasciole sous-anal. Péristome fortement labié. Assules de grandeur uniforme dans les deux sortes d'aires à la face supérieure ; partout des tubercules primaires espacés de grandeur uniforme ; ceux du dessous plus petits. *A. vitreus*, A. Ag.

PALÆOTROPUS Lovén. Ovoïde à pourtour entier. Apex un peu excentrique en avant ; deux pores génitaux. Partie supérieure des ambulacres presque à un seul rang d'assules par intercalation réciproque des pièces alternantes des deux zones, chacune percée d'un seul pore. Péristome à fleur, grand, semilunaire, un peu labié au tiers antérieur ; périprocte ovale, ample, au haut du bord postérieur. Un fasciole sous-anal, entourant le talon. Des tubercules primaires épars dans toutes les aires en dessus. *P. Josephinœ,* Lovén et *P. Loveni,* A. Ag.

LES PHYALIDÉS OU POURTALÉSIDÉS

comprennent les genres ayant tous les ambulacres à pores unisériés dans chaque zone et l'apex allongé ou disjoint.

On pourra les subdiviser en deux sous-tribus lorsqu'ils seront mieux connus : POURTALÉSIENS et PHYALIENS.

POURTALESIA A. Ag. Oblong sublagéniforme. Apex tout à fait antérieur, allongé par intercallation des ocellaires aveugles. Sillon antérieur échancrant le bord et se creusant vers le péristome enfoncé. Ambulacres à pores distants, les postérieurs fortement arqués vers l'arrière. Périprocte dans une échancrure postérieure entre un rostre dorsal et un long talon prolongeant un plastron étroit en forme de côte, fortement tuberculé, ainsi que la carène dorsale obtuse. Le reste de la surface parsemée de petits tubercules. Pas de fasciole. *P. miranda, P. hispida,* A. Ag. et? *P. phyale,* W. T.

Phyalopsis est un Pourtalesia à plastron plus court avec un large fasciole autour de la saillie anale. *P. laguncula,* A. Ag. (sp.).

Ceratophysa a le test plus solide, triangulaire et non oblong, large en avant et graduellement atténué vers la région anale, et la face inférieure aplatie. *P. rosea, P. ceratopyga,* A. Ag.

PHYALE. Apex disjoint par des intercalaires, les ocellaires aveugles ; forme ovoïde allongée, atténuée en arrière, non rostrée au-dessus du périprocte sous lequel le talon se prolonge en un éperon obtus ; face antérieure tronquée avec la fosse du péristome au-dessus de son bord inférieur ; quatre pores génitaux ; le madréporide prolongé au-delà ; dessous aplati. *P. Jeffreysi* (A. Ag., sp.), et probablement *P. carinata* (A. Ag. sp.).

CALYMNE Wyw. Tom. Demi-ovale tronqué en dessous, gibbeux en dessus ; deux pores génitaux (les postérieurs) traversés par le madréporide ; apex disjoint. Ambulacre à fleur, à pores distants unisériés sur chaque zone. Péristome ovale, près du bord sans sillon ni échancrure ; périprocte supra-marginal ; plastron presque plat. Un fasciole marginal passant un peu en dessous du bord antérieur. Gros tubercules sur les interambulacres antérieurs et postérieurs. Faciès d'*Ananchytes. C. relicta* W. T. des mers profondes, comme tous les précédents.

Les genres suivants, dont la structure de l'apex m'est inconnue, sont placés hors série, mais rentreront probablement dans la même tribu que les précédents.

SPATAGOCYSTIS A. Ag. Faciès de *Holaster*, convexe dessus, plat dessous. Péristome antérieur, derrière un sillon court mais très creux ; périprocte petit, sous une saillie du bord supérieur et au-dessus d'un fort talon du plastron. Radioles du dos épars, égaux, grêles; ambulacres du type de *Pourtalesia*, avec lequel sont les principales analogies. *S. Challengeri* A. Ag.

Cystechinus A. Ag. Faciès d'*Ananchytes;* subconique; apex subcentral. Ambulacres à fleur, à pores unisériés dans chaque zone. Péristome faiblement labié, un peu déprimé; périprocte au bord postérieur, du côté du plastron. Test couvert de radioles courts, entremêlés de quelques plus gros. Paraît très voisin de *Calymne*. *C. Wiwillei* et *C. clypeatus* A. Ag.; une troisième espèce, *C. vesica* A. Ag., aurait le faciès de *Galerites*, d'après l'auteur.

Urechinus A. Ag. Faciès de *Neolampas;* ovoïde, aplati en dessous, entier en avant et sans sillon vers le péristome situé en avant du centre et peu labié; plastron de spatangoïde. Périprocte dans une faible dépression du bord postérieur, au-dessus de l'ambitus, sous une saillie. Tubercules miliaires et secondaires serrés, parsemés de tubercules primaires; dessous très tuberculeux. Les ambulacres à fleur sont du même type que chez les précédents. *U. Naresianus* A. Ag.

Les Progonastérides

ont le madréporide limité à la région antérieure de l'apex, et lorsqu'il s'étend entre les plaques génitales postérieures, il ne va pas au delà et ne traverse pas les plaques ocellaires postérieures, qui restent en contact.

Le plus grand nombre ont vécu pendant la période crétacée, quelques-uns pendant la période tertiaire; un seul vit actuellement.

LES PYCNASTÉRIDÉS

sont pétalés et ont l'apex compact.

La sous-tribu des pycnastériens est caractérisée par un apex compact et des pétales plus ou moins excavés, mais nettement limités.

Pericosmus Ag. Conoïde; apex au sommet et subcentral. Ambulacre impair simple dans un sillon évasé qui échancre le bord; pétales peu inégaux, divergents, creux, droits. Un fasciole péripétale flexueux, un autre marginal. Péristome labié antérieur; périprocte au sommet de la troncature postérieure peu élevée; tubercules principaux épars dans une granulation peu serrée. Le madréporide m'a paru limité en arrière par les ocellaires, mais il reste des doutes. Les espèces, assez nombreuses, sont toutes (?) des terrains tertiaires. *P. Edwarsii* Ag. est typique.

Periaster D'Orb. Plus ou moins renflé et proclive en avant; apex excentrique en arrière, à plaques génitales postérieures séparées par le madréporide; mais les ocellaires postérieures en contact. Ambulacre antérieur simple, dans un sillon évasé, échancrant peu le pourtour; les pétales déprimés, droits, peu inégaux. Fasciole péripétale onduleux, émettant un latéro-sous-anal en écharpe. Péristome labié; périprocte au sommet d'une aréa postérieure. Des tubercules épars sur le dos. Espèces crétacées : *P. conicus* D'Orb., etc.

Mecaster. Ovoïde, déprimé, émarginé en avant, tronqué en arrière; apex subcentral, à madréporide intercalé aux génitales postérieures. Ambulacre antérieur simple dans un sillon évasé; les pétales subégaux déprimés, à pores en fissure, droits. Fasciole péripétale sinueux, unique. Péristome labié antérieur; périprocte au haut d'une aréa postérieure. Tubercules dorsaux épars. Espèces crétacées : *M. Fourneli, M. Verneuilli, M. cubicus, M. saulcyanus, M. batnensis*, etc., qui étaient des *hemiaster*, pour les auteurs.

HEMIASTER Desor. Subglobuleux proclive en avant, tronqué en arrière; apex excentrique en arrière, à génitales postérieures non séparées par le madréporide. Ambulacre antérieur simple, dans un sillon évasé plus ou moins effacé en avant; les pétales très inégaux, à pores en fissure. Péristome labié antérieur; périprocte au haut de l'aréa postérieure; un seul fasciole péripétale sinueux.

Les uns, typiques, ont les tubercules petits, épars sur le dos : *H. bufo* Des. D'autres ont ces mêmes tubercules gros, rapprochés et fortement scrobiculés : *H. similis, H. Leymerii, H. nucleus ;* ils pourraient constituer un sous-genre distinct. Tous sont des terrains crétacés moyens et supérieurs. Il doit y en avoir de tertiaires, mais je n'ai pu les démêler parmi les trachyaster.

H. expergitus Lov. serait l'unique représentant actuel du genre, et même, selon l'auteur de tout le groupe des progonastéridés ; il paraît en différer un peu par son sillon antérieur obsolète.

Bolbaster Pom. Globuleux; apex excentrique en arrière, à madréporide ne traversant pas les plaques génitales postérieures. Ambulacre antérieur simple dans un sillon superficiel effacé au pourtour; les pétales peu creusés, peu inégaux, ordinairement étroits, à pores ronds conjugués par un sillon. Péristome labié antérieur; périprocte au haut d'une aréa postérieure. Fasciole péripétale peu sinueux; tubercules serrés, fortement scrobiculés sur toutes les surfaces interambulacraires. Le type est *B. prunella* de la craie supérieure, de même que *B. angustipneustes, B. Koninkianus, B. nasutulus, B. nucula,* qui sont des *Hemiaster* pour les auteurs.

MICRASTER Ag. (1847 non 1836). Cordiforme, proclive en avant, rétréci et élevé en arrière; apex excentrique en arrière, à madréporide antérieur. Ambulacre pair simple dans un sillon échancrant le pourtour; les pétales droits, à pores ronds, conjugués par un sillon, plus ou moins inégaux, déprimés. Un fasciole sous-anal entourant le talon. Péristome très labié, antérieur; périprocte au sommet d'une aréa postérieure; tubercules épars dans une granulation serrée et saillante. Type : *M. coranguinum* Ag.; fasciole quelquefois atrophié dans *M. gibbus* Ag. Tous de la craie.

Si on restitue ce nom aux schizaster des auteurs, auxquels il a été d'abord appliqué, il faudra le remplacer par un autre : PYCNASTER.

Micraster Peinei Coq. ne diffère du type que par l'existence, en outre du fasciole sous-anal très nettement limité, d'un fasciole péripétale qui l'est un peu moins, mais qui n'en est pas moins évident et entoure l'étoile ambulacraire d'une zone continue; c'est le représentant des brissopsis dans cette série, pour les fascioles; on pourrait lui consacrer le nom de **Plesiaster.**

Isopneustes Pom. Obové, arrondi et entier en avant. Apex subcentral à madréporide antérieur. L'ambulacre antérieur pétalé comme les autres, seulement un peu plus étroit, à sillon fermé en avant; pétales à pores ronds conjugués par un sillon. Péristome sémilunaire peu labié, au tiers antérieur; périprocte petit au sommet de la face postérieure, sans aréa distincte. Pas de fasciole péripétale, ni probablement de sous-anal. Tubercules du dos petits, peu serrés. *I. integer* et *I. Bourgeoisi*, introduits un instant par M. Cotteau dans son genre *Cyclaster*, sont de la craie blanche.

Epiaster d'Orb. Cordiforme; apex subcentral à madréporide antérieur. Ambulacre antérieur simple (pores ronds ou en larme, séparés par un tubercule) dans un sillon évasé, émarginant le pourtour; pétales déprimés droits, fermés, à pores linéaires et conjugués. Péristome antérieur médiocrement labié; périprocte au sommet d'une aréa postérieure plus ou moins distincte. Tubercules du dos petits, épars; pas de fasciole. Des terrains crétacés moyens. Types *E. trigonalis*, d'Orb., *E. tumidus* d'Orb., *E. acutus*, Des.

Isaster Des. Ovoïde régulièrement convexe au-dessus, déprimé dessous. Apex subcentral. Ambulacre antérieur presque à fleur, simple, formant simple méplat au bord antérieur; les pétales également presque à fleur, droits, ouverts, à zone un peu inégale, chacune formée d'une série de pores internes arrondis et d'une série d'externes en fissure. Péristome labié, un peu en arrière du bord; périprocte rond au sommet d'une petite aréa postérieure, qui regarde en dessous. Tubercules du dos petits, épars. Pas de fasciole. *I. aquitanicus*, Desor, est de la craie.

Hypsaster Pom. Ce sont des *Epiaster*, dont l'ambulacre antérieur est pétaloïde non fermé, avec des pores linéaires conjugués, seulement un peu plus court que ceux des pétales pairs. Ceux-ci, quoique bien limités, sont parfois presque à fleur (mais avec une zone interporifère simplement granulée), la zone qui réunit les extrémités des pétales prend le plus souvent l'aspect de fasciole par la sériation de ses granules plus fins. Péristome pentagonal; périprocte au haut de la face postérieure avec ou sans aréa distincte. Des terrains crétacés moyens : types *H. Vatonei* (Coquand sub *Epiaster*), *H. polygonus*, *H. pedicellatus*, *H. Henrici*, *H. Thomasii*, *H. variosulcatus*, *H. Villei* (*Epiaster* des auteurs). Il faudra sans doute y réunir aussi les *Toxaster Collegni* et *Toxaster gibbus*. Ag. (C'est par erreur que *T. argilaceus* a été indiqué à la place de ce dernier dans un précédent mémoire.)

La sous-tribu des toxastériens comprend des oursins dont les pétales pairs sont à fleur de test, avec la zone interporifère tuberculée comme le reste du dos et à apex compacte, les deux paires de plaques génitales étant en contact.

Toxaster Ag. (*Echinospatagus*, d'Orb.; non Breyn. ex Loriol). Cordiforme, déclive en avant; apex excentrique en arrière. Ambulacre antérieur dans un sillon évasé, pétaloïde, à pores tous en fissure, les internes de chaque zone plus courts que les externes; ambulacres pairs flexueux, pétalés, à zones porifères atténuées aux bouts, la zone antérieure ordinairement plus étroite aux antérieurs, toutes à pores internes plus courts que les externes. Péristome antérieur pentagonal; périprocte petit au haut du bord postérieur plus ou moins tronqué. Des tubercules primaires épars sur le dos. Tous de la craie inférieure ; le type est *T. complanatus*, Ag. ; *T. excavatus* et *T. africanus* (Per. et Gauth. spec.) ont l'ocellaire antérieure gauche en contact avec le madréporide.

HETERASTER d'Orb. Diffère par son sommet ambulacraire bien plus rejeté en arrière, par son ambulacre antérieur dont les pores intérieurs sont ronds et les extérieurs irréguliers, les uns en longue fente linéaire, les autres entremêlés en fente bien plus courte et n'atteignant pas le bord externe de la zone ; par les zones antérieures des pétales pairs même des postérieurs, plus étroites et à pores moins inégaux que dans la zone postérieure, mais toujours linéaires. Du crétacé inférieur. *H. oblongus* et *Couloni*.

Enallaster d'Orb. Ce sont encore des Toxaster à ambulacre antérieur subpétaloïde, mais dont les zones porifères plus étroites montrent des alternances de pores en fente et de pores ronds séparés par un granule ; les ambulacres pairs antérieurs ont la zone porifère antérieure formée d'une double série de petits pores rapprochés, ronds ou virgulaires, tandis que la postérieure est formée de pores en fissure dont les rangées intérieures sont plus courtes ; espèces néocomiennes. *E. subquadratus* (Gaut. sp.) et *E. Tissoti* (Coq. sp.) ont été publiés sous le nom de *Heteraster*.

ENALLOPNEUSTES Pom. Ce sont des Enallaster, dont l'ambulacre antérieur est simple à pores ponctiformes, dont tous les pétales pairs ont également la zone antérieure formée de paires de pores ponctiformes, les zones postérieures étant formées de pores linéaires dont la rangée interne est plus courte. L'apex est allongé ; mais les ocellaires paires antérieures ne sont pas intercallées et les génitales ne sont pas dissociées. Le type est de la craie supérieure : *E. Jullieni*. (Per., Gauth., sub. *Holaster*.)

MIOTOXASTER. Subcordiforme gibbeux et plus ou moins déclive en arrière ; apex peu excentrique en arrière. Ambulacre antérieur dans un faible sillon et formé de pores ronds séparés par une verrue ; ambulacres pairs flexueux, ouverts, étroits, à zones porifères un peu inégales dans les antérieurs, à pores linéaires inégaux. Péristome antérieur pentagonal ; périprocte au sommet d'une aréa postérieure. Tubercules petits, épars. *M. breyniusianus* (d'Orb., *Echinosp.*) est du Gault ; autres espèces aptiennes : *Ech. radula*, Gauth. et *Tox. ricordeanus*, Cott. (*argilaceus*, d'Orb).

HOMŒASTER. Ovoïde gibbeux ; apex subexcentrique en avant, compacte. Ambulacres peu flexueux à zones porifères effilées au bout, formées de pores en fente, ceux de la rangée interne plus courts ; l'ambulacre impair à zones un peu plus étroites dans un sillon presque obsolète. Un fasciole péripétale mal limité, mais très distinct. Péristome pentagonal, antérieur ; périprocte petit au haut de la face postérieure. Tubercules petits, épars. *H. tunetanus* est albien.

HETEROLAMPAS Cott. Ovoïde un peu déprimé. Apex central compacte, le madréporide bordé par les ocellaires postérieures. Pétales légèrement déprimés, bien limités, tous à pores ovales, les internes plus petits ; l'ambulacre antérieur semblable. Péristome labié, subpentagonal, transverse, peu excentrique en avant. Périprocte ovale à fleur au milieu de la face postérieure. Plastron bien caractérisé de spatangide. *H. Maresii* est sénonien.

LES CARDIASTÉRIDÉS,

sous-tribu des HOLASTÉRIENS, ont des ambulacres à fleur, pétaloïdes ou subpétaloïdes, au moins les pairs; l'apex allongé par intercalation des ocellaires paires antérieures entre les génitales; plus rarement il est disjoint par éloignement des ocellaires postérieures.

PSEUDANANCHYS. Ovale convexe en dessus, tronqué dessous; faibles traces de sillon antérieur. Apex subcentral à ocellaires grandes et intercallées. Ambulacres semblables, droits, pétaloïdes à fleur, ouverts, formés de pores linéaires, transverses, les externes plus longs. Péristome antérieur labié; périprocte marginal inférieur, sans aréa. Tubercules petits, épars; pas de fasciole visible. *P. algirus* (Coq., *Ananch.)* est cénomanien.

Pseudholaster. Ambulacre antérieur simple dans un sillon qui échancre le pourtour, à pores ronds séparés par une verrue. Ambulacres pairs à fleur, à zones porifères formées de pores linéaires transverses, l'antérieure un peu plus étroite dans la paire antérieure. Péristome antérieur labié; périprocte à la face postérieure au haut d'une aréa supra-marginale. Pas de fasciole. Des craies moyennes: *H. Desclozeauxi, Barandei, prestensis, Coquandi, bicarinatus.* (Tous Holaster pour les auteurs.

Plesiocorys. Le sillon antérieur presque obsolète; les pores ambulacraires antérieurs très petits; le périprocte très bas touchant presque à la marge: *H. placenta* et *Toucasii.* Des terrains crétacés.

HOLASTER Ag. Cordiforme, convexe dessus, tronqué dessous; apex allongé par intercallation des ocellaires paires antérieures, peu excentrique en avant. Ambulacre antérieur simple dans un sillon, les pairs à fleur, subpétaloïdes à zones étroites un peu inégales, formées de pores inégaux, ovales ou en larme, disposés plus ou moins en chevron, plus ou moins conjugués. Péristome antérieur, un peu labié, sémilunaire; périprocte postérieur au haut d'une aréa déprimée. Tubercules principaux épars sur les interambulacres, rarement nuls. De tous les terrains crétacés: *H. intermedius, H. Peresii, H. subglobosus, H. planus,* etc.

H. australiæ, tertiaire, par ses ambulacres tous à fleur, sans sillon et formés de pores petits, ronds, rapprochés, me paraît constituer un type à part.

HEMIPNEUSTES Ag. Cordiforme, tronqué dessous, plus ou moins gibbeux; apex subcentral à ocellaires paires antérieures séparant les génitales. Ambulacre antérieur dans un sillon échancrant fortement le pourtour; les pairs pétaloïdes à zones très inégales, les antérieures formées de paires de pores arrondis ou très courts, les postérieures de pores ronds dans la rangée interne, en longue fente dans la rangée externe. Péristome labié, antérieur; périprocte dans une aréa creusée au-dessous de la marge postérieure. Des craies supérieures: *H. radiatus, H. Delettrei, H. africanus.*

Heteropneustes Pom. Semblable au précédent par les ambulacres, mais le test est fortement surbaissé, le sillon antérieur est beaucoup plus évasé et l'aréa anale forme la face postérieure. Il se relie au type par le *H. Deletrei* et paraît à peine distinct génériquement. Cependant il mérite de former au moins une section dont les espèces crétacées ont été confondues avec holaster : *H. semistriatus, marticensis, tenuiporus.*

Cardiaster Forbes. Cordiforme, convexe dessus, tronqué dessous; apex subcentral, allongé par intercallation des ocellaires paires antérieures. Ambulacre antérieur dans un sillon plus ou moins profond, à paires de pores ronds dans une fossette, séparés par une verrue; les pairs subpétaloïdes à fleur, à zones un peu inégales, comme dans *Holaster*, les pores étant ovales et oblongs ou en larmes et en chevron. Péristome labié antérieur; périprocte au haut d'une aréa postérieure plus ou moins déprimée; de gros tubercules en dessus. Un fasciole marginal étroit, contournant le test. De la craie : *C. granulosus*, Forbes, etc.; *C. Cotteauanus* et *C. pustulatus* ont le bord latéral et postérieur fasciolé saillant en carène obtuse.

Infulaster Haguenaw. Ce sont des cardiaster comprimés latéralement, à apex tout à fait antérieur, à sillon antérieur profond, étroit dans toute son étendue et à bords carénés, à périprocte également au sommet d'un sillon de la face postérieure tronquée; les pores ambulacraires sont très petits et virgulaires, inégaux. Un fasciole marginal au moins sous l'anus. De la craie : *I. Borchardi* Hag., *I. rostratus* Forbes.

Inf. major Desor se rapproche plus de certains cardiaster formant un groupe spécial avec *C. zignoanus* et *C. subtrigonatus*, tous peu connus.

Taphraster Pom. cordiforme, gibbeux en dessus, ondulé en dessous ; apex allongé un peu antérieur. Ambulacres tous dans des sillons s'étendant jusqu'au péristome, l'antérieur plus large et plus profond, formé dans chaque zone de paires de pores égaux, ronds, séparés par une verrue, oblitérés en dessous. Péristome au 1/3 antérieur, sémilunaire, labié; périprocte ovale, à fleur sur le milieu de la gibbosité postérieure très étendue de l'interambulacre impair. Tubercules homogènes, petits et rares. Le type *T. campicheanus* (D'orb. sub Holaster) est du terrain néocomien.

Dialyaster Pom. Oblong, caréné en dessus (apex disjoint, les ocellaires postérieures reportées en arrière?) ; ambulacre antérieur simple dans un sillon évasé échancrant le bord; les pairs subpétaloïdes à pores oblongs, disposés en chevron, s'oblitérant vers le pourtour. Péristome sémilunaire, un peu labié; périprocte ovale au haut d'une étroite aréa postérieure, limitée par des arêtes qui se prolongent en dessous sur les bords d'un étroit plastron. Fasciole? *D. Gaymardi* (Gras sub *Metaporinus*) est du terrain néocomien. Les ambulacres pétalés et non homogènes d'un pole à l'autre ne permettent pas de placer ailleurs ce type.

Lampadocorys Pom. Globuleux, ovoïde, tronqué dessous; apex excentrique en avant, allongé. Pas de sillon antérieur, mais une fosse au-devant du péristome à la face inférieure; ambulacres à fleur, semblables, à zones porifères égales, ayant chacune une rangée interne de pores ovales et une externe de pores subvirgulaires plus grands, tous petits; en dessous les pores deviennent plus petits, égaux, plus espacés. Péristome elliptique longitudinal, très enfoncé dans le sillon au 1/3 antérieur; périprocte à fleur au haut d'une troncature postérieure; plastron peu distinct. Faciès inférieur de *Collyrites*. *L. sulcatus* (Cott. sub Holaster), du terrain crétacé?

Oolaster Laube. Ovale subconique; apex allongé. Ambulacres à fleur, tous semblables, à zones égales de paires de pores petits, transverses, serrés, égaux, s'oblitérant au delà du pourtour, ceux de l'ambulacre antérieur seulement un peu plus petits. Péristome transversal, antérieur, labié; périprocte rond au bord postérieur non visible en dessus; plastron convexe en forme de grosse côte de la bouche à l'anus. Faciès d'ananchytes, mais bien différent par les ambulacres. *O. mattsensis* Laube est du terrain éocène.

LES ANANCHYTIDÉS

sont caractérisés par des ambulacres simples, tous formés de paires de petits pores presque inégaux, espacés et ouverts dans des assules assez élevés (2 à 4 seulement par plaque ambulacraire); à la face inférieure ces pores sont presque oblitérés, mais auprès du péristome ils reprennent la forme habituelle aux spantagoïdes pour cette région : deux pores ronds séparés par une verrue.

S'ils étaient plus nombreux, il y aurait lieu de les diviser en sous-tribus en prenant en considération la structure du sommet ambulacraire.

Les uns, en effet (sténoniens), ont l'apex compacte, c'est-à-dire à génitales contiguës entre elles, les ocellaires étant dans les angles seulement.

Physaster Pom. Globuleux, sans sillon ni carène; apex excentrique en avant, un peu en saillie, compacte. Ambulacres grêles, l'antérieur à paires obliques de petits pores ronds, les pairs à pores un peu plus gros, ovales, disposés en chevron près du bord inférieur des assules. Péristome à fleur, pentagonal au 1/3 antérieur; périprocte rond à fleur au haut de la convexité postérieure, sans trace d'aréa; tubercules épars, saillants. Du crétacé moyen : *P. inflatus* (d'Orb. sub. *Echinospatagus).*

Stenonia Desor. Conoïde, tessélé, mais sans sillon ambulacraire; apex subcentral compacte (peut-être avec quelque intercallaire); les ocellaires en dehors des génitales. Ambulacres homogènes à paires de pores subégaux, oblongs placés en chevron sur le milieu des assules. Péristome transversal antérieur; périprocte ovale dans une légère troncature oblique et sous le bord postérieur. Plastron étroit, oblong. Pas de fascioles. *S. tuberculata* Desor est de la craie supérieure.

Les autres, ananchytiens, ont les deux paires de génitales séparées par les ocellaires moyennes.

Ananchytes Lamk. (Mercati). Conoïde, sans sillon; apex central très allongé. Ambulacres homogènes formés de paires de petits pores ronds, disposés obliquement sur le milieu des assules. Péristome antérieur labié; périprocte ovale sous la marge postérieure obliquement subtronquée. Plastron étroit, oblong; pas de fasciole. Crétacé supérieur : *A. vulgaris* (Breynius sub *Echinocorys)* divisible en plusieurs formes qui sont pour les uns des variétés, pour les autres des espèces.

Corculum. Ce nom pourrait être réservé pour un type un peu plus globuleux, dont les paires de pores, au lieu d'être au milieu des assules, sont ouvertes près de leur bord inférieur. On les a pour cela distraits des ananchytes et rattachés au genre *Offaster ;* mais le périprocte est à la marge postérieure et regarde en dessous. *C. typicus (ananchytes corculum* Goldf.) est de la craie.

OFFASTER Des. « Très renflé, ovoïde ; sillon antérieur à peine indiqué ; apex allongé ; ambulacres larges peu distincts composés de pores très petits égaux et distants ; plaques ambulacraires hautes ; périprocte postérieur ; un faciole latéral dans la plupart des espèces. » Les paires de pores s'ouvrent près du bord inférieur des assules ; le péristome est elliptique en travers, à peine labié et près du bord antérieur. Les types sont de la craie blanche : *O. pilula, O. rostratus,* ce dernier dépourvu de fasciole et malgré cela identifié au premier par certains auteurs. *Hol. pyriformis* Per. Gauth., du cénomanien, paraît être du même genre.

Cibaster Pom. Ovoïde oblong, un peu cordiforme ; apex plus ou moins excentrique en avant. Ambulacre antérieur dans un sillon manifeste qui émargine le bord antérieur et se prolonge vers le péristome ; les autres à fleur, tous formés de paires obliques de petits pores ronds, situés près du bord inférieur des assules. Péristome elliptique, transversal au 1/4 antérieur ; périprocte ovale au haut de la face postérieure tronquée et un peu déprimée ; un fasciole marginal. Espèces crétacées : *C. Bourgeoisanus* (D'Orb. sub *Cardiaster)* et C. *minor* (Cott. sub *Cardiaster)* sont typiques. *C. cordatus* (Dubois sub *Holaster),* du néocomien, et *indicus* (Forb. sub *Hol.),* paraissent dépourvus de fasciole.

Stegaster Pom. Conique subtriquètre et cordiforme ; l'interambulacre postérieur ordinairement longuement caréné ; apex allongé très excentrique en avant. Ambulacre impair dans un sillon qui s'évase et échancre le pourtour se continuant en dessous ; les autres à fleur, tous formés de paires de très petits pores espacés et s'ouvrant près du bord inférieur des assules. Péristome transversal faiblement labié, au 1/4 antérieur ; périprocte arrondi au sommet d'une aréa déprimée en sillon et qui tronque ou échancre le bord postérieur. Pas de fasciole connu. De la craie supérieure. Le type est *S. Gillieroni* (Loriol sub *Cardiaster).* J'y réunis : *S. subtrigonatus* (Cott. sp.; *Holaster italicus* Ag.), *S. truncatus* (Goldf. sub *Spatangus), S. pygmœus* (Forb. sub *Cardiaster), S. zignoanus* (D'Orb. sub *Cardiaster),* et probablement *Inf. major.*

LES LAMPADIFORMES

ont la symétrie paire très affaiblie au bénéfice de la symétrie rayonnée. Les ambulacres sont habituellement homogènes ; la bouche est le plus souvent centrale, non labiée, et lorsqu'elle est excentrique, les différentes aires qui y aboutissent ont une structure semblable ; l'anus peut affecter toutes les positions, depuis le voisinage de la bouche jusqu'à celui de l'apex. Ils sont édentés comme les spatiformes et ont avec eux, du reste, une étroite affinité ; ils n'ont pas de fascioles.

Les Échinonéïdes

ont des ambulacres grêles, simples, homogènes de la bouche jusqu'à l'apex, et formés de paires de pores rapprochés, arrondis, subégaux, non conjugués, en double série rectiligne, sauf souvent près de la bouche, où ils se disposent en échelons de deux à trois paires. La simplicité des ambulacres les a fait longtemps confondre avec les galérites, qui sont dentés.

LES DYSASTERIDÉS

font transition des spatangoïdes aux lampadoïdes, par l'excentricité fréquente du péristome du côté du bord antérieur, et souvent aussi par la présence d'un sillon antérieur. Mais la structure de cette bouche et des tentacules qui l'avoisinent, ainsi que celle de toute la face inférieure est incontestablement du second type. La différence de l'ambulacre impair n'est pas constante dans les spatiformes, témoins : toxaster, hypsaster, homœaster, pseudananchys et ananchytes. Elle se montre, en revanche, dans des cassidulides incontestables : archiacia, asterostoma, etc. ; elle perd ainsi de sa valeur. Les affinités incontestables avec les échinonéïdes du type des hyboclypus justifient, du reste, cette attribution sériale.

Oursins circulaires, ovoïdes ou cordiformes, à péristome central ou excentrique en avant ; apex disjoint, les ocellaires postérieures formant, en arrière, un deuxième centre distinct de rayonnement ambulacraire.

Les DYSASTÉRIENS ont les ocellaires paires antérieures dans les angles des génitales et non intercalées.

METAPORINUS Ag. Tronqué aux deux bouts, caréné en dessus ; apex très excentrique en avant, à génitales toutes contiguës ; les ocellaires paires antérieures grandes et obliques, les postérieures reléguées à l'autre bout de la carène, auprès de l'anus ; ambulacre antérieur dans un sillon plus ou moins distinct en dessus, formé de paires de petits pores ronds ; ceux des ambulacres pairs tantôt semblables *(M. convexus)*, tantôt un peu plus gros et ovales, en chevron sur le dos. Péristome arrondi, excentrique en avant ; périprocte au sommet d'une aréa déprimée à la troncature postérieure. *M. sarthasensis, Michelini, convexus, Gumbelii* sont jurassiques ; *M. beriasensis* est néocomien. *M. convexus* peut former section, sous le nom de **Tithonia**.

Perioxus. Diffère du précédent par son dos fortement déclive en arrière, le sommet génital étant derrière le sommet de figure, le centre ocellaire postérieur étant rejeté près du bord, et par un rebord caréné contournant l'ambitus, où il

7

interrompt les ambulacres. Périprocte invisible du haut, placé sous le rebord. Ambulacres pairs à pores ovales en chevron, l'impair à pores plus petits et ronds. *P. censoriensis* (Cott. sub *Metapor.)* est jurassique.

DYSASTER (Ag.) Cott. Obové, tronqué obliquement en arrière; apex peu excentrique en avant, à génitales contiguës; les ocellaires antérieures petites en dehors, les postérieures rejetées en arrière. Ambulacres homogènes, semblables, à pores ronds; l'antérieur dans un faible sillon. Péristome arrondi, excentrique en avant; périprocte au sommet de la troncature postérieure, dont les angles sont presque contigus aux ambulacres. *D. granulosus, anasteroïdes, Mœschii* sont jurassiques; *D. subelongatus* est néocomien.

La sous-tribu des COLLYRITIENS a les deux paires de génitales séparées par la paire antérieure d'ocellaires. Périprocte à la face postérieure.

COLLYRITES (Desm.) Cott. Elliptique ou ovale; sillon antérieur souvent obsolète en dessus; apex subcentral à ocellaires antérieures paires intercalées, les postérieures rejetées en arrière, mais distantes du périprocte. Ambulacres peu ou pas arqués, homogènes. Péristome arrondi, un peu excentrique en avant, d'où rayonnent des sillons ambulacraires subégaux, avec pores le plus souvent dédoublés; périprocte petit, supra-marginal, sans aréa distincte et assez en arrière du sommet ambulacraire postérieur. Toutes les espèces jurassiques: *C. elliptica, bicordata, Orbignyana, conica, dorsalis,* etc.

Cardiopelta. Cordiforme atténué en arrière, à sillon antérieur échancrant nettement le pourtour. Péristome arrondi, très excentrique en avant, dans une dépression; périprocte à fleur d'une faible troncature postérieure. Ambulacre de collyrites en dessus; mais en dessous, les antérieurs pairs sont à fleur peu visibles, et les trois autres sont seuls dans des sillons évasés, d'où la face inférieure montre trois fortes gibbosités. Espèces jurassiques: *C. capistrata, trigonalis, carinata, acuta;* espèces néocomiennes: *C. oblonga, Jaccardi, Meyrati.*

Cardiolampas. Cordiforme très gibbeux; centre génital subcentral. Ambulacre impair creusé en sillon profond et caréné jusqu'à la bouche; les zones porifères et le bord ambulacraire adjacents à la carène; sommet ambulacraire sur la déclivité postérieure. Péristome subanguleux, très rapproché de l'échancrure et s'ouvrant à la base du sillon; périprocte arrondi, en dessous de l'extrémité atténuée; face inférieure presque plane. Espèces jurassiques: *C. friburgensis, caudatus* (Quenst.).

Pygorhytis. Ovale ou elliptique; apex subcentral à ocellaires paires antérieures séparant les génitales. Ambulacres à fleur homogènes, les postérieurs arqués convergeant au bord supérieur de l'anus. Péristome subpentagonal, peu excentrique en avant; face inférieure pulvinée, à sillons ambulacraires distincts, semblables, avec pores dédoublés vers l'extrémité; périprocte postérieur, au sommet d'un sillon caréné décurrent en dessous, rarement visible en dessus et parfois presque inférieur. Espèces jurassiques: *C. ringens, Gillieroni, pseudoringens, castanea.*

C. ovalis, analis et *faba,* si on les associe aux précédents, y formeront une section dont le périprocte, visible d'en haut, est au sommet d'une faible dépression non carénée ou même obsolète *(Pygomalus).*

CYCLOLAMPAS. Discoïde, convexe ou gibbeux dessus, pulviné dessous; ambulacres à fleur; apex excentrique en arrière du sommet, à ocellaires paires antérieures contiguës derrière les génitales, mais séparées des génitales postérieures par des plaques supplémentaires. Ambulacres postérieurs convergeant près et au-dessus du bord postérieur, mais à une certaine distance de l'anus; sillons ambulacraires inférieurs très distincts, contractés sensiblement vers la bouche, à pores échelonnés par trois paires. Péristome petit, subcentral à cinq lobes arrondis; périprocte ovale, infra-marginal, avec aréa décurrente plus ou moins évidente. Espèces jurassiques : *C. Voltzi*, *Verneuilli* (et? *assulatus* Quenst.).

CORTHYA. Ovale ou elliptique, subglobuleux ou discoïde, à sillon antérieur nul, ou obsolète sous le pourtour; apex de *Collyrites,* mais imparfaitement connu, les deux centres étant moins distants. Ambulacres à pores très petits, rarement visibles, mais à assules presque carrés et grands (très étroits dans les autres genres). Péristome excentrique en avant (au 1/3 ou 1/4 antérieur), subcirculaire; périprocte sans aréa, infra-marginal. Le type est *C. hemisphœrica* (Gras sub *dysaster)* du terrain crétacé. On devra peut-être y réunir *C. ovulum* et *Moussoni (Dysaster* des auteurs).

La sous-tribu des GRASIENS a les ocellaires antérieures intercalées entre les génitales et le périprocte à la face supérieure dans un sillon plus ou moins marqué.

SPATOCLYPUS. Ovale convexe, tronqué dessous, sans sillon antérieur; apex très disjoint, les génitales séparées par les ocellaires paires antérieures; des plaques supplémentaires en série jusqu'aux ocellaires postérieures, disjointes elles-mêmes par le périprocte. Pores ambulacraires par paires obliques punctiformes. Péristome un peu excentrique en avant, elliptique dans le sens de l'axe; périprocte elliptique au sommet d'un sillon dorsal étroit, caréné. C'est un *Hyboclypus* à apex disjoint. *S. Ebrayi* (Cott. sub *Collyr.)* est jurassique.

GRASIA Michelin. Oblong en navette, rostré et proclive en avant, déclive et émarginé en arrière; apex de *Collyrites* très disjoint, le sommet génital étant très excentrique en avant. Zones ambulacraires flexueuses, à petits pores virguliformes serrés. Péristome subcentral elliptique dans le sens de l'axe; périprocte grand, pyriforme, éloigné du centre postérieur dans une profonde dépression dorsale, qui échancre le bord postérieur; test épais. *G. elongata* est jurassique.

LES HYBOCLYPÉIDÉS

ont les ambulacres formés de paires de petits pores arrondis, en série simple sur le dos, et souvent échelonnées et multipliées près de la bouche; l'apex est, ou allongé par intercalation des ocellaires médianes alternant par paires avec les génitales, ou arrondi, les ocellaires paires alternant en partie au moins autour de supplémentaires; les ocellaires postérieures non séparées de l'appareil génital, seul caractère qui les distingue des dysastériens.

La sous-tribu des HYBOCLYPÉENS a l'apex allongé.

HYBOCLYPUS Ag. Discoïde ou ovale, concave dessous; apex subcentral; les ocellaires paires antérieures grandes, intercalées en série allongée (apex de *Holaster)*, les postérieures touchant aux génitales, mais séparées par le haut du périprocte, ou en partie par une étroite pièce supplémentaire, intermédiaire aux génitales postérieures. Zones porifères droites ou un peu arquées, échelonnées dans des sillons distincts près du péristome; celui-ci un peu excentrique en avant, elliptique en long; périprocte au sommet d'un sillon profond adjacent à l'apex. Espèces jurassiques: *H. gibberulus, Theobaldi, canaliculatus, ovalis*, etc.

DESORELLA Cott. (emend.). Discoïde, plus ou moins convexe dessus, pulviné dessous; apex inconnu, subcentral, à empreinte étroite allongée (ocellaires intercalées ?); ambulacre à pores ronds très rapprochés, paraissant avoir été plus petits en dessous, où ils convergent à un péristome central pentagonal, sensiblement oblique, assez grand; périprocte grand, pyriforme, supra-maginal, très éloigné de l'apex, presque à fleur, mais émarginant le bord. Genre incertain, connu par de simples moules, réduit en dernier lieu par son auteur à deux espèces: *D. elata* et *D. Grasii*, toutes deux coralliennes.

INFRACLYPEUS Gauth. Discoïde, convexe dessus, presque plat dessous; apex central à ocellaires paires sur la même ligne que les génitales; les postérieures séparées par une étroite plaque supplémentaire, la première d'une série qui se prolonge dans un léger sillon jusqu'au périprocte. Ambulacres droits, assez larges, à zones grêles homogènes d'un pôle à l'autre. Péristome central obliquement elliptique; périprocte grand, ovale, longitudinal, infra-marginal. Tubercules épars. *I. thalebensis* est jurassique.

GALEROPYGUS Cott. Discoïde, convexe dessus, déprimé dessous; apex presque central, subcirculaire, assez caduc et ne laissant le plus souvent qu'une empreinte étoilée, débordant le sillon; les génitales et les ocellaires paires se disposant en croissant autour de plaques supplémentaires qui, avec les ocellaires postérieures séparées, font partie du cadre du périprocte. Ambulacres simples, presque ou entièrement homogènes, les pores étant quelquefois un peu inégaux dans chaque paire en dessus, échelonnés près du péristome. Celui-ci elliptique, un peu anguleux, subdécagonal, central; périprocte touchant à l'apex au sommet d'un étroit sillon caréné s'élargissant vers la marge. Le type est *G. agariciformis*, jurassique, de même que *G. Marcou, disculus, Cartieri, priscus, sulcatus*.

MENOPYGUS. Discoïde, convexe dessus, déprimé dessous; apex central en croissant très ouvert, à génitales alternant avec les ocellaires et paraissant comporter difficilement des plaques supplémentaires, formant par conséquent cadre direct au périprocte; le sillon anal est très ouvert vers le haut faisant suite au cadre de l'apex, dont la chute laisse une seule lacune obovale. Périprocte très ouvert; péristome central assez grand, elliptique et assez fortement oblique. *G. Nodoti* est le type du genre, qui comprend probablement aussi *G. Baugieri* et *crassus*, tous jurassiques.

LES PYRINIDÉS

ont un apex compacte, toutes les ocellaires étant simplement logées dans les angles extérieurs des génitales. La génitale criblée n'est ordinairement pas beaucoup plus grande que les autres.

La sous-tribu des PACHYCLYPÉENS a des plaques supplémentaires dans l'apex.

AULACOPYGUS. Ovale, rétréci, déclive et ondulé en arrière. Apex un peu excentrique en avant, oblong, mais toutes les ocellaires petites logées dans les angles extérieurs; les génitales antérieures plus petites, surtout celle de gauche; une pièce supplémentaire centrale, suivie d'une seconde, qui pourrait être la 5me génitale imperforée. Ambulacres simples. Péristome elliptique un peu auguleux; périprocte étroit touchant à l'apex, au sommet d'un sillon profond caréné, s'évasant au pourtour. Granulation très fine. *Hybo. caudatus*, Wright, espèce typique, est jurassique.

PYRINODIA. Elliptique convexe dessus, concave dessous; apex subcentral allongé, à ocellaires antérieures petites placées dans les angles, les postérieures très allongées, séparées ainsi que les génitales voisines par une série de pièces petites supplémentaires, dont la postérieure touche au périprocte; ambulacres simples, échelonnés vers le bas. Péristome central, petit, obliquement elliptique; périprocte dorsal à fleur, lancéolé, touchant à l'apex. Tubercules petits, scrobiculés. *P. Guerangeri* (Cott. *Desorella*) est jurassique.

PACHYCLYPUS Desor. Discoïde convexe dessus, à peine déprimé dessous; apex subcentral allongé, mais à ocellaires petites dans les angles, les génitales postérieures plus grandes de beaucoup, séparées par une supplémentaire débordant les ocellaires postérieures. Ambulacres homogènes droits. Péristome central, arrondi subanguleux; périprocte assez grand, elliptique, au bord postérieur d'une aréa, dont les crêtes se prolongent au-dessous. Tubercules petits, épars. *P. semiglobus* est jurassique.

La sous-tribu des ÉCHINONÉENS a l'apex compact, sans plaques supplémentaires.

PYRINA Desmoul. Ovoïde ou oblong; apex subcentral, à ocellaires en dehors des génitales, les postérieures contiguës; génitale à madréporide guère plus grande que les autres. Ambulacres simples, homogènes, à fleur. Péristome elliptique, oblique, subanguleux, un peu enfoncé; périprocte ovale ou lancéolé, grand au haut du bord postérieur, remontant peu sur le dos, à fleur de test. Tubercules épars, petits. Les espèces sont crétacées: *P. echinonea, ovulum*, etc.

Nucleopyrina. Caractérisé par un apex, dont le madréporide se développe en un bouton central allongé, autour duquel se rangent en alternant les autres pièces petites et subégales; ocellaires postérieures contiguës. Ambulacres fortement échelonnés près du péristome oblique et un peu excentrique en avant. Périprocte grand au bord postérieur, forme peu allongée. *P. cylindrica* est crétacée.

Globator Ag. Globuleux, apex de pyrine ainsi que les ambulacres. Péristome petit obliquement elliptique, à fleur; périprocte au milieu de la face postérieure, ovale. Faciès de *Galerites*, mais à tubercules épars et édenté. *G. nucleus* et quelques autres crétacés.

Nucleopygus Ag. Ainsi caractérisé « forme de *Nucleolites*, dont il diffère par ses ambulacres simples ; côté postérieur tronqué. Anus logé dans un sillon profond à la face supérieure ; tubercules petits et serrés comme dans les Pyrines. » *N. excisus, minor* et *cor-avium* sont les espèces. La première a son périprocte dans un léger sillon et les auteurs en font une pyrine; les deux autres sont subpétalées comme *Echinobrissus;* d'où suppression du genre. Il semble qu'il y aurait convenance à le conserver comme sous-genre en réunissant à la première les *P. pygœa, campicheana* et *ovalis* (espèces ou variétés), également pourvues du sillon du périprocte, qui manque dans les vrais *Pyrines*, et en supprimant l'indication de sa profondeur dans la diagnose. Elles sont toutes crétacées.

Pygopyrina. Diffère des espèces typiques par ses ambulacres qui, auprès du péristome, s'échelonnent distinctement par trois paires et par son périprocte tout à fait supérieur à égale distance de l'apex et du pourtour. La génitale madréporifère n'est guère plus développée que les autres ; les ocellaires postérieures assez grandes sont contiguës ; le péristome un peu excentrique en avant est elliptique, un peu oblique et subanguleux. Le type, *P. icaunensis*, avait été placé dans le genre *Desorella ;* jurassique.

Echinoneus V. Phæls. Elliptique, convexe dessus, déprimé au centre en dessous. Apex compacte, 4 génitales subégales, les ocellaires petites dans les angles. Ambulacres droits, très simples. Péristome subcentral, oblique, non anguleux ; périprocte ovale, longitudinal, à la face inférieure entre la bouche et le bord. Tubercules nombreux, lisses, mêlés de sphérides vitreux. *E. cyclostomus* et *semilunaris* sont des mers actuelles ; *E. ovalis* et un autre sans nom sont des terrains tertiaires des Antilles.

Les Cassidulides

sont des lampadiformes à ambulacres pétaloïdes, c'est-à-dire plus ou moins élargis à la face supérieure ou du moins constitués par des zones porifères à pores plus grands, passant plus ou moins brusquement vers l'ambitus à des pores très petits, souvent presque oblitérés.

LES CARATOMIDÉS

ont des ambulacres à peine pétalés, dont la partie pétaloïde est simplement formée par des paires de pores plus grands, ronds et non conjugués ; sur les côtés et le dessous les pores sont beaucoup plus petits et forment près de la bouche des zones simples ou à peine ondulées, sans rudiment de floscèle.

La sous-tribu des astérostomiens a les ambulacres dissemblables.

Sphelatus Pom. Globuleux, apex subcentral ; 5 génitales dont l'impaire imperforée et le madréporide prolongé au centre, les ocellaires en dehors. Ambulacres à fleur, l'impair différent et à pores très petits, les antérieurs pairs à zones inégales, l'extérieure à pores rapprochés gros, non conjugués ; la paire postérieure formée de zones égales, comme cette dernière ; au-dessous les zones sont toutes semblables, très petites et un peu ondulées. Péristome subcentral, à fleur, transversal en ogive ; périprocte petit, transversal, au milieu de la face postérieure. Tubercules épars perforés et crénelés. *S. Lehoni* (Cott. sub *Caratomus)* est éocène.

Asterostoma Ag. Subhémisphérique, tronqué, plat dessous. Apex excentrique en avant, compacte ; 4 pores génitaux ; une plaque intercalaire incluse représentant la 5e génitale ; madréporide non prolongé au centre. Ambulacre impair à pores très petits punctiformes ; les pétaloïdes à pores gros, inégaux, ovales non conjugués allant jusqu'à l'ambitus et ouverts. En dessous sillons ambulacraires à zones porifères simples, jusqu'au péristome. Celui-ci est elliptique transversal, plus ou moins excentrique en avant. Périprocte à la face postérieure non visible d'en haut. Tubercules épars crénelés. *A. excentricum*, Ag. ; *A. cubense*, Cott., sont des terrains tertiaires des Antilles.

Prosostoma. Diffère du précédent par sa forme ventrue, par ses pétales à pores ronds égaux, fermés, s'interrompant bien au-dessus de la marge, par l'apex subcentral et le péristome au contraire plus excentrique en avant. *C. Jimenoi* (Cott., sub *Asterostoma* est du terrain tertiaire des Antilles.

Claviaster d'Orb. Cylindroïde (base inconnue). Apex terminal ; 4 pores génitaux. Ambulacre antérieur à zones formées de paires de pores punctiformes unisériées ; les autres à pores ronds, bien plus gros, séparés par une verrue et rapprochés par paires, formant des pétales imparfaits, atténués vers la marge. Péristome et périprocte.... *C. cornutus* est de la craie de Syrie.

C. cornutus Cott. de la craie des Charentes paraît avoir l'ambulacre impair, peu ou pas différent des autres ; en outre, les pétales sont logés dans des sillons et non à fleur comme dans le type ; c'est une autre espèce *C. costatus* Pom., et peut-être un autre genre Passalaster à reporter à la division suivante.

La sous-tribu des caratomiens a les pétales tous semblables.

Lychnidius. Ovoïde ; apex excentrique en avant ; 4 pores génitaux. Pétales semblables, mais l'antérieur bien plus court et lancéolé ; zones formées de paires de pores ronds espacés en dessus, petits et simples en dessous. Péristome transversal, pentagonal, subcentral ; périprocte ovale au haut de la face postérieure sur une faible dépression ; tubercules épars fortement scrobiculés. De la craie ; *Nucleolites scrobiculatus* Goldf.

Galeroclypeus Cott. Discoïde subconique ; apex un peu en arrière, à madréporide en bouton central, les ocellaires postérieures contiguës. Ambulacres droits à zones porifères grêles, distinctement subpétalés en dessus, à pores ovales les extérieurs plus grands non conjugués ; en dessous les pores sont en série simple jusqu'au péristome. Celui-ci un peu excentrique en avant, petit, arrondi ; périprocte oblong, distant de l'apex et surmontant un court sillon qui émargine à peine le pourtour. *G. Peroni* est bathonien.

Ressopygus. Gibbeux, plat ou pulviné dessous ; apex allongé ?... Ambulacres étroits à zones porifères grêles, formées jusqu'au pourtour de pores nettement inégaux, les externes oblongs et obliques et en dessous de pores punctiformes en paires espacées et un peu échelonnées près du péristome. Celui-ci petit, subcentral, subpentagonal, un peu enfoncé, ainsi que les sillons ambulacraires à son approche, mais sans floscèle ; périprocte au sommet de l'interambulacre, surmontant un canal qui s'efface avant la marge. *R. Constantini* (sub *Clypeus* Cott.) est bajocien ; *Galeropygus gibbosus*, autre espèce probable du corallien.

Haimea Desor. Globuleux ; apex central, 4 pores génitaux. Ambulacres subpétaloïdes, semblables, à zones formées de paires de gros pores ronds, très rapprochés en dessus, puis sur les flancs et au-dessous de paires punctiformes en série rectiligne. Péristome central, à fleur de test, à 5 angles saillants vers les ambulacres ; périprocte inférieur, rapproché de la bouche, ovale, petit. (Faciès de Fibulaire ; édenté ?). *H. Caillaudi* est d'origine et de terrain inconnus.

Caratomus Ag. Subovoïde, déprimé dessous ; apex subcentral, 4 pores génitaux ; le madréporide central touchant aux ocellaires postérieures. Ambulacres semblables subpétaloïdes, les pétales formés de pores ronds logés par paires dans une dépression ; au delà les pores s'oblitèrent et reparaissent en série simple vers la bouche. Péristome oblique, subogival, peu excentrique en avant ; périprocte aussi grand, triangulaire transverse, inframarginal. Tubercules nombreux. Des craies moyenne et supérieure. *C. Avellana, faba* et 5 à 6 autres ; *Pygaulus Heberti* est à classer ici.

LES ÉCHINOBRISSIDÉS

ont des ambulacres pétaloïdes formés de pores extérieurs linéaires, plus rarement de pores ronds, conjugués par un sillon plus ou moins visible et un péristome entouré d'ambulacres à pores plus ou moins multipliés ou échelonnés, mais sans bourrelets ni floscèle proprement dit.

Les nucléolitiens ont les ambulacres à pores arrondis.

Pygaulus Ag. Oblong, subrostré en arrière ; apex subcentral à 4 pores génitaux et madréporide prolongé au centre. Pétales à pores inégaux conjugués, les externes ovales ou oblongs ; en dessous les pores se multiplient près de la bouche, mais sans élargissement de l'aire plutôt atténuée. Péristome oblique, sublancéolé ; périprocte ovale, inframarginal. Espèces crétacées : *P. Desmoulinsii* et trois autres.

Pygopistes. Ovoïde oblong ; apex un peu excentrique en avant, à madréporide bien développé au centre. Ambulacres subpétaloïdes formés en dessus de paires de pores inégaux, les extérieurs ovales, faiblement conjugués et en dessous de paires peu visibles qui grossissent et se multiplient près de la bouche, sans rudiment de floscèle. Péristome un peu excentrique en avant, oblique, à fleur de test ; périprocte ovale au milieu de la face postérieure, au-dessus d'une faible et courte dépression. Tubercules petits, scrobiculés au milieu d'une fine granulation. *P. floridus* (Coq. sub *Catopygus*) est cénomanien.

NUCLEOLITES (Lam.) Desor. Ovale ou oblong, plus ou moins déclive en arrière; apex excentrique en avant, à 4 pores génitaux, à madréporide prolongé en arrière et parfois jusqu'aux ocellaires postérieures. Pétales formés de pores ronds ou ovales, égaux ou peu inégaux conjugués par un sillon souvent oblitéré. Péristome un peu excentrique en avant, subpentagonal, régulier, sans floscèle ni bourrelets, les zones porifères s'échelonnant assez souvent à son voisinage; périprocte au sommet d'un sillon dorsal, plus ou moins ouvert et n'atteignant pas l'apex. *N. recens* est de l'époque actuelle; *N. Chaperi* est éocène; *N. Roberti, Kœchelini, minimus* sont crétacés, ainsi que les *Echinob. Eddisensis, angustior, pseudominimus, fossula* et *Meslei* Per. et Gauth.)

Les espèces jurassiques suivantes ont leurs pores un peu plus inégaux et le madréporide moins encastré dans les génitales postérieures: *N. avellana, Icaunensis, Haimei, Dumortieri* (*Echinobr.* des auteurs). Les suivantes ont le même apex et un sillon anal plus étendu, plus rapproché de l'apex: *N. Kimmeridgensis, gracilis, Letteroni,* et *major (Echinobr.* auctorum); elles sont aussi jurassiques. On peut en faire une section sous le nom de *Cluniculus.*

Nucleolus Mart. est elliptique, à ambulacres subpétaloïdes formés de pores ronds peu conjugués; apex et péristome peu excentriques en avant. Ce dernier elliptique dans le sens de l'axe; périprocte à la face postérieure tronquée verticalement. *N. epigonus* est vivant.

Trematopygus d'Orb. A tous les caractères des nucléolites typiques, mais le péristome est oblique, elliptique, subanguleux; je ne pense pas que l'irrégularité de la bouche soit un caractère sans valeur et le groupe est à conserver au moins comme section de premier ordre. *T. Archiaci* est crétacé avec 4 ou 5 autres. *N. approximatus* est éocène.

Ochetus. Ovale, à bords pulvinés sous les interambulacres pairs postérieurs; face inférieure concave un peu en forme de dessous de bat, à bord sublobé; apex et ambulacre de nucléolite. Péristome excentrique en avant, pentagonal, subétoilé, entouré d'un floscèle très net, quoique peu excavé avec de petits bourrelets évidents; périprocte dans un sillon dorsal qui reste toujours assez loin de l'apex. Espèces crétacées: *N. lacunosus, Morrisii, Bourgeoisi* et probablement *similis* et *Collegni.*

Lophopygus. Subcordiforme, un peu gibbeux en avant, à peine déprimé dessous; ambulacres de nucléolites. Péristome pentagonal, un peu excentrique en avant, entouré d'un floscèle superficiel, mais très marqué; périprocte très allongé, occupant une grande partie du fond d'un sillon très évasé et profond qui échancre et lobe le bord postérieur et remonte au voisinage de l'apex. *L. cordatus* (Goldf. sub *Nucleolites*) est cénomanien.

ANOCHANUS Grube. Il est dit voisin des nucléolites; mais on lui attribue des pores simples en série continue jusqu'à la bouche, ce qui le ferait rapporter aux échinonéïdes dans une autre famille. L'apex est remplacé par une cavité servant de marsupium où aboutissent les pores ovariens et dans laquelle le pluteus subit ses métamorphoses et les jeunes trouvés dans cette poche ont les caractères essentiels de l'adulte. *A. sinensis* habite la mer de Chine.

8

Les CLYPÉENS ont les zones extérieures des pétales formées de pores linéaires. Ces pétales sont plus ou moins grêles dans les *Échinobrissiens.*

PSEUDODESORELLA Étallon. Subréniforme, renflé dessus, pulviné dessous; apex petit, 4 pores génitaux, le madréporide très développé pénétrant en pointe entre les ocellaires postérieures. Pétales à zones formées de pores intérieurs ronds, conjugués avec les extérieurs linéaires; près de la bouche les paires très petites se dédoublent. Péristome arrondi, subpentagonal, peu excentrique en avant, sensiblement transverse; périprocte grand, pyriforme, touchant aux ocellaires, au sommet d'une dépression carénée sur les bords, s'effaçant avant d'atteindre la marge. Tubercules petits, nombreux, sans ordre, perforés, scrobiculés. *P. orbignyana* est du terrain corallien.

Holcœpygus. Scutiforme, échancré en arrière, convexe en dessus, avec toute l'aire interambulacraire postérieure déprimée en gouttière évasée; apex subcentral, à madréporide médiocre s'appuyant sur les deux génitales postérieures contiguës; les ocellaires postérieures triangulaires appendiculées en arrière. Pétales à pores internes ronds et externes linéaires; les paires de petits pores un peu dédoublées près du péristome. Celui-ci un peu excentrique en avant, pentagonal subétoilé; périprocte pyriforme au haut d'un sillon caréné au fond de la gouttière et touchant aux ocellaires. *Echinob. triangularis, elongatus, emarginatus (quadratus* Wright) et *crepidula* sont jurassiques.

ECHINOBRISSUS Breynius. Scutiforme ovalaire, pulviné dessous; apex subcentral, à madréporide médiocre; les génitales postérieures le plus souvent séparées, ainsi que les ocellaires postérieures, par une ou plusieurs plaques complémentaires prolongées vers l'arrière. Pétales à pores extérieurs linéaires, très développés. Péristome un peu excentrique en avant, pentagonal subétoilé; les paires de petits pores dédoublées ou échelonnées au voisinage; périprocte au milieu d'un sillon dorsal qui remonte en s'atténuant jusqu'à l'apex. Espèces jurassiques: *E. clunicularis, orbicularis, Ringgeri, altior* (c'est le type de Breynius).

Notopygus. En diffère en ce que le sillon se creuse de suite au bord de l'apex pour recevoir le périprocte, qui lui est contigu, comme dans holcœpygus. *E. Terquemi, amplus, Bourgueti, Woodwardi, Grisebachii* sont tous jurassiques.

Clitopygus. Clypéiforme pulviné dessous; apex subcentral à madréporide plus ou moins développé en arrière, sans former bouton central, l'une des ocellaires postérieures remontant parfois jusqu'à lui pour séparer les génitales voisines. Pétales à pores linéaires très développés. Péristome un peu excentrique en avant, pentagonal, le plus souvent subétoilé; les paires de pores dédoublées à son voisinage; périprocte arrondi, s'ouvrant au haut d'un sillon à bords carénés ne remontant pas au delà du milieu du dos et parfois peu visible d'en haut. Espèces jurassiques: *E. Lorioli, pulvinatus, truncatus, quadratus, micraulus, Thevenini;* espèces crétacées: *E. æqualis, Bourguignati, Chavanesii.*

Acromazus. Diffère du précédent, dont il a le périprocte et le péristome, par son apex dont le madréporide est développé en bouton central, autour duquel se rangent, en alternant en cercle, les autres plaques apiciales beaucoup plus petites; les ocellaires postérieures parfois même séparées. Ambulacres nettement pétalés, mais à zones un peu plus grêles, les pores linéaires externes étant bien moins allongés. Espèces jurassiques : *Echinob. burgundiæ, Perronii, Brodiei ;* espèces crétacées : *E. salviensis, Renevieri, rotundus, gibbosus.*

Taphropygus. Diffère de *Clytopygus* par la fosse profonde au haut de laquelle s'ouvre le périprocte, fosse qui, ne remontant pas au delà du milieu du dos, s'étale latéralement à la hauteur de l'extrémité des pétales et émargine plus ou moins le bord ; les ambulacres, à la face inférieure, ont une tendance à former des phyllodes et s'élargissent un peu, mais sans être séparés par des bourrelets péristomaux. *E. subquadratus* et *placentula* sont de la craie inférieure.

Thigopygus. Diffère de *Clytopygus* par le périprocte ouvert à la face postérieure, qui est très déclive, mais presque à fleur sans canal et au-dessus de la marge. L'apex a un gros madréporide central et les ocellaires postérieures sont bien développées ; les ambulacres sont identiques et leurs pores se dédoublent près du péristome sans former de floscèle ; le péristome est arrondi, subpentagonal régulier. Les espèces typiques sont de la craie inférieure : *Echinobrissus humilis, Durandi, sebaensis ; E. Moulinsii* est sénonien.

Plagiochasma. Formes générales de *Clytopygus,* mais le péristome est très oblique et angulairement elliptique. Le madréporide, quoique très prolongé à l'arrière, souvent même au delà des ocellaires postérieures, est bien moins élargi et moins prédominant dans l'apex. Ce sont des *Trematopygus* à ambulacres pourvus de pores extérieurs allongés dans chaque zone. Les espèces sont crétacées : *E. Grasanus, Guilleri, Olfersii, Campicheanus, Scheuzeri, Faringdonensis.*

Bothriopygus D'Orb. Ovale déprimé ; apex peu excentrique en avant, à madréporide très développé au centre ; ambulacres à pores internes arrondis et externes linéaires, bien pétaloïdes ; un floscèle rudimentaire, mais sans bourrelets. Péristome oblique, excentrique en avant ; périprocte dans une petite aréa qui échancre le bord postérieur ou se prolonge un peu en dessous. Des terrains crétacés : *B. obovatus, Escheri, valdensis, testudo, Coquandi, cylindricus, Morloti, Sueuri, nucula,* auxquels il faut joindre *Pygaulus subinferus* Des., qui est un vrai bothriopygus.

Ilarionia Dames. Ovoïde oblong, presque plat en dessous ; apex excentrique en avant, à quatre pores génitaux ; pétales subégaux, lancéolés, courts, à zones médiocrement larges formées de pores conjugués inégaux. Péristome un peu excentrique en avant, pentagonal, à fleur de test, bordé d'une étroite marge granulée et d'une paire de petites verrues à chaque angle ambulacraire ; pas de trace de phyllodes ni de dépression ambulacraire autour ; périprocte au haut d'une aréa postérieure dans une dépression échancrant le bord. *I. Beggiatoi* est nummulitique.

Les vrais *Clypéens* ont les ambulacres largement pétalés, à zones porifères élargies, fusiformes au milieu et fortement striées. A la face inférieure, les ambulacres sont ordinairement dans des sillons bien marqués.

Amblypygus Ag. Discoïde, déprimé dessous ; apex central, petit, à madréporide en bouton et quatre pores génitaux. Pétales semblables, lancéolés, à zones effilées, formées de pores internes ronds et de pores externes linéaires ; près de la bouche, les paires restent en série simple. Péristome subcentral, grand, oblique, inégalement pentagonal, sans trace de bourrelets ; périprocte ovale, allongé, entre la marge et le péristome. Tubercules petits, épars. Du terrain éocène : *A. dilatatus* et deux ou trois autres.

Clypeus Klein. Discoïde, presque plat dessous ; apex excentrique en arrière, à gros madréporide central et quatre pores génitaux ; les ocellaires postérieures appendiculées en pointe dans le sillon. Pétales lancéolés, à larges zones effilées ; en dessous les ambulacres logés dans des sillons bien limités ayant leurs pores très petits et longuement multipliés, échelonnés, sans former de phyllodes, quoique déprimés à leur extrémité. Péristome central, subpentagonal ; périprocte au sommet d'un étroit sillon dorsal et touchant aux ocellaires postérieures. Espèces jurassiques : *C. sinuatus*, etc.

Auloclypeus. Diffère du précédent par ses pétales à zones porifères plus étroites, les pores externes étant relativement courts ; apex à ocellaires postérieures courtes. Périprocte dans un étroit sillon et touchant à l'apex. Serait mieux placé peut-être dans la sous-tribu précédente. Espèces jurassiques : *C. Michelini* et *Martini*.

Crotoclypeus. Apex de *Clypeus*, mais les ocellaires postérieures courtes. Périprocte ouvert presque à fleur de test, loin de l'apex, au haut d'une faible dépression descendant vers le pourtour ; pétales et péristome de *Clypeus*. Les espèces sont jurassiques : *C. Agassizii, Hugi, subulatus*.

LES ÉCHINANTHIDÉS

ont des ambulacres pétaloïdes et des phyllodes séparées par des bourrelets péristomaux.

Dans un premier groupe le floscèle est médiocrement développé. Il forme la sous-tribu des Échinanthiens.

Phyllobrissus Cott. Ovoïde ou oblong, tronqué en dessous ; apex peu excentrique en avant à gros madréporide entouré des 4 génitales petites et des 5 ocellaires, dont les postérieures plus grandes. Pétales à zones porifères étroites, les pores externes un peu plus longs et conjugués aux internes arrondis. Phyllodes formées de quelques paires de pores dédoublées, peu élargies entre des bourrelets faibles, mais très nets, granuleux. Péristome pentagonal excentrique en avant presque superficiel ; périprocte à la face postérieure au sommet d'un sillon à bords carénés. Des terrains crétacés. *P. Gresslyi* et une douzaine d'autres.

Anthobrissus. En diffère par ses pétales grêles, à pores peu inégaux, par les phyllodes lancéolées plus grandes, formées par de nombreuses paires de pores dédoublées, séparées par des bourrelets plus saillants en tubercules allongés, par le péristome plus enfoncé, le périprocte au sommet d'un sillon qui remonte sur le dos. Du terrain crétacé : *P. Cerceleti, Fittoni* et probablement *Lamarckii*.

Trochalia. Pétales plus développés, lancéolés, tendant à se fermer, à pores externes linéaires allongés ; les phyllodes étroites mais formées de quelques paires dédoublées de pores plus gros, un peu déprimées entre des bourrelets épais, nettement limités, quoique peu saillants. Péristome excentrique en avant pentagonal; périprocte au sommet d'un sillon dorsal peu profond; souvent une zone granulée sur la suture longitudinale des assules du plastron. Espèces crétacées : *Echinob. Requienii* d'Orb. auquel il faut réunir de nombreuses espèces algériennes : *E. Gemmelaroi* Coq. *E. setifensis* Coq. *E. Julieni* Coq. *E. trigonopygus* Cott., *E. inœquiflos* Gauth., *E. pyramidalis* Gauth. et *subsetifensis* Gauth.

Parapygus. Ovale discoïde, déprimé en dessous ; apex excentrique en avant, pétales allongés lancéolés, à pores extérieurs linéaires, longs, conjugués aux internes arrondis. Phyllodes lancéolées, formées de gros pores en séries dédoublées, déprimées entre des bourrelets en tubercule saillant autour d'un péristome régulier, pentagonal, excentrique en avant; périprocte elliptique, vertical, échancrant le bord postérieur sans aréa distincte. L'aire interambulacraire impaire du dessous a les tubercules en séries arquées comme *Faujassia*. Du terrain crétacé : *P. toucasanus* et *P. cotteauanus* (d'Orb. sp.), *P. Coquandi* (Cott. sp.), tous rapportés à tort au genre *Botriopygus*, dont le péristome est tout autre.

Clypeopygus d'Orb. Discoïde peu épais, déprimé en dessous ; apex excentrique en avant, à madréporide très développé, entouré des génitales et des ocellaires. Pétales allongés, à zones formées de pores extérieurs linéaires allongés, conjugués aux internes arrondis; phyllodes peu élargies entre des bourrelets peu saillants, mais distincts, à surface granulée. Péristome très excentrique en avant, régulier, pentagonal; périprocte au sommet d'un court sillon dorsal peu étendu, qui s'étale vers la marge. De la craie inférieure : *C. Paultrei* et *C. Robinaldinus* d'Orb.

Pygorhynchus Ag. Oblong tronqué et un peu déprimé en dessous. Apex excentrique en avant à madréporide en bouton, entouré des 4 génitales et des 5 ocellaires petites. Pétales allongés à zones étroites formées de pores inégaux conjugués. Péristome excentrique en avant, pentagonal, transversal, entouré de phyllodes médiocres entre des bourrelets en forme de petits mamelons ; périprocte supramarginal transversal ; une bande granulée longitudinale sous l'interambulacre postérieur. Des terrains tertiaires : *P. grignonensis* est le type. Les *P. testudo* et *P. planatus* Forbes, de la craie de l'Inde, doivent être exclus du genre.

Echinantus (Breyn.) Des. Ovoïde oblong, tronqué déprimé dessous. Apex excentrique en avant, à gros madréporide central, 4 génitales et 5 ocellaires. Pétales semblables lancéolés, ouverts, peu allongés, à zones formées de pores inégaux conjugués. Péristome excentrique en avant, pentagonal, avec floscèle peu développé mais très net; périprocte oval, vertical, supra marginal, au haut d'un sillon. Pas de bande granulée longitudinale en dessous. Nombreuses espèces tertiaires surtout des terrains nummulitiques : types *E. Cuvieri* Des., *E. scutella* Des.

Corystus Pom. Apex allongé par intercallation des ocellaires paires antérieures entre les deux paires de génitales. Ambulacre antérieur logé dans un faible sillon ayant des pores plus petits que les ambulacres pairs. Dessous déprimé avec un grand péristome pourvu de phyllodes et de bourrelets ; le périprocte est petit, transversal sur une faible dépression. Le type est *R. dysasteroïdes* Duncan, du tertiaire d'Australie ; *Rhynch. caribœarum*, d'après les dessins de Lovén, paraît avoir le même apex et serait peut-être à inscrire au même genre.

ARCHIACA Ag. Obliquement conoïde à sommet antérieur. Madréporide central, 4 pores génitaux, 5 ocellaires. Ambulacres dissemblables, l'antérieur à zones formées de deux rangées de paires de pores ronds, séparés par une verrue, les pairs pétaloïdes, lancéolés, courts, à pores externes linéaires, longs, conjugués aux internes ronds. Péristome elliptique subdécagonal, excentrique en avant à phyllodes superficielles peu élargies, mais nettes, à bourrelets peu saillants. Périprocte ovale, supramarginal, simple. Tubercules plus gros au devant du sommet. Espèces cénomaniennes : *A. sandalina* Ag., *A. gigantea* d'Orb., *A. santonensis* d'Arch., *A. saadensis* Gauth.

ECHINOLAMPAS Gray. Ovalaire ou orbiculaire. Plus ou moins convexe en dessus, pulviné concave en dessous; apex subcentral à madréporide en bouton entouré de 4 pores génitaux et de 5 ocellaires. Pétales allongés, flexueux, resserrés à leur extrémité, à zones de longueur souvent inégales, à pores conjugués ; les extérieurs transverses ou seulement un peu plus ovales. Péristome transverse pentagonal, entouré de bourrelets peu saillants et de phyllodes déprimées mais peu élargies au delà desquels les ambulacres sont presque oblitérés. Périprocte infra-marginal, elliptique en travers. Des terrains tertiaires et des mers actuelles.

Genre peu homogène divisible en sections susceptibles d'être érigées plus tard en sous-genres :

Palœolampas Bell. Discoïde, ovale ou oblong, concave dessous. Zones porifères, assez larges, bien striées par les sillons, de longueur peu différentes ; pétales un peu contractés près de l'extrémité, prolongés jusque près du bord ; floscèle petit mais bien net, à phyllodes presque ovales. Périprocte infra-marginal, transversal. Les types sont : *E. Hellii* Val. vivant et *E. Hoffmani* pliocène. Espèces nombreuses : *E. Laurillardi, E. giganteus, E. hemisphœricus, E. Linkii, E. angustistellus, E. Orbignyi, E. discoïdeus, E. affinis, E. Studeri, E. politus, E. Kleinii, E. Beaumonti,* etc.

Echinolampas typiques ; ovoïde pulviné en dessous, souvent rostré avec saillie du plastron, qui rend le périprocte visible d'arrière ; zones porifères étroites, de longueur très inégale dans le même pétale ; floscèle bien distinct, quoique petit. Apex plus habituellement excentrique en avant : *E. oviformis* Gray, vivant, est le type ; *E. globulus, E. amygdala, E. Jacquemonti, E. scutiformis,* etc. sont fossiles.

Miolampas diffère du précédent par un floscèle presque nul, sans bourrelets, les phyllodes étant seulement marquées par quelques pores plus gros. *E. depressus* Gray est vivant, *E. Manzonii (E. depressa* Manz. non Gray), *E. eurysomus,* etc. sont fossiles.

Plesiolampas obové, apex très excentrique en avant ; pétales antérieurs courts, à zones larges fortement striées, subégales, tendant à se fermer. Péristome excentrique, allongé suivant l'axe, à 5 lobes formés par la saillie des bourrelets très peu gibbeux ; les phyllodes simplement marquées par quelques pores plus gros. Périprocte transversal, sous la marge, mais visible en arrière. Espèce miocène : *E. Gauthieri* Cott.

Merolampas obové et un peu gibbeux ; apex excentrique en avant ; pétales lancéolés à zones grêles de longueur inégale, peu étendus. Péristome central, transversal, triangulaire à angles arrondis ou elliptique lancéolé, à bourrelets du floscèle obsolètes, granulés à la marge, à phyllodes peu marquées, presque à fleur ; périprocte elliptique, allongé, transversal, infra-marginal, mais oblique et visible en arrière ; une bande simplement granulée au milieu du plastron, dans l'une au moins des espèces. *E. Crameri* de Lor. ; *E. mattsensis* Quenst, sont nummulitiques.

Conolampas. Conique à base arrondie subplane. Zones porifères larges à pores extérieurs linéaires. Pétales prolongés jusque près du bord, à peine resserrés à l'extrémité. Floscèle bien marqué. Périprocte infra-marginal, transversal. Ce sont les anciens Conoclypus édentés : *C. Bordæ, C. Osiris, E. Africanus, E. Fraassii, E. semi-orbis, C. Flemingi, C. varians, C. medianus,* tous nummulitiques.

Hypsoclypus Pom. Conique, plus ou moins arrondi au sommet, tronqué et presque plat en dessous ; apex subcentral à gros madréporide bordé par quatre pores génitaux et cinq ocellaires ; pétales droits, étendus jusque près du bord, sans tendance à se fermer, à zones grêles formées de paires de pores ronds conjugués par un sillon ; pores se multipliant pour former près de la bouche un floscèle à peine élargi, creusé entre des bourrelets obtus granulés à la marge. Péristome pentagonal, transverse, subcentral ; périprocte elliptique en travers, infra-marginal. Les anciens *Conoclypus* miocènes : *H. semiglobus, plagiosomus oligocenus,* etc. ; *C. Sigsbei* A. Ag. est une espèce vivante.

Astrolampas Pom. Clypéïforme, ovale ; apex central, à gros madréporide bordé par quatre pores génitaux et cinq ocellaires. Pétales lancéolés à zones porifères larges et longuement effilées vers l'extrémité, formées de pores extérieurs linéraires conjugués aux intérieurs ronds ; en dessous, les paires de pores punctiformes se dédoublent en plusieurs séries jusqu'auprès du péristome sans y former de phyllodes élargis, entre des bourrelets à peine marqués. Péristome pentagonal presque à fleur de test ; périprocte ovale inférieur un peu en arrière du bord, dans une aréa distincte. Le type est *A. productus* (Ag. sub *Pygurus*), de la craie inférieure.

Neolampas A. Ag. Pyriforme convexe dessus, pulviné dessous ; apex excentrique en avant, à madréporide étroit entre quatre pores génitaux, dont l'antérieur de droite est atrophié ; ambulacres réduits, dans chaque zone, à une série unique de pores, comme dans la partie non pétalée de ceux d'échinolampe ; mais près du péristome, les pores sont par paires dédoublées en phyllodes sublancéolées séparées par de petits bourrelets buccaux en forme de mamelons granulés. Péristome subdécagonal, excentrique en avant ; périprocte infra-marginal, mais paraissant postérieur par suite de la saillie de l'interambulacre impair en forme de talon. Très petit oursin, probablement un jeune, n'ayant pas encore formé ses pétales ambulacraires ; en tous cas, type anormal. Des mers profondes actuelles. *N. rostellata* A. Ag.

Un second groupe est remarquable par le développement des phyllodes, dont les pores sont non seulement multipliés, mais souvent conjugués ; il constitue la sous-tribu des PYGURIENS.

CATOPYGUS Ag. Ovoïde ou oblong; apex peu excentrique en avant, à madréporide au centre des quatre pores génitaux et des cinq ocellaires. Pétales lancéolés, à zones étroites formées de pores internes ronds, conjugués aux externes oblongs ou linéaires; phyllodes peu déprimées, lancéolées, petites, très nettes, avec bourrelets globuleux, saillants autour d'un péristome pentagonal, excentrique. Périprocte ovale au-dessus d'une aréa postérieure en gouttière, subrostré en dessus. Les espèces typiques sont crétacées : *C. columbarius, subcarinatus, elongatus*, etc. ; *C. Davousti* Cott. est du néocomien de France ; *C. elegans* Laube du tertiaire d'Australie et *C. recens* A. Ag. des mers actuelles.

OOLOPYGUS D'Orb. Ne paraît différer de catopygus que par ses ambulacres à peine pétaloïdes, dont les zones porifères du dessus sont formées de pores égaux, arrondis, très rapprochés en paires obliques et se transformant, à une petite distance de l'apex, en paires punctiformes. Des terrains crétacés. Le type est *O. tenuiporus* Cott. (*O. pyriformis* D'Orb.); il faut y réunir *O. pyriformis* Cott. (Leske), *O. Orbignyi* Cott.

O. bargesianus D'Orb. Paraît avoir ses ambulacres encore plus simples, leurs pores étant partout petits et ceux de dessus presque contigus dans une dépression ovale et oblique, comme chez les caratomes; il n'y a pas loin de là à *Neolampas;* (section *Penesticta).*

EURHODIA D'Arch.-Haime. Ellipsoïde allongé ; apex excentrique en avant ; quatre pores génitaux. Pétales presque fermés oblongs, les postérieurs à zones porifères inégales en largeur ; phyllodes lancéolées, fermées. Péristome subpentagonal, entouré de cinq tubérosités peu saillantes ; périprocte supra-marginal, subelliptique en travers, situé dans une faible dépression et visible d'en haut. Des terrains nummulitiques : *E. Morisii* et *Calderi.*

HARDUINIA D'Arch.-Haime. Subconique ; apex subexcentrique en avant ; pétales courts, lancéolés, effilés, semblables ; phyllodes lancéolées, fermées, inégales, les latérales plus grandes, plus anguleuses. Péristome subcentral, arrondi, entouré de tubérosités saillantes ; périprocte au milieu du dos, à l'origine d'un large sillon ; une bande nue sous l'interambulacre impair. *H. Mortonis* est du terrain tertiaire ? du Mississipi.

CASSIDULUS Lam. Oblong, convexe dessus, plan dessous ; apex peu excentrique en avant, à gros madréporide bordé de quatre pores génitaux et de cinq ocellaires. Pétales lancéolés, semblables, courts, à zones formées de pores inégaux, conjugués ; phyllodes lancéolées, à pores conjugués, très resserrées par de forts bourrelets saillants autour d'un péristome pentagonal, subcentral. Périprocte oblong, supère à la naissance d'un sillon plus ou moins évasé; tubercules très gros à la face inférieure, sauf sur une bande médiane assez large en arrière. Espèces crétacées et tertiaires : *C. lapis-cancri, C. elongatus, C. æquoræus, C. ligeriensis, C. faba, C. amygdala, C. linguiformis.*

RHYNCHOPYGUS d'Orb. Diffère de Cassidulus par ses pétales dont les zones porifères sont étroites formées de pores semblables, conjugués ou non par un faible sillon. Le péristome est entouré de phyllodes lancéolées, à pores fortement multipliés, plus ou moins conjugués et de bourrelets en mamelons globuleux très saillants. Le périprocte est aussi supramarginal, mais transversal et recouvert par une saillie plus ou moins proéminante. Des terrains crétacés et tertiaires et des mers actuelles : *R. Marmini, R. pacificus, R. Navillei, R. Thebensis.*

Stigmatopygus d'Orb. N'en diffère que par son périprocte subcirculaire et remontant un peu en lagène dans une échancrure du rostre. *S. galeatus* est crétacé.

CYRTOMMA M. Clelland. Elliptique plus ou moins convexe en dessus, plat en dessous. Apex subcentral ; pétales lancéolés à zones porifères formées de pores inégaux, conjugués. Phyllodes lancéolées très grandes, fermées, à pores conjugués, à zone interporifère relevée en côte lancéolée ; les bourrelets étroits, mais saillants autour d'un péristome un peu déprimé, subcentral. Périprocte supramarginal, lagéniforme, à fleur, non recouvert par un rostre. Terrains crétacés : *C. elatum* M. Cl.; il y a sans doute lieu d'y inscrire aussi *Pygorhynchus planatus* et *testudo* Forbes, des mêmes terrains.

CLYPEOLAMPAS Pom. 1868 (*Phylloclypus* Lor. 1880). Hémisphérique ou gibbeux ; apex à madréporide bordé de 4 pores génitaux et de 5 ocellaires. Pétales allongés, ouverts, à zones porifères brièvement effilées, formées de pores intérieurs ronds conjugués aux externes longuement linéaires. Phyllodes lancéolées ouvertes, à pores très multipliés ou conjugués entre des bourrelets allongés, étroits, saillants. Péristome plus ou moins excentrique en avant, pentagonal, subtransversal ; périprocte infra-marginal, elliptique, transversal. Des terrains crétacés : *C. ovatus* (ou *Leskei*), *C. acutus*. Les *C. ovum* et *rhotomagensis* d'Orb. ont les pétales et les phyllodes un peu moins développés, plus étroits.

PYGURUS Ag. Clypéiforme, plus ou moins convexe ; gros madréporide bordé par 4 pores génitaux et 5 ocellaires. Pétales lancéolés à zones effilées à l'extrémité, les pores extérieurs étant linéaires plus ou moins longs et conjugués aux internes. Phyllodes grandes, lancéolées, avec les paires de pores séparées par des sillons. Bourrelets oblongs saillants autour d'un péristome petit, pentagonal, régulier ; périprocte infra-marginal, ovale, longitudinal, dans une aréa qui se prolonge plus ou moins vers la bouche. Les espèces typiques ont le bord sinueux. Des terrains jurassiques et crétacés : *P. Blumenbachii, Royerianus, icaunensis, Montmolini, rostratus*, etc.

Echinopygus D'Orb. Gibbeux, atténué et rostré en arrière. Pétales de *Pygurus* ; phyllodes très grandes, lancéolées, à pores multipliés, creusées chacune à leur base d'une fossette oblongue entre les bourrelets allongés qui lobent le péristome. Périprocte elliptique en travers, infra-marginal et sans aréa. *E. lampas* (La Bèche sp.) du cénomanien est l'espèce unique.

Mepygurus. Clypéiforme, subrostré en arrière, mais à peine ou pas sinué. Pétales étendus jusqu'au bord; phyllodes contractées à leur origine entre les saillies des bourrelets, mais se continuant en sillon de même largeur jusqu'au pourtour, et avec série de paires de très petits pores non conjugués; c'est presque la structure de Clypeus. Périprocte ovale dans une aréa infra-marginale. Des terrains jurassiques : *M. Michelinii* (Cott.), *M. Marmonti* (Baudoin), *M. depressus* (Ag.). Il me parait difficile de laisser ces espèces associées aux vrais Pygurus, si différents par leur floscèle et les gros tubercules du dessous.

Faujasia d'Orb. Subcirculaire, convexe ou subconique en dessus, tronqué dessous ; apex plus ou moins excentrique en avant, à madréporide bordé par quatre pores génitaux et cinq ocellaires. Pétales oblongs ou lancéolés, courts, subégaux, fermés, à zones égales formées de pores linéaires externes conjugués aux internes ronds; phyllodes lancéolées, à pores conjugués, presque fermées ; les ambulacres invisibles au delà ; bourrelets du floscèle saillants, en mamelons oblongs. Péristome subcentral, pentagonal, lobé par la saillie des bourrelets ; périprocte transversal, petit, infra-marginal, sans aréa. Des terrains crétacés : *F. apicialis, F. Faujasi, F. Delaunayi*, etc.

Le sous-ordre des DENTÉS ou GNATHOSTOMES

comprend tous les oursins pourvus d'un appareil masticatoire.

LES CLYPÉIFORMES

ont l'anus en dehors de l'appareil apicial, et le cadre du périprocte est tout au plus en partie constitué par quelques-unes de ses pièces chez certains oursins, qui forment évidemment une transition à la famille des Globiformes, où cet appareil enclôt tout à fait l'anus. La bouche est au centre de la face inférieure, plane ou déprimée, rarement convexe ; les tendances à la symétrie paire sont marquées par l'excentricité de l'anus qui indique nettement l'orientation de l'oursin.

Les Clypéastrides

sont principalement caractérisés par leurs ambulacres pétaloïdes, présentant toujours dans les espèces où ils le sont le moins une différence de structure entre les pores qui les constituent sur les deux faces opposées ; la cavité intérieure présente presque toujours des cloisons ou trabécules et piliers calcaires.

LES CONOCLYPÉIDÉS

ont des ambulacres pétalés en dessus et prolongés en dessous en double série de paires de pores dans des sillons élargis qui s'atténuent vers la bouche ; les zones ambulacraires sont étroites, et, sauf pour les mâchoires qui sont robustes, il y a la plus grande similitude avec les *Échinanthiens*.

Ils forment une seule sous-tribu : les CONOCLYPIENS.

CONOCLYPUS Ag. Conique ou fortement gibbeux, tronqué et plat en dessous. Apex à gros madréporide, bordé de 4 pores génitaux et de 5 ocellaires ; pétales à zones droites, un peu effilées au bout, atteignant la marge, à pores externes linéaires, fortement conjugués aux internes arrondis. Les ambulacres n'ont aucune tendance à former des phyllodes, mais les interambulacres se soulèvent en côte et se projettent plus ou moins sur le cadre arrondi du péristome, qui forme à l'intérieur un bord saillant portant les piliers et les mâchoires ; périprocte infra-marginal ovale, longitudinal (ce qui distingue d'Échinolampe). Espèces nummulitiques : *C. conoïdeus, Delanouei, Duboisii, campanæformis, anachoreta, pyrenaïcus, subcylindricus.*

OVICLYPEUS Dames. Subhémisphérique allongé ; apex un peu excentrique en avant, petit, à madréporide bordé de 4 pores génitaux et de 5 ocellaires. Ambulacres à pétales ouverts, atteignant le pourtour, à zones porifères fortement striées et arrondies à leur extrémité ; sillons inférieurs subbicanaliculés. Péristome entouré de bourrelets interambulacraires obtus; des trabécules intérieures et de fortes mâchoires; périprocte elliptique, transversal, émarginant le pourtour. Tubercules homogènes. *O. Lorioli* Dames est nummulitique.

LES CLYPÉASTRIDÉS

comprennent des oursins à ambulacres très développés en pétales à la face supérieure, réduits à la face inférieure à un simple sillon étroit s'étendant jusqu'au péristome, qui s'ouvre au fond d'un infundibulum pentagonal. Zones ambulacraires très élargies, surtout au pourtour; mâchoires robustes, pivotant sur des auricules; dents verticales.

Sous-tribu unique : CLYPÉASTRIENS.

CLYPEASTER Lam. En pyramide plus ou moins élevée et obtuse ou discoïde; plan ou à peu près en dessous; apex à gros madréporide, bordé de 5 pores génitaux et 5 ocellaires. Pétales costés, arrondis sans se fermer au bout, à zones larges bien conjuguées; souvent des pores en séries sur les sutures transverses des assules en dehors des pétales. Péristome dans une cavité brusquement creusée; périprocte infra-marginal, petit; à l'intérieur des piliers grêles ne formant pas de cloisons. Des terrains tertiaires et des mers actuelles, les plus anciennes espèces sont des terrains nummulitiques de l'Inde, leur maximum de développement en Europe est dans la série miocène des régions méditerranéennes : *C. altus*, *C. marginatus*, *C. subdepressus*, *C. placunarius*, etc.

Echinorodum (V. Ph.) Lesk. (*Echinanthus* Gray; A. Ag. non Breyn.), sous-genre différant du précédent par sa face inférieure déprimée, concave presque à partir du bord, et non au centre seulement; par le pourtour très convexe, arrondi, en sorte que le périprocte est presque marginal; et principalement par le développement des piliers et trabécules de l'intérieur, qui cloisonnent et séparent la chambre viscérale de l'ambulacraire; il y a souvent des pores tentaculaires dispersés dans la granulation. Deux espèces vivantes et quelques fossiles des terrains tertiaires récents : *E. rosaceus* (Lam. sp.), *E. testudinarius* (Gray, sp.), *E. Antillarum* (Cott. sp.), *E. concavus* (Cott. sp.), *E. Meridanensis* (Mich. sp.).

Pavaya Pom. Elliptique clypéiforme, concave dessous, très convexe au pourtour; pétales presque à fleur, obovés, mais ouverts, à zones porifères comme dans Clypéastre; sillons ambulacraires du dessous, simples, étroits. Péristome subcentral entouré de 5 bourrelets interambulacraires trièdres, entre lesquels il semble enfoncé; périprocte petit, arrondi en dessous et un peu en arrière du bord. Les bourrelets péristomaux indiquent une structure particulière dans les auricules, plus voisine probablement de celle des Échinocyames. Espèce tertiaire : *P. Corvini* (Pavay sub Clypeaster); la structure intérieure est inconnue; les deux planchers sont presque parallèles.

LES SCUTELLIDÉS

ont les ambulacres pétalés en dessus; le péristome à fleur de test, entouré d'une rosette buccale (5 assules ambulacraires et 5 interambulacraires), et de cinq tubes buccaux devant les ambulacres ; mâchoires plates, s'appuyant chacune contre une auricule.

Les uns ont les sillons ambulacraires de la face inférieure simples et non ramifiés : ce sont les LAGANIENS.

LAGANUM Klein. Déprimé, subpentagonal, à bord épais. Cinq pores génitaux contigus au madréporide. Pétales lancéolés à pores conjugués, formant des zones étroites. Aires interambulacraires très étroites. Péristome à fleur, petit, subcentral ; 5 tubes buccaux ; périprocte petit, inférieur, plus ou moins distant du bord. Intérieur sans cloisons, sauf quelques piliers avoisinant le bord. Espèces vivantes et fossiles des derniers terrains tertiaires : *L. Bonani* et *depressum ; L. angulosum* et *tenuatum* de Java, etc.

Rumphia Des. (car. emend.). Subpentagonal; 4 pores génitaux très éloignés du madréporide. Pétales lancéolés aigus, à pores conjugués; les sillons ambulacraires du dessous complets. Péristome à fleur; périprocte infra-marginal. Une saillie costiforme dénudée rayonnant de l'apex vers les pores génitaux. Quelques piliers concentriques relégués près de la marge. *R. Putnami,* vivant, est probablement le type de Desor; confondu par lui avec *Lag. rostratum*, qui est au contraire fortement cloisonné.

PERONELLA Gray. Subelliptique ; 4 pores génitaux éloignés du madréporide. Pétales lancéolés ouverts vers l'apex, à zones très étroites atrophiées au sommet, formées de pores ronds à peine conjugués ; les sillons ambulacraires obsolètes. Piliers de l'intérieur très ramifiés, formant de nombreuses cloisons concentriques interrompues. Péristome subcentral, un peu déprimé, pentagonal ; périprocte inférieur éloigné du bord. Tubercules peu serrés. Espèces vivantes : *P. Peronii, P. rostrata ; P. orbicularis* est vivant et subfossile.

Hupea. Anguleux, très déprimé ; 4 pores génitaux touchant au madréporide. Pétales longuement lancéolés, à zones serrées et finement striées par les sillons de conjugaison ; les sillons ambulacraires du dessous bien marqués, mais s'effaçant au bord. Péristome à fleur ; périprocte infra-marginal. Tubercules petits, serrés. Piliers très ramifiés, en cloisons concentriques interrompues. *Lag. decagonale* est vivant ; *Lag. transylvanicum* (Pavay) est fossile du terrain tertiaire.

ECHINODISCUS Breyn. (*Arachnoïdes* Klein ; *Echinarachnius* Leske). Circulaire, conique déprimé ; apex subcentral ; 4-5 pores génitaux. Pétales très ouverts, à zones porifères étroites très divergentes, avec pores conjugués ; sillons ambulacraires inférieurs un peu élargis près de la bouche, simples et prolongés jusqu'en dessus. Péristome subcentral ; 5 tubes buccaux ; périprocte supramarginal. Piliers intérieurs très développés sous chaque zone, ramifiés en nombreux replis transverses concentriques. 5 auricules bifides, dents plates. Une seule espèce vivante : *E. maximus* Breyn. (*A, placenta* auct.).

MONOSTYCHIA Laube. Subpentagonal, avec les angles échancrés ou lobés sur les zones ambulacraires ; apex à 4 pores génitaux ; pétales peu ouverts, à zones porifères peu rayonnantes et médiocrement larges ; les sillons ambulacraires inférieurs simples se continuant en dessus. Péristome subcentral, à fleur de test; périprocte infra-marginal. Piliers intérieurs moins développés et plus simples que dans *Arachnoïdes*. Espèces fossiles des terrains tertiaires australiens: *M. australis* Laube, *M. Laubei*, *M. Loveni*, *M. elongatus* (Duncan sub *Arachnoïdes)*.

PRŒSCUTELLA. Discoïde, très plat. Pétales très longs, étroits, ouverts, à zones porifères effilées au bout. Les zones ambulacraires sont très élargies au pourtour et resserrent les interambulacres en forme de pétales; les sillons ambulacraires inférieurs sont obsolètes; le périprocte est infra-marginal à une petite distance du bord. Le type est *P. Caillaudi* (Cott. sub *Scutella)* du terrain éocène. *Scutella tetragona* Grat., également éocène, en paraît être une deuxième espèce.

Les autres ont les sillons ambulacraires de la face inférieure dichotomes et plus ou moins ramifiés du côté des interambulacres; ce sont les SCUTELLIENS.

MORTONELLA *(Mortonia* Desor 1857, nec Gray 1855). Circulaire, déprimé, avec le bord renflé comme dans les laganes; 5 pores génitaux; pétales allongés, ouverts; sillons ambulacraires de la face inférieure deux fois dichotomes. Péristome avec 5 tubes buccaux; périprocte situé au milieu de l'intervalle de la bouche à la marge. *M. Rogersi* (Morton sp.) est fossile des terrains tertiaires de l'Alabama.

PHELSUMIA *(Echinarachnius* Gray, non Leske). Discoïde circulaire; 4 pores génitaux; pétales largement ouverts; sillons ambulacraires de la face inférieure divisés une seule fois près du bord. Péristome central; périprocte très petit, marginal ou à peu près. Piliers internes formant des cloisons plus ou moins concentriques au bord. Une espèce vivante de nord-Amérique: *E. parma;* une fossile tertiaire de sud-Amérique: *E. Juliensis* Des.

Dendraster Ag. a l'apex excentrique en arrière et les pétales inégaux; les sillons ambulacraires inférieurs très ramifiés, s'étendant même à la face supérieure; les piliers intérieurs forment également des cloisons concentriques. *D. excentricus* est vivant.

Scaphechinus Barnard, a les sillons ramifiés de *Scutella*, les interambulacres du dos déprimés comme dans *Echinodiscus*, et quelques cloisons concentriques très épaisses à l'intérieur. S. *mirabilis* B. est vivant au Japon.

SCUTELLA Lam. Discoïde élargi, émarginé aux ambulacres postérieurs; 4 pores génitaux; pétales amples, arrondis ou oblongs, tendant à se fermer. Péristome circulaire, à fleur, avec 5 tubes buccaux; sillons ambulacraires du dessous plusieurs fois ramifiés; point de cloisons intérieures; mais le bord est rendu très caverneux par les piliers, dont les séries rayonnent un peu vers le milieu des aires. Les espèces sont toutes fossiles des terrains tertiaires, surtout miocènes. Le type est *S. subrotunda* Lam.

MONOPHORA Desor. Discoïde à bord sinué devant les ambulacres; pétales amples, ovales, à larges zones porifères; sillons ambulacraires du dessous bifurqués près de la bouche et bien ramifiés au delà; intérieur très envahi par les piliers, qui tracent des cloisons circulaires; une petite perforation dans l'interambulacre postérieur, au tiers de l'intervalle du bord au péristome. Périprocte petit, un peu en dedans de la perforation. *M. Darwini* Des. est fossile du terrain tertiaire de Patagonie.

Amphiope Ag. Tous les caractères des Scutelles : ambulacres, sillons inférieurs, péristome, piliers intérieurs. Mais le disque est perforé par deux lunules qui sont placées entre le bord et l'extrémité des pétales postérieurs. Ces lunules sont ou arrondies, ou transverses et alors rebordées en dessus. Fossiles des terrains miocènes. Les types sont : *A. biocculata* Ag. et *A. Holandrei* Cott.

Tretodiscus (*Echinodiscus* Leske non Breynius ; *Lobophora* Ag. non Curt.). 4 pores génitaux; pétales courts et larges, fermés; sillons ambulacraires de la face inférieure peu ramifiés. Péristome entouré d'une rosette buccale; périprocte en dessous assez distant du bord; un réseau très étendu de piliers non disposés en cloisons. 2 entailles ou 2 perforations allongées dans le prolongement des ambulacres postérieurs; mâchoires plates pivotant sur des auricules (comme dans Clypéastre, seul exemple chez Scutelliens). Espèces vivantes : *L. bifora* et *L. bifissa* sont les types des deux sections.

Astriclypeus Verr. A les mâchoires et les auricules disposées comme dans *Tretodiscus;* l'intérieur a les piliers internes de *Mellita*, mais ils sont rapprochés près de la marge et ne séparent pas la chambre dentaire de la cavité intestinale. En outre, il y a cinq perforations toutes ambulacraires et pas d'interambulacraire, comme dans *Mellita*. Vivant : *A. Manni* Verr.

Mellita Klein. Plat et tronqué en arrière, avec 5 ou 6 perforations étroites, toujours fermées. 4 pores génitaux. Pétales amples fermés; sillons ambulacraires de la face inférieure très ramifiés; périprocte très rapproché du péristome. Des piliers séparant la cavité buccale de la cavité intestinale. Lorsqu'il manque une lunule, c'est l'ambulacraire antérieure. D'après A. Ag., la perforation de l'interambulacre impair se constitue la première par résorption et les autres par de simples entailles du bord, que la croissance ferme ensuite. Espèces vivantes ou tout au plus quaternaires. Le type est *M. testudinata* Klein.

Leodia Gray en diffère par des ambulacres un peu plus lancéolés, des sillons ambulacraires ramifiés seulement près du bord, mais plus fortement, et principalement par la formation de toutes les lunules par résorption du test. *Leodia Richardsoni* Gray (*Mellita hexapora* Ag.) des mers actuelles.

Encope Ag. Plat, avec six lunules ambulacraires ouvertes ou fermées et une interambulacraire postérieure toujours fermée. 5 pores génitaux. Pétales fermés inégaux, les postérieurs plus longs ; sillons ambulacraires très ramifiés. Cloison continue séparant la cavité buccale de la digestive. Plancher horizontal séparant la chambre sous-ambulacraire. Les lunules se constituent comme chez *Mellita;* périprocte près du péristome. Espèces vivantes : *E. emarginata*.

Rotula Klein. Plat, circulaire, digité en arrière. Apex étoilé ; 4 pores génitaux dans les sinus; 5 ocellaires sur les angles. Pétales ouverts, à zones étroites; sillons ambulacraires peu ramifiés; à l'intérieur, des piliers marginaux rayonnant un peu vers le centre. Périprocte entre la bouche et le bord. Une espèce vivante : *R. Rhumphii* Klein.

Echinotrochus (V. Ph.) Leske *(Echinodiscus* d'Orb.; Breyn. part.; non Leske). Diffère de *Rotula* par la présence de deux lunules interambulacraires antérieures ; par les digitations du bord postérieur inégalement profondes, plates, s'élargissant au bout et tendant à former des lunules; par les pétales à zones parallèles pourvues de pores dans les sillons de conjugaison. Une espèce vivante : *E. Augusti* Kl. sp.

Rotuloïdea Etheridge. Discoïde; crénelé en arrière par douze lobules superficiels, épaissis. Pétales ouverts, à zones porifères étroites étendues presque jusqu'au bord ; sillons ambulacraires ramifiés à l'origine et vers leur milieu. Face inférieure subconcave ; périprocte plus près de la bouche que du bord. *R. fimbriata* est fossile dans le terrain tertiaire du Maroc.

LES FIBULARIDÉS

n'ont pas de rosette ni de tubes buccaux, et leurs pétales sont plus ou moins imparfaits.

La sous-tribu des SCUTELLINIENS a le test déprimé et des pétales bien visibles.

SISMONDIA Des. Obové ou subpentagonal, aplati avec bord renflé. 4 pores génitaux. Pétales allongés, ouverts, à zones porifères étroites, mais nettement conjuguées. Péristome un peu enfoncé, sans tubes buccaux ni floscèle évidents ; périprocte à la face inférieure, plus ou moins éloigné du bord ; de fortes cloisons intérieures hérissées de processus. Sillons ambulacraires simples à la face inférieure. Il est le seul genre pétaloïde de la tribu, et un nouvel examen le fera sans doute reporter ailleurs, soit dans les Clypéastres quand on connaîtra ses mâchoires, soit dans les Scutelles si le défaut de tubes buccaux et de floscèle tient uniquement à l'état imparfait de conservation. Des terrains éocènes : le type est *S. occitana* Desor.

SCUTELLINA Ag. Circulaire ou elliptique, plat. 4 pores génitaux ; pétales oblongs, à zones formées de paires de petits pores ronds non conjugués, subconvergentes au bout. Péristome circulaire un peu déprimé ; périprocte marginal. Mâchoires grêles ; cloisons rayonnantes n'atteignant pas le plancher supérieur ; de vagues sillons ambulacraires en dessous. Des terrains tertiaires inférieurs : *S. nummularia* Ag., *S. elliptica* Ag., *S. placentula* Mer., etc.

Crustulina diffère du précédent par ses pétales moins atrophiés, dont les zones porifères sont presque droites au bout et formées de pores inégaux, ceux de la rangée externe étant ovales allongés, mais non conjugés aux internes arrondis ; des sillons ambulacraires inférieurs, simples, très nets. Périprocte infra-marginal plus ou moins rapproché du bord. Terrain éocène : *C. gracilis* et *C. Michelini* (Cott. sub *Sismondia).*

Porpitella. Autre type à pétales plus mal limités, plus imparfaits, très ouverts, n'ayant que des paires espacées de petits pores ronds ; pas de sillons ambulacraires évidents à la face inférieure. Périprocte supramarginal assez éloigné du bord ; forme ovale, concave en dessous. Terrain éocène : *S. hayesiana* Ag., *S. porpita* Desor.

LENITA Des. Elliptique, déprimé, presque plat dessous, à bord aigu. 4 pores génitaux. Pétales ouverts très imparfaits, formés de pores ronds non conjugués. Péristome arrondi, à fleur; périprocte supramarginal; une bande longitudinale, presque lisse, flanquée de gros tubercules en dessous; pas de cloisons internes. Du terrain éocène : *L. patellaris* Des.

?MOULINSIA Ag. Lenticulaire, convexe dessus, plat dessous; pétales imparfaits, ouverts, à pores ronds non conjugués. Péristome rond; périprocte à mi-distance de la bouche au bord; test mince; tubercules relativement gros; pourtour festonné au bout de chaque suture rayonnante; zones égales. *M. Cassidulina* Ag. est vivant. M.A. Agassiz considère cet oursin comme le jeune âge de *Encope;* je ne crois pas la chose impossible; mais il me semble qu'elle a besoin d'être confirmée par la structure du péristome qui me paraît encore peu connue.

RUNA Ag. Sublenticulaire. 4 pores génitaux, pétales imparfaits, ouverts, à pores non conjugués. Les aires ambulacraires beaucoup plus larges que les interambulacraires, qui sont linéaires, séparées par des entailles marginales, et en dessous par des sillons. Péristome arrondi; périprocte inférieur un peu éloigné du bord; intérieur inconnu. Des terrains tertiaires : *R. Comptoni* et *decemfissa* Ag.

La sous-tribu des FIBULARIENS a le test plus ou moins globuleux, subapétalé.

FIBULARIA Lam. Globuleux, 4 pores génitaux. Pétales imparfaits, ouverts, courts, formés de pores ronds, non conjugués. Péristome central; périprocte inférieur, rapproché de la bouche. Mâchoires hautes; pas de cloisons internes. Des mers actuelles : *F. ovulum* et *volva;* on y rattache une espèce crétacée : *F. subglobosa* Desor.

Mortonia Gray (non Desor). Ovoïde, mince, 4 pores génitaux; pétales ouverts, à zones étroites, divergentes, formées de pores ronds, mais conjugués. Péristome grand, transverse, elliptique; périprocte transverse à mi-distance de la bouche au bord. *M. australis* est vivant : l'auteur le place à côté des Échinolampas; A. Ag. en fait une Fibulaire, ce qui est plus probable.

ECHINOCYAMUS Van Phels. Ovoïde, déprimé, avec le bord arrondi; test épais. 4 pores génitaux; pétales très imparfaits à paires de pores non conjugués espacées. Des pores ambulacraires sur les sutures transverses des assules ambulacraires. Péristome subpentagonal; périprocte entre la bouche et le bord, petit; dix cloisons marginales intérieures, entre les ambulacres et les interambulacres. Des mers actuelles, des terrains tertiaires et peut-être de la craie supérieure : *E. pusillus* et nombreuses espèces qui, d'après certains auteurs, devraient être ramenées à une seule, ce qui me paraît impossible.

Les Galérides

sont caractérisés par des ambulacres formés de paires de pores simples, homogènes d'un pôle à l'autre, mais se multipliant souvent auprès du péristome. Les Échinonéens n'en diffèrent presque que par leur bouche édentée.

LES ÉCHINOCONIDÈS

n'ont pas d'entailles bien évidentes autour du péristome et ne paraissent pas avoir eu de branchies buccales au moins contiguës à son cadre.

Les ÉCHINOCONIENS forment l'unique sous-tribu.

ECHINOCONUS Breynius (Desor). Subhémisphérique ; madréporide en bouton, entouré de 4 pores génitaux et de 5 ocellaires. Ambulacres formés de paires obliques de très petits pores unisériés, peu serrés même près de la bouche. Péristome central, subpentagonal, petit, entouré de bourrelets interambulacraires faibles, mais distincts. Périprocte transverse, inframarginal, sans aréa, pas de cloisons internes ; des auricules pour les mâchoires ; tubercules épars. Des terrains crétacés : *E. hemisphericus* Breyn., *E. Rœmeri, sulcatus* d'Orb., etc.

Galerites Lam. (Desor). Conoïde ou hémisphérique ; apex central à gros madréporide en bouton, bordé de 4 pores génitaux et de 5 ocellaires, la cinquième plaque génitale parfois représentée, mais imperforée. Ambulacres formés de paires de pores rapprochés en série simple sur le dos et souvent disjointe en échelons près de la bouche. Péristome central, arrondi ou elliptique, obscurément anguleux, souvent irrégulier, sans traces de bourrelets. Périprocte ovale en long, marginal ou inframarginal, dans une aréa décurrente en dessous ; tubercules épars.

Certaines espèces ont une ressemblance telle avec les *Globator*, que leur place dans ce genre ne sera certaine que lorsqu'on aura constaté la présence des dents. Des terrains crétacés : *G. Soubellensis* (Gauth. sp.), *G. tumidus* (Gauth. sp.), *G. castanea* Ag., *G. albogalerus* Lam., etc.

Conodoxus. Conoïde turriculé ; madréporide en gros bouton, bordé de 4 pores génitaux (la 5e plaque manque) et de 5 ocellaires. Pores ambulacraires en série simple sur le dos, mais très multipliés sur toute la face inférieure et disposés en triples séries. Péristome central, petit, très oblique, sans bourrelets. Périprocte ovale, postérieur, plus ou moins élevé au-dessus du bord, au haut d'une aréa plus ou moins distincte ; tubercules épars au milieu d'une granulation très grossière, surtout en dessous ; pas de cloisons internes. L'irrégularité du péristome est ici au maximum, et l'existence des dents est peut-être douteuse. Des terrains crétacés : *C. Cairoli* (Cott. sp.) et *C. carcharias* (Coq. sp.).

LES PILÉIDÉS

ont des entailles branchiales très distinctes au péristome.

La sous-tribu des DISCOÏDIENS a le périprocte infère.

DISCOÏDEA Klein. Hémisphérique ou subconique. Apex central à 5 plaques génitales, la madréporique un peu plus grande, l'impaire perforée ou non ; 5 petites ocellaires. Ambulacres à paires de petits pores unisériées, au moins en dessus, à assules élémentaires simples en dessus, groupés par trois en dessous. Péristome central, médiocre, un peu enfoncé, arrondi ; les entailles branchiales distinctes mais parfois cachées. Périprocte entre la bouche et le bord ; des cloisons bordant les interambulacres au plancher inférieur ; tubercules plus développés en dessous, en rangées verticales distinctes. Des terrains crétacés : *D. subuculus* Klein.

Pithodia subturriculé ; 5 plaques génitales distinctes toutes envahies par le madréporide (qui paraît composé), l'impaire perforée ou non. Pores ambulacraires en série simple en dessus, en série dédoublée en dessous, au moins au voisinage du pourtour. Péristome petit, arrondi, rentrant, bien entaillé en dedans ; périprocte petit entre la bouche et le bord. Des terrains crétacés : *P. cylindrica* (Ag. sp.), *P. Forgemolii* (Coq. sp.), *P. infera* (Ag. sp.), etc.

Holectypus Desor. Discoïde et subconique. Apex central à 5 génitales, la madréporique un peu plus grande, l'impaire sans pore ; 5 ocellaires petites dans les angles. Ambulacres à paires de pores unisériées, moins serrées en dessous, à assules du dos élémentaires, ceux du dessous composés. Péristome grand, presque à fleur, marqué d'entailles branchiales grandes et bordées ; périprocte assez grand, inférieur et plus rarement marginal ; tubercules inférieurs plus gros, en séries concentriques, pas de cloisons internes. Les espèces typiques sont jurassiques : *H. depressus, H. hemisphœricus, H. speciosus* Des., etc.

Discholectypus subhémisphérique. 5 génitales perforées, la madréporique un peu plus grande. Ambulacres à paires de pores unisériées en dessus, très multipliées et presque trisériées en dessous ; les assules ambulacraires partout formés de trois assules élémentaires. Péristome central, un peu enfoncé, subdécagonal. Périprocte petit, entre la bouche et le bord ; pas de cloisons internes. Tubercules en séries verticales inégales ; granulation peu serrée. Des terrains crétacés : *D. Meslei* (Gauth. sub *Holectypus*).

Cœnholectypus. Ce sont des Holectypus à 5 plaques génitales perforées, dont la madréporique est souvent très prédominante sur les autres, dont le péristome, en général un peu plus enfoncé, a des entailles branchiales bien plus petites, un peu comme dans *Discoïdea*. Les espèces sont des terrains crétacés : *H. macropygus, H. serialis, H. cenomanensis, H. turonensis, H. portentosus, H. excisus, H. chauveneti, H. Julieni, H. subcrassus.*

La sous-tribu des pygastériens a le périprocte supère.

Pileus Desor. Subhémisphérique. 5 génitales, dont la madréporique est prolongée au centre en bouton. Ambulacres formés de paires de petits pores alternant en deux séries sur toute la longueur (les assules composés de deux élémentaires). Péristome central décagonal, médiocre, pourvu de dix auricules très fortes et rayonnantes (peut-être des rudiments de cloisons). Périprocte assez ample, supra-marginal. Tubercules petits, en séries concentriques irrégulières, perforés et scrobiculés. Le type est jurassique : *P. hemisphœricus* Des.

Anorthopygus Cott. Discoïde plus ou moins convexe. Apex subcentral à très gros madréporide débordant en arrière des ocellaires, par suite de l'absence de la génitale impaire. Ambulacres formés de paires de petits pores unisériées. Péristome décagonal un peu transversal, à entailles branchiales anguleuses. Périprocte obliquement ovale entre le bord et l'apex. Tubercules épars, crénelés et perforés. Le péristome a un peu des caractères de celui des galérites, et ce n'est peut-être pas ici la place du genre. Des terrains crétacés : *A. orbicularis* et *A. Michelini* Cott.

PYGASTER Ag. Discoïde subconique. Apex central pentagonal, à gros madréporide bordé par les autres génitales et les ocellaires, et à l'arrière par quelques petites plaques complémentaires à la place de la 5e génitale et touchant au périprocte. Ambulacres formés de paires de petits pores, égaux ou peu inégaux, unisériées dans toute leur étendue. Péristome assez grand, central, décagonal, à entailles branchiales angulaires très marquées. Périprocte grand, ovale ou pyriforme à la face supérieure, s'étendant jusqu'à l'apex et touchant aux ocellaires postérieures et aux complémentaires. Tubercules petits, perforés, non crénelés. Des terrains jurassiques : *P. Trigeri* Cott., *P. umbrella, P. tenuis, P. dilatatus*, etc. D'après M. Lovén, le genre serait encore vivant.

MACROPYGUS Cott. Discoïde, élargi. Apex transversal à madréporide grand, touchant au cadre du périprocte, ainsi que les ocellaires et une ou deux génitales ; la 5e manquant. Ambulacres unisériés, à assules composés de trois élémentaires. Péristome elliptique, décagonal transversal, à entailles angulaires fortes ; périprocte grand, ovale, touchant directement à l'apex. Tubercules en séries verticales, perforés, non crénelés. Le type est du terrain crétacé : *M. truncatus* (Ag., sp.).

PLESIECHINUS. Ce sont des Pygaster dont l'apex est formé de quatre génitales peu inégales, disposées en demi-cercle, ainsi que les ocellaires postérieures, et formant le cadre supérieur du périprocte, qui est oblong et très vaste. C'est le type le plus rapproché des globiformes. Des terrains jurassiques : *P. megastoma* Wright, *P. semisulcatus* Wright, *P. speciosus* Quenst. C'est par erreur que j'avais rapporté antérieurement ce type à *Echinoclypus* Blainv.

LES GLOBIFORMES

comprennent les échinides dentés dont l'anus, opposé à la bouche, est complètement encadré par l'appareil apicial. La disposition rayonnée est absolue et l'orientation n'est plus indiquée que par le madréporide situé sur la plaque génitale antérieure de droite, ou plus rarement par une saillie plus marquée de l'angle postérieur de l'apex. Toutes les génitales perforées.

Les Néaréchinides

ont vingt rangées méridiennes d'assules, un madréporide criblé sur la génitale antérieure droite ; ils ne paraissent pas remonter au delà de la période triasique.

Les Glyphostomes

ont cinq paires de tentacules et autant de plaquettes biperforées au milieu de la membrane buccale ; dix branchies traversent la même membrane, contre le cadre du péristome, et y laissent une empreinte en entaille, près et en dehors des zones porifères.

LES PHYMOSOMIDÉS

sont caractérisés par des tubercules imperforés. Le col peut être lisse ou crénelé; différence qui ne paraît pas avoir une grande valeur taxonomique, puisqu'elle se montre quelquefois, sur le même oursin, entre les diverses parties de ses zones.

Les ÉCHINOMÉTRIENS se reconnaissent surtout à leur forme elliptique avec le grand axe oblique, souvent dirigé vers la génitale antérieure gauche. Les tubercules sont plus ou moins volumineux, et les zones porifères disposées par paires nombreuses en arcs ou en échelons autour des tubercules. Péristome ample, anguleux, mais superficiellement entaillé. Tubercules lisses.

COLOBOCENTR(OT)US Brandt; Gray. Apex solide; les ocellaires hors du cadre. Pores en séries de 6 à 7 paires, formant des arcs ellipsoïdaux embrassant les tubercules, les inférieures étalées obliquement et largement pétalées. Péristome grand, à peine entaillé. Tubercules imparfaitement mamelonnées, à 4 rangées ambulacraires, les interambulacraires nombreuses mais très réduites en dessous; radioles en pavé peu serré, les marginaux allongés et aplatis au bout, les inférieurs petits et grêles. *C. Mertensii* des mers chaudes.

Podophora Ag. Pores en arcs de 8 à 12 paires très entassés verticalement en une large zone. 2 rangées de tubercules ambulacraires; radioles en pavé serré en dessus, claviformes robustes et cylindriques au dessous du pourtour. Pour le reste, semblable au précédent. *P. atrata* vivant des mers chaudes.

HETEROCENTR(OT)US Brandt; Gray. Pores en arcs un peu échelonnés, de 10 à 11 paires autour de gros tubercules, un peu en désordre au haut des zones, étroitement pétalés en dessous. 2 rangs de tubercules ambulacraires brusquement rapetissés dans le haut; 2 rangs principaux d'interambulacraires avec rangée extérieure de secondaires sous le pourtour. Radioles principaux en baguettes carénées; des secondaires courts serrés en pavés, ceux du dessous petits, en palettes. *H. mammilatus* est vivant.

Acrocladia Ag. Apex petit, granuleux. Zones porifères très grêles, en arcs festonnés de 15 à 17 paires. 2 rangs de tubercules ambulacraires, diminuant graduellement de volume vers le haut; 2 rangs d'interambulacraires serrés laissant peu de place aux miliaires. Radioles en longues baguettes carénées, entremêlées de quelques radioles secondaires très courts et de quelques clavules en palettes. *A. trigonarius*, vivant, est cité dans le diluvium de Bucharest, par erreur sans doute.

ECHINOMETRA Klein. Cadre du périprocte formé par les génitales et l'ocellaire opposée au madréporide; plaques anales nombreuses inégales. Pores en arcs échelonnés de 4 à 6 paires plus ou moins étalés, formant des zones peu élargies, même vers la bouche. Péristome grand nettement anguleux. Tubercules saillants subégaux dans les deux aires. Radioles plus ou moins robustes, subulés, très finement striés; test mince. *E. lucunter* et trois ou quatre autres espèces des mers chaudes.

Ellipsechinus Lütken. Diffère du précédent uniquement par le développement de ses zones porifères, formées au pourtour d'arcs de 6 à 8 paires de pores et très étalées, subpétaloïdes à la face inférieure. En dessous, les rangées externes de tubercules interambulacraires sont très réduites en grosseur et en nombre, pour faire place aux pétales. *E. macrostoma* des mers actuelles.

PARASALENIA A. Ag. Apex solide à génitales lancéolées, très saillantes; les ocellaires en dehors petites; quatre plaques anales égales formant valvule. Pores en séries obliques de trois paires, formant une zone étroite en dessus, un peu élargie en dessous. Péristome grand à faibles entailles. Tubercules saillants en double rangée dans chaque aire; radioles d'Échinomètre. *P. gratiosa* est vivant.

Plagiechinus. Les pores trigéminés de l'*Echinometra prisca* Cott. du terrain tertiaire des Antilles en font un *Parasalenia;* mais les interambulacres sont pourvus de deux rangées de tubercules secondaires très développés; c'est un sous-genre spécial.

Les HÉLIOÇIDARIENS diffèrent surtout des précédents par leur forme régulièrement circulaire. Zones porifères plus ou moins larges, mêlées de petits tubercules à paires de pores nombreuses sur chaque assule formant des séries échelonnées ou transverses, ou même des séries verticales multiples. Péristome faiblement entaillé.

STRONGYLOCENTR(OT)US Brandt; Gray. (Toxopneustes Ag. et Des.; non Ag. 1841). Apex persistant, une ou deux ocellaires pénétrant quelquefois jusqu'au cadre du périprocte. Zones porifères formées de paires de pores en séries échelonnées et obliques de 4 à 6, peu ou pas élargies vers la bouche. Péristome grand, peu entaillé. Tubercules saillants, plus ou moins inégaux, nombreux, formant des séries verticales primaires et secondaires dans chaque aire, les interambulacraires formant aussi des rangées horizontales; radioles grêles, longs, cannelés finement. *S. lividus* et 5 ou 6 autres espèces des mers actuelles. Le *S. lividus* remonte dans les temps quaternaires.

Toxocidaris A. Ag. *(Anthocidaris* Lütken). Une à deux ocellaires dans le cadre du périprocte. Zones porifères formées de séries arquées en échelons de six à dix paires entremêlées de petits tubercules, s'élargissant beaucoup en dessous. Péristome subdécagonal faiblement entaillé. Tubercules inégaux, formant des séries verticales primaires et secondaires qui, dans les interambulacres, sont nombreuses et forment également des séries horizontales. Radioles grêles, allongés, striés en long. *A. franciscana* et cinq à six autres des mers actuelles.

Loxechinus Desor. En diffère surtout par les zones porifères plus larges que leur intervalle, formées de paires de pores en arcs presque transverses de sept à dix, séparés par des séries parallèles de petits tubercules. Les rangées de tubercules primaires bien saillantes. *L. albus* et un à deux autres des mers actuelles.

ECHINOSTREPHUS A. Ag. Plus ou moins dilaté et aplani en dessus; zones porifères formées de paires en arcs obliques, au nombre de 5 en dessus, 4 au pourtour et 3 en dessous, jusqu'au péristome, qui est petit, faiblement entaillé. Membrane buccale pourvue de sclérites dans la zone ambulacraire; tubercules formant deux rangées primaires dans chaque aire et des secondaires nombreuses dans les aires interambulacraires; radioles grêles finement cannelés. *E. Delaunaiei* (Cott. sub *Toxopneustes*) est de l'époque miocène; *E. molaris* est de l'époque actuelle.

ATACTUS. Zones porifères formées de paires dispersées sans ordre, au nombre de 5 à 6 au moins par plaque ambulacraire. Péristome arrondi, assez grand, à entailles très faibles; tubercules ambulacraires en deux rangées, avec un gros granule intercalé, les interambulacraires formant une double rangée principale et quatre secondaires plus petites avec granules épars. *A. Fischeri* (Cott. sub *Psammechinus)* est du terrain pliocène de Rhodes.

STOMOPNEUSTES Ag. Tendance marquée à l'obliquité. Zones porifères assez larges en dessus, s'étalant en dessous et occupant presque toute l'aire ambulacraire vers la bouche, formées de paires nombreuses (une douzaine par plaque) un peu en désordre en dessus, mais se disposant ensuite en trois séries verticales régulières, séparées par des rangées de petits tubercules. Péristome petit, à petites entailles très nettes. Tubercules saillants en deux rangées principales dans chaque aire et quatre secondaires dans les interambulacraires; radioles grêles, longs, presque lisses. *H. variolaris* est vivant.

Heliocidaris Desm. *(Evechinus* Verril). En diffère principalement par ses zones porifères formées de trois rangées verticales de paires de pores (9 par plaque) régulières dans toute leur étendue, et ne s'élargissant pas vers le péristome, qui est du reste petit et faiblement entaillé; membrane buccale pourvue de sclérites plus développées sur la zone ambulacraire; radioles courts, inégaux. *A. chlorotica* est vivant.

HOLOPNEUSTES Ag. Globuleux; aires ambulacraires plus larges que les interambulacraires. Zones porifères larges, formées de paires nombreuses (9 par plaque) disposées en double rangée marginale régulière et rangée médiane en désordre, mêlée de petits tubercules. Péristome petit, très peu entaillé; membrane buccale nue. Tubercules petits, nombreux, subhomogènes, formant 6 séries verticales ambulacraires et 12 à 14 interambulacraires, ces tubercules disposés aussi en rangées régulières horizontales; radioles courts et obtus. *H. porosissimus* et deux autres espèces des mers d'Australie.

Les SCHIZÉCHINIENS sont surtout caractérisés par les entailles profondes en forme de fissure de leur péristome ordinairement arrondi. La formule des pores ambulacraires est variable, 3 au moins par plaque ambulacraire, et toujours disposés en échelons ou plusieurs séries verticales mêlées de très petits tubercules; tubercules lisses.

TOXOPNEUSTES Ag. 1841 *(Boletia* Desor). Deux ocellaires dans le cadre. Zones porifères larges, composées de trois rangées verticales de paires de pores, séparées par deux séries de petits tubercules, régulières et égales (les pores paraissent trigéminés, mais les assules sont irréguliers). Péristome grand, à entailles étroites et profondes; membrane buccale nue; tubercules subégaux, petits, nombreux, formant des rangées multiples verticales et horizontales ; radioles courts, finement cannelés. *T. pileolus* et *maculatus* sont vivants.

Pseudoboletia Troschel. Diffère du précédent par ses zones porifères, dont les rangées verticales internes ont un nombre double de paires de pores, ayant des tendances à se ranger en échelons obliques de 4 paires (les pores paraissent quadrigéminés). Les plaques tentaculaires buccales ont de petits radioles ; radioles allongés. *P. granulata* et *indiana* sont vivants.

Hipponoe Gray. 2 ocellaires dans le cadre du périprocte. Zones porifères larges, à paires de pores disposées en deux rangées marginales régulières, avec une troisième rangée médiane irrégulière, mêlée de petits tubercules (les pores paraissent deux fois trigéminés par surcomposition des assules). Péristome à entailles profondes et étroites ; membrane buccale parsemée de sclérites ; tubercules petits, nombreux, en rangées verticales et horizontales presque homogènes. Le genre a été créé surtout en vue d'espèces dont les zones interambulacraires sont dénudées de radioles dans le haut. *H. sardica* et deux autres des mers chaudes actuelles.

Tripneustes Ag. (part.). Diffère du précédent par ses zones porifères, dont la rangée interne de pores est seule régulière et séparée par une rangée verticale de petits tubercules des deux rangées externes, presque confondues en une seule flexueuse par alternance (les pores paraissent trois fois trigéminés). Tubercules formant sur chaque aire des rangées doubles principales, avec des secondaires interambulacraires bien plus petites en dessus, mais moins différentes en dessous. *T. Parkinsoni* est miocène.

Sphœrechinus Desor. Les ocellaires en dehors du cadre du périprocte ; zones porifères peu élargies, formées de paires de pores en séries échelonnées par 4 à 6, parfois tronçonnées. Péristome subanguleux, médiocre, marqué de fissures branchiales profondes, mais très étroites et bordées. Membrane buccale nue. Tubercules subhomogènes en séries verticales et horizontales, multiples dans les interambulacres. Radioles courts, égaux, finement cannelés, peu aigus. *S. granularis*, vivant ainsi que deux autres espèces, paraît dater des temps quaternaires.

Anapesus Holmes *(Lytechinus* A. Ag.; *Psilechinus* Lütk. *Schizechinus* Pom.). 2 ou 3 ocellaires dans le cadre du périprocte. Zones porifères presque étroites, homogènes, formées de pores échelonnés par trois paires, mêlés de quelques très petits tubercules. Péristome médiocre, un peu enfoncé, marqué de dix fissures branchiales assez profondes et bordées. Membrane buccale couverte de petites plaques ; tubercules presque homogènes, formant des rangées verticales, nombreuses dans les interambulacres, où ils se sérient aussi horizontalement. Radioles courts, presque obtus, finement cannelés.

Les espèces vivantes, *A. semituberculatus* et *variegatus*, ont le haut des aires interambulacraires dénudé, d'où les noms génériques. Les fossiles tertiaires *(Schizechinus)* ont des radioles partout : *A. Serresii*, *Caillaudi*, *homocyphus*, *Duciei*, *Dux*, *hungaricus*, *Marii*, etc., classés comme Psammechinus par les auteurs.

Oligophyma Pom. 1 à 2 ocellaires dans le cadre du périprocte, petit. Zones porifères étroites dans toute leur étendue, à paires de pores échelonnées par trois, séparées par de petites carènes. Péristome subdécagonal, entaillé par des fissures branchiales étroites, marginées, moins profondes que chez les précédents. Tubercules petits, nombreux, formant deux rangées principales dans chaque aire et simulant des carènes; des rangées doubles de secondaires dans les interambulacres. *O. plagiopyga* et *mauritanica* sont fossiles du terrain miocène supérieur d'Algérie.

Les stomechiniens ont aussi d'assez fortes entailles pour les branchies buccales; mais elles sont sous forme d'encoche et empiétent fortement sur l'interambulacre, dont la lèvre est très réduite; le péristome étant presque pentagonal avec les angles échancrés, et de dimension au dessus de la moyenne. Les zones porifères sont ou échelonnées par trois paires, ou unisériées dans le haut, toujours élargies près de la bouche. Tubercules non crénelés.

Stomechinus Desor. Apex petit, persistant, à génitales inégales; les ocellaires en dehors du cadre. Zones porifères droites, élargies vers le péristome, formées de paires de pores échelonnées par trois et par deux échelons sur chaque plaque avec granules interposés. Tubercules nombreux, subhomogènes, sauf une double rangée de principaux, un peu plus développés dans chaque aire, formant des séries verticales et horizontales. Souvent, le milieu de l'interambulacre dénudé vers le haut. Péristome grand, à lèvres très inégales séparées par de fortes entailles. Les espèces sont jurassiques : *S. valdensis, serratus, perlatus*, etc.; une néocomienne : *S. denudatus.*

Psephechinus. Diffère du précédent par les paires de pores formant un seul échelon sur chaque plaque ambulacraire, et par les tubercules bien plus homogènes, plus régulièrement sériés transversalement. Des mêmes terrains : *S. Michelini, Greslyi, gyratus, semiplacenta*, etc., sont jurassiques; *P. Pilleti* (Cott. sub *Psammechinus)* est néocomien.

Polycyphus Ag. Apex petit persistant, à génitales lancéolées subégales; les ocellaires en dehors. Zones porifères droites, rapidement élargies près de la bouche, à paires de très petits pores échelonnées par trois; trois paires seulement à chaque plaque. Péristome ample, subpentagonal, lobé aux angles par une petite lèvre interambulacraire. Tubercules petits, homogènes, nombreux, formant des rangées verticales et horizontales très régulières (au moins 4 ambulacraires et au delà de 20 interambulacraires). Petits oursins jurassiques : *P. normanus, textilis, corallinus*, etc.

Sporadocyphus. En diffère par ses ambulacres pourvus seulement d'une double rangée de tubercules bordant les zones porifères avec zone miliaire intermédiaire, les sutures des plaques porifères restant visibles; par les tubercules interambulacraires en rangées verticales moins serrées, alternant sur chaque assule et ne formant pas de rangées horizontales régulières, entremêlés de nombreux granules miliaires. Le *P. Jauberti* Cott. est de la grande oolithe.

Spaniocyphus. Globuleux; apex solide, annulaire, bisérié. Zones porifères très élargies à la base, à pores trigéminés, échelonnés par trois paires. Péristome grand, subcirculaire, faiblement entaillé en lèvres très inégales. Tubercules petits, lisses, nombreux, en deux rangées principales dans chaque aire; des secondaires nuls ou épars dans l'ambulacre, mais flanquant le bas des interambulacres d'une ou deux rangées. Granulation miliaire très développée. *S. tenuis, fallax, avellinus, Hyselyi, Montmolini, Theveneti* et *salevensis (Psammechinus* Auct.) sont tous néocomiens.

Tiarotropus. Subhémisphérique; apex persistant à génitales antérieures plus grandes, ocellaires en dehors. Zones porifères étroites, flexueuses, à pores trigéminés en arcs subéchelonnés, étalés près du péristome. Celui-ci grand, subdécagonal, à lèvres ambulacraires doubles des autres, arrondies. Tubercules lisses, en deux rangées primaires dans chaque aire; des rangées secondaires bien plus petites, deux ambulacraires et six interambulacraires. *T. Schlumbergeri* (Cott. sub *Stomechinus)* est bathonien.

Echinotiara *(Echinodiadema* Cott. non Verr.). Globuleux. Zones porifères formées de pores trigéminés à paires en série un peu flexueuse, peu serrées, à peine étalées vers le péristome. Celui-ci assez grand, subdécagonal, à lèvres ambulacraires droites et beaucoup plus longues que les autres, séparées par de faibles entailles. Tubercules petits, lisses, peu mamelonnés, formant deux rangées primaires sous chaque aire; des secondaires sporadiques dans les interambulacres, au milieu d'une fine granulation. Les sutures visibles sur les plaques ambulacraires. *E. Bruni* Cott. est oxfordien.

Codiopsis Ag. Globuleux; apex solide, arrondi, bisérié. Zones porifères étroites, formées de pores trigéminés à paires unisériées ou subunisériées, étalées près du péristome. Celui-ci grand, subpentagonal, à lèvres faiblement entaillées très inégales. Tubercules principaux lisses, confinés à la face inférieure en deux rangées ambulacraires et six interambulacraires divergentes; le reste de la surface occupé par des granules caducs et finement ridé verticalement. *C. Doma, pisum, disculus* et *Arnaudi* sont crétacés.

Hemicodiopsis n'a que deux rangées de tubercules primaires aux interambulacres; les granules sont moins caducs. *C. Lorini, Meslei, Nicaisei* et *Aïssa* sont crétacés.

Piliscus. Est en forme de toque à cinq côtes. Les ambulacres placés sur ces côtes sont pourvus de deux rangs de gros granules échinulés, et les interambulacres, très excavés, sont presque dénudés au milieu et pourvus près des bords de rangées de granules moins développés et également caducs. *C. Jaccardi* est urgonien.

Pleiocyphus. Subhémisphérique; apex persistant uni. Zones porifères étroites, à paires de pores unisériées, s'étalant et se multipliant vers le péristome. Celui-ci subpentagonal, tronqué aux angles par de courtes lèvres interambulacraires bien entaillées. Tubercules primaires lisses, confinés à la face inférieure en double rangée dans chaque aire. Tout le reste couvert de petits tubercules homogènes granuliformes, disposés en quinconce et formant sur les aires interambulacraires des rangées transversales régulières. *P. regularis* (Étall. sub *Glypticus)* est du terrain corallien.

Eucosmus Ag. (1847). Subglobuleux. Apex persistant, subpentagonal, à ocellaires encastrées et pénétrant parfois jusqu'au cadre. Zones porifères étroites, à paires unisériées, peu ou pas multipliées près du péristome. Celui-ci arrondi, faiblement entaillé en lèvres inégales, les ambulacraires plus grandes. Tubercules lisses formant sur les ambulacres deux rangées, souvent réduites à une par pénétration alterne des assules, et sur les interambulacres des séries nombreuses presque en ordre quinconcial, donnant lieu à des rangées transversales obliques et à des rangées verticales dont les deux internes sont les plus complètes; les tubercules du dessous sont plus gros, moins nombreux; ceux du pourtour, brusquement multipliés et réduits, redeviennent plus volumineux vers le haut. *E. decoratus* Ag., *Meslei* (Gauth. sub *Magnosia)* sont oxfordiens.

Magnosia Mich. (1853). Diffère surtout du précédent par ses tubercules ambulacraires formant au moins quatre rangées verticales et le plus souvent six et au delà; les inférieurs moins différents en volume des supérieurs. Des terrains jurassiques: *M. jurassica;* et du terrain néocomien: *M. pilos, globulus,* etc.

Heterocosmus. Tubercules hétérogènes épars à l'interambulacre, fortement scrobiculés et bisériés à la base de l'ambulacre. Entailles obsolètes. *H. confusus (Cottaldia Benetiæ var.* Cott. Pal. Fr. 1194 f. 2-6) est cénomanien.

Plistophyma Péron et Gauthier. Diffère des précédents, dont il a la disposition et la forme des tubercules, par son apex très grand, caduc comme dans les *Cyphosomes,* par ses zones porifères, qui se dédoublent par alternance des paires dans toute la partie supérieure. Il n'y a que deux rangées de tubercules ambulacraires; tous les tubercules sont plus développés. *P. Toucasii* et *africanus* sont de la craie sénonienne.

Cottaldia Desor. Globuleux; apex petit, solide, granuleux, à génitales subégales; ocellaires grandes plus ou moins encastrées, l'une d'elles jusqu'au cadre d'un très petit périprocte anguleux. Zones porifères étroites, droites, à pores trigéminés, en paires unisériées, s'échelonnant et s'élargissant sensiblement au péristome. Celui-ci grand, subcirculaire, à entailles branchiales très superficielles, mais formant des lèvres, dont les ambulacraires beaucoup plus longues que les autres. Tubercules homogènes petits, lisses, non scrobiculés, formant des séries horizontales, alternant avec des séries de granules et en même temps des rangées verticales nombreuses dont les internes sont les plus complètes à l'interambulacre. Types cénomaniens : *C. Benetiæ* et *Sorigneti.*

Les psammechiniens ont un péristome arrondi, médiocre ou petit, dont les entailles branchiales sont faibles ou plus ou moins obsolètes et limitent des lèvres peu inégales. Les zones porifères sont le plus souvent étroites, non élargies au péristome, à pores trigéminés, rarement subunisériés. Tubercules à col lisse.

Echinus (Rondelet) Desm. Globuleux; zones porifères homogènes, à pores trigéminés, obliquement échelonnés par trois paires. Péristome petit, arrondi, à entailles faibles, mais marginées. Membrane buccale nue. Tubercules primaires lisses, petits, distants, subégaux et en double rangée dans chaque aire; des secondaires bien plus petits, irrégulièrement épars ou en séries peu apparentes. Granules miliaires et scrobiculaires plus ou moins abondants. *E. melo, escu-*

lentus et 3 ou 4 autres des mers actuelles; *E. Lamarkii, Woodi* et quelques autres des terrains récents.

Psammechinus Ag. Moins globuleux que le précédent; membrane buccale écailleuse; tubercules secondaires plus nombreux, rapprochés et formant des séries verticales et horizontales plus évidentes, surtout en dessous. Les autres caractères des *Echinus*. *P. miliaris, microtuberculatus* et 3 ou 4 autres des mers actuelles; *P. osnabrugensis* et autres peu connus des terrains tertiaires.

Stirechinus Desor. Globuleux; apex petit. Zones porifères formées de pores trigéminés, à paires espacées faiblement, échelonnées par trois. Péristome petit, faiblement entaillé. Tubercules lisses, peu nombreux, subégaux et formant deux rangées uniques dans chaque aire, insérés sur une carène sensible du milieu des assules; des granules sporadiques. *S. Scillæ* est pliocène.

Hypechinus Desor. Subconique. Zones porifères trigéminées, fortement échelonnées par trois paires. Péristome ample; entailles? Tubercules primaires à col lisse, nombreux, médiocres, en double série verticale dans chaque aire; ceux des ambulacres brusquement diminués et réduits à des granules vers le pourtour. Ce n'est peut-être pas sa place ici. *H. patagonensis* paraît être tertiaire miocène.

Glyptechinus Desor. Globuleux; apex petit. Zones porifères trigéminées, échelonnées obliquement par trois paires, plus obliques vers le bas. Péristome rond, faiblement entaillé, à lèvres un peu inégales. Tubercules petits, lisses, en double rangée primaire dans chaque aire, avec des rangées secondaires, dont deux rapprochées du milieu de l'interambulacre, plus fortes et allant d'un pôle à l'autre. Des impressions linéaires suturales n'atteignant pas le milieu des assules. (Placé ici pour la structure de la zone porifère, mais se rattachant au groupe suivant par ses impressions suturales). *G. Rocheti* est du néocomien.

Sporotaxis. Subhémisphérique; apex petit, annulaire. Zones porifères larges, trigéminées, à paires fortement échelonnées en travers, non multipliées auprès du péristome. Celui-ci petit, enfoncé, marqué d'entailles peu apparentes. Tubercules petits, lisses, en nombreuses rangées verticales dont deux un peu plus marquées sur chaque aire. En dessous, ils forment des rangées transverses régulières; mais en dessus, les tubercules secondaires sont dispersés en séries irrégulières. Des granules intermédiaires abondants, inégaux, formant des cercles scrobiculaires et occupant la zone dénudée du milieu de l'interambulacre. *S. Longuemari* (Cott. sub *Stomechinus*) est bajocien.

Codechinus Desor. Globuleux; apex petit, annulaire, à ocellaires étroites, en dehors. Zones porifères larges, trigéminées, à paires fortement échelonnées en travers par trois, de manière à former trois séries verticales régulières, sensiblement élargies au péristome. Celui-ci petit, presque rond, à entailles branchiales obsolètes, à lèvres égales. Tubercules petits, lisses, homogènes, formant des séries diffuses, et laissant, le long du milieu des aires interambulacraires, une large zone dénudée, simplement granulée. *C. rotundus* est du terrain aptien.

Arbacina Pom. Globuleux; apex rond, caduc. Zones porifères trigéminées, à paires de pores à peine dissociées en échelons de trois. Péristome petit, arrondi, à entailles obsolètes avec rebord calleux. Tubercules lisses, faiblement mamelonnés en deux rangées principales dans chaque aire, avec des rangées secondaires interambulacraires et des granules grossiers, inégaux, qui oblitèrent plus ou moins les rangées secondaires. Des traces d'impressions suturales sous les tubercules principaux, surmontant un groupe de trois granules allongés contigus. *A. Forbesiana* A. Ag. (sub *Cottaldia)* est vivant; *A. monilis, catenatus, sulcatus, Spadæ, Henslowi, Charlesworthii, Woodsii (Psammechinus* des auteurs) sont tertiaires.

Les TEMNÉCHINIENS ont le péristome faiblement entaillé des précédents, avec lèvres peu inégales; ils s'en distinguent par les fossettes creusées sur les sutures. Les tubercules, en général lisses, sont crénelés dans deux ou trois genres. Les paires de pores sont souvent unisériées, d'autres fois bisériées inégalement, plus rarement échelonnées par trois.

1° Zones porifères simples. Tubercules lisses.

LEIOCYPHUS Cott. Apex petit, caduc. Zones porifères droites, trigéminées, à paires unisériées. Péristome assez grand, arrondi, à entailles obsolètes. Tubercules lisses, à scrobicules indistincts, à mamelons ovalaires, formant aux ambulacres une double rangée primaire externe et deux secondaires internes avec quelques granules, et aux interambulacres deux rangées principales, quatre rangées secondaires et quelques autres de granules. Les sutures horizontales déprimées, mais sans fossettes. (A placer peut-être près d'*Arbacina). L. conjunctus* est cénomanien.

TEMNECHINUS Forbes. Globuleux; apex petit, à ocellaires hors du cadre. Zones porifères unisériées jusqu'au péristome. Celui-ci arrondi, très faiblement entaillé. Membrane buccale nue. Tubercules lisses, en deux rangées dans chaque aire, les ambulacraires un peu plus petits; des granules en cercles scrobiculaires. Des fossettes sur les angles suturaux, aux deux aires; radioles sétacés finement plissés. *T. turbinatus* et 3 autres sont du crag.

Pleurechinus Ag. Diffère du précédent par ses fossettes, non-seulement aux angles, mais aussi sur les sutures horizontales, entre les rangées primaires de tubercules. Tubercules secondaires en quatre rangées au moins dans l'interambulacre. *P. botryoïdes* est vivant; *P. Valenciennesii, Rousseaui, Hookeri, tuberculosus* (des *Opechinus* pour M. Desor) sont du nummulitique de l'Inde; *P. percultus* Des. est tertiaire à Java.

Opechinus Desor (part.) peut être distingué du précédent par la présence d'une fossette sur le milieu de la plaque, à la suite et à l'opposé de la rangée suturale, dans toutes les aires. *O. costatus* est du nummulitique de l'Inde.

GENOCIDARIS A. Ag. Globuleux; apex proéminent, à ocellaires hors du cadre périproctal, couvert d'une grande plaque anale et 3 à 4 autres plus petites. Zone porifère unisériée, un peu flexueuse, trigéminée. Péristome à peine entaillé, à membrane nue. Tubercules lisses, en deux rangées principales dans chaque aire, les secondaires très petits; des fossettes sur les plaques coronales, près des tubercules, et non sur les sutures. *G. maculatus* est vivant.

Trigonocidaris A. Ag. Apex à génitales subégales, les ocellaires en dehors; quatre plaques anales inégales. Zones porifères unisériées, trigéminées, onduleuses. Péristome arrondi, très faiblement entaillé. Membrane buccale couverte de plaques imbriquées. Tubercules lisses en deux rangées principales dans chaque aire, reliés par des crêtes formant un réseau irrégulier avec des fossettes plus ou moins profondes. Radioles striés en long et subannelés. *T. albida* et *Monolini* sont vivants.

Prionechinus A. Ag. Aurait aussi la membrane buccale écailleuse. Il porterait en outre un simple rang de fossettes de chaque côté du milieu de la ligne médiane ambulacraire. *P. sagittiger* est vivant.

Paradoxechinus Laube. Tubercules homogènes en séries zigzaguées, encadrant des espaces nus dans chaque aire. Terrain tertiaire d'Australie.

2° Zones porifères 2-3 sériées. Tubercules lisses.

Microcyphus Ag. Subhémisphérique; apex médiocre, à ocellaires hors du cadre. Zone porifère droite, trigéminée, les paires disposées en double rangée verticale; l'externe en ayant un nombre double, et moins régulièrement disposés. Péristome subanguleux, faiblement entaillé; membrane nue. Tubercules lisses, petits, inégaux, régulièrement sériés dans les ambulacres, irrégulièrement dans les interambulacres, où ils laissent des espaces nus sur les sutures. De petites fossettes poriformes aux angles suturaux de toutes les aires. *M. maculatus* et *zigzag* sont des mers actuelles.

Mespilia Desor. Globuleux; apex médiocre; à ocellaires en dehors. Zones porifères trigéminées, à paires bisériées d'un pôle à l'autre, le rang interne en nombre double. Péristome petit, très faiblement entaillé; membrane nue. Tubercules petits, lisses, en rangées verticales et horizontales, les inférieures couvrant toutes les aires, les supérieures reléguées sur les côtés. Des fossettes poriformes aux angles, d'autres linéaires au milieu des sutures interambulacraires. *M. globulus* est vivant.

Amblypneustes Ag. Globuleux; apex petit; les ocellaires en dehors. Zones porifères larges, trigéminées, à paires échelonnées par trois et assez distantes pour former trois rangées verticales. Péristome petit, à peine entaillé; membrane nue. Tubercules petits, égaux dans les deux aires, en séries verticales nombreuses, inégales, le haut des interambulacres dénudé; radioles courts, claviformes. Des fossettes poriformes aux angles suturaux des deux aires. *A. ovum* et 4 autres vivants.

3° Tubercules crénelés.

Salmacis Ag. Subhémisphérique; apex petit, tuberculé, ocellaires en dehors. Zones porifères trigéminées, à paires disposées en deux séries verticales, l'interne en nombre double et moins régulière. Péristome petit, faiblement entaillé; membrane nue. Tubercules crénelés, nombreux, subhomogènes, en rangées verticales et horizontales, laissant souvent nu le milieu du haut des aires interambulacraires. Radioles grêles et courts. Des fossettes poriformes aux angles suturaux. *S. bicolor* et 2 autres vivants dans les mers actuelles; *S. Vandeneckii* et *pepo* fossiles tertiaires d'attribution douteuse.

Melobosis Gir. N'en différerait que par la disposition plus échelonnée de ses paires de pores, et lui est rattaché comme synonyme par A. Ag. *M. intermedia* et *mirabilis* sont vivants.

TEMNOPLEURUS Ag. Subhémisphérique; apex de *Salmacis*. Zones porifères étroites, trigéminées, unisériées, ondulées. Péristome petit, très faiblement entaillé; membrane nue. Tubercules crénelés, en deux rangées principales dans chaque aire, avec rangées secondaires de très petits. Des sillons suturaux profonds, horizontaux, vers les angles des plaques. Radioles grêles, striés. *T. toreumaticus*, *Raynaudi* vivants; *T. areolatus* et *cœlatus* Herk. fossiles tertiaires de Java.

Temnotrema A. Ag. En diffère à peine par les zones porifères ayant une tendance à s'échelonner par trois paires. *T. Hardwickii* est vivant.

ECHINOCYPHUS Cott. Subrotulaire; apex grand, caduc. Zones porifères étroites, trigéminées, unisériées, peu serrées. Péristome médiocre, faiblement entaillé. Tubercules crénelés, en double rangée dans chaque aire, quelques très petits secondaires et une zone granuleuse élargie dans le haut de l'interambulacre; impressions suturales entamant la base des tubercules interambulacraires. *E. tenuistriatus* est cénomanien.

Glyptocyphus. En diffère par ses zones porifères 4-5 géminées; par les tubercules interambulacraires fortement rayonnés à leur base et dans le scrobicule par la décurrence des granules scrobiculaires, et relevés autour de l'impression suturale de deux côtes en chevron. (L'ambulacre est souvent réduit à un rang de tubercules). *E. difficilis* et *rotatus* sont cénomaniens.

Les ARBACIENS ont un péristome assez grand, assez entaillé, avec des lèvres peu inégales, des zones porifères plurigéminées (4 à 6), mais unisériées et simplement onduleuses, sauf au péristome, où elles s'élargissent par entassement. Les tubercules sont lisses. (Dans les vivants, les pores du bas sont séparés par un granule et ont des tentacules à empoules d'adhérence; les supérieurs s'ouvrent aux deux bouts d'un sillon et ont des tentacules aigus).

ARBACIA Gray. Subhémisphérique; apex pentagonal, les ocellaires en dehors du cadre, rempli par 4 anales (rarement 5). Zones porifères 3-4 géminées, flexueuses dans le haut, élargies et à paires multipliées près du péristome. Celui-ci ample, lobé, à entailles superficielles, remplacées par une callosité récurrente sur le test. Tubercules lisses, homogènes, en plusieurs rangées verticales, dont les extérieures les plus complètes dans les interambulacres. Pas de tubercules secondaires. *A. pustulosa* est vivant.

Agarites Ag. (Trosch.). N'en diffère que par la dénudation du haut des aires interambulacraires. Tous vivants : *A. Dufresnii, punctulata, stellata.*

Pygomma Trosch. 2 ocellaires comprises dans le cadre du périprocte, et des petits tubercules secondaires mêlés aux principaux. Sommet de l'interambulacre dénudé. *P. spatuligera* est vivant.

Tetrapygus (Ag.) Trosch. Est un *Pygomma* non dénudé autour de l'apex. *T. nigra* est également vivant.

CŒLOPLEURUS Ag. Subhémisphérique ou déprimé. Apex médiocre, les ocellaires en dehors; 4 plaques anales. Zones porifères trigéminées, unisériées, plus ou moins onduleuses, jusqu'à la bouche. Péristome grand, subdécagonal, à lèvres inégales, peu entaillées. Membrane buccale nue. Tubercules lisses, les ambulacraires en deux rangées complètes, les interambulacraires limités à la face inférieure, l'espace nu au-dessus limité par une ligne de crêtes partant du bord des tubercules principaux ; 4 rangées d'interambulacraires. Les espèces typiques ont les espaces dénudés concaves, lisses ou peu ridés. *C. equis* est nummulitique ; *C. Wetherelli* est de l'argile de Sheppy.

Keraiophorus Michel. 2 rangées de tubercules interambulacraires plus petits que les ambulacraires ; des lignes granulées en zigzag sur la dénudation, entre les crêtes qui les bordent. Des impressions suturales médianes entre les plaques interambulacraires, à la face inférieure seulement. Radioles très longs et sétacés. *K. floridanus*, *Maillardi* sont vivants.

Phrissopleurus. 4 rangées de tubercules interambulacraires ; ceux de la rangée médiane remontant plus haut, très petits ; les latéraux transformés en épines acérées. *P. spinosissimus* Ag. (sp.) est du calcaire grossier parisien.

Delbosia. 4 rangées de tubercules interambulacraires; des lignes en zigzag sur la zone dénudée; des fossettes angulaires sous l'ambulacre (Sphérides). *C. Agassizii* est nummulitique de Biarritz ; *C. Delbosii* du calcaire à Astéries.

Sykesia. Péristome petit ; 6 rangées de tubercules interambulacraires s'élevant assez haut sur les flancs ; les extérieures moins développées ; crête bordant les dénudations presque oblitérée ; dénudation lisse. *C. Prattii*, *Forbesi* nummulitiques de l'Inde.

PODOCIDARIS A. Ag. Apex assez grand, à ocellaires en dehors ; 4 plaques anales égales. Zones porifères droites, unisériées jusqu'au bas. Péristome grand, bien entaillé en encoches, à lèvres peu inégales ; membrane tessélée en dedans des plaques tentaculaires. Tubercules lisses, en deux rangées ambulacraires et plusieurs interambulacraires, à tendance à se sérier concentriquement, mais confinés en dessous et portant des radioles fusiformes. En dessus, tubercules sans radioles, spiniformes clavellés. Au milieu des zones, des fossettes entourées de crêtes partant de la base des tubercules. *P. sculpta* et *prionigera* sont des mers actuelles.

GLYPTICUS Ag. Subhémisphérique ; apex solide, à génitales creusées d'une fossette, les ocellaires encastrées hors du cadre. Zones porifères 2-3 géminées, unisériées, élargies au bas. Périprocte décagonal, grand, nettement entaillé, à lèvres ambulacraires plus grandes. Tubercules lisses, en double rangée dans chaque aire en dessous, quelques secondaires dispersés au milieu de l'interambulacre, dont le pourtour et le dessus sont couverts de mamelons irréguliers et comme burinés, formant des rangées verticales irrégulières. (Les tentacules probablement organisés comme dans *Arbacia*). *G. hieroglyphicus, integer* et *sulcatus* sont coralliens.

HOLOGLYPTUS. Subhémisphérique; apex petit, tuberculé, solide. Zones porifères 2-3 géminées, unisériées, un peu élargies à la base. Péristome grand, décagonal, nettement entaillé, à lèvres peu inégales. Tubercules lisses, petits, les principaux en doubles rangées complètes dans chaque aire, mêlés à une granulation très grossière et irrégulière, qui couvre tout le reste de la surface et y forme des rides transverses. (Probablement tentacules d'*Arbacia*). *H. Kaufmani* Loriol (sub *Glypticus*) est corallien.

Acropeltis Ag. Subhémisphérique; apex solide, à génitales égales, pourvues chacune d'un gros tubercule, les ocellaires en dehors. Zones porifères étroites, 3-4 géminées, unisériées, élargies un peu vers le bas. Péristome médiocre, décagonal, à lèvres un peu inégales, faiblement mais nettement entaillées. Tubercules lisses, fortement mamelonnés, en deux rangées dans chaque aire, les ambulacraires plus petits. Granules rares. *A. æquituberculata* et *concina* sont du terrain corallien.

Goniopygus Ag. Subglobuleux; apex grand, très persistant, à génitales lancéolées, portant le pore sous le sommet. Périprocte anguleux, portant 3 à 4 tubercules en dedans de la marge. Zones porifères trigéminées, unisériées, élargies un peu vers le bas. Péristome assez grand, décagonal, nettement entaillé, à lèvres un peu inégales. Tubercules lisses, bien mamelonnés, subhomogènes, en double rangée dans chaque aire, les ambulacraires plus petits. Radioles clavelés, à collerette distincte. Les uns ont l'apex lisse: *G. Menardi* et une dixaine d'autres; les autres l'ont sculpté: *G. peltatus* et huit autres. Tous des terrains crétacés. *G. pelagiensis* (sculpté) est nummulitique.

Cyphopygus. Apex solide, grand, sculpté. Périprocte pentagonal, à 5 tubercules. Zones porifères trigéminées, unisériées dans le haut, quadrigéminées, onduleuses dans le bas (disposition des pores d'*Arbacia*). Tubercules ambulacraires très gros à la partie inférieure, à sutures des assules élémentaires distinctes; les supérieurs brusquement réduits de volume, homogènes jusqu'au sommet, à sutures indistinctes; le reste de *Goniopygus*. *G. major* et peut-être *G. Coquandi* du terrain cénomanien.

Circopeltis. Subhémisphérique; apex petit, annulaire, à génitales inégales, ayant quelques granules, une des ocellaires dans le cadre. Zones porifères 3-4 géminées, flexueuses, unisériées jusqu'au péristome. Celui-ci grand, arrondi, à entailles obsolètes. Tubercules lisses, presque homogènes, en doubles rangées dans chaque aire; les ambulacraires un peu plus petits. Zone miliaire granuleuse très nette. *C. meridanensis* et *Archiaci* (*Leiosoma* Cott.) sont du terrain turonien.

Micropeltis. Apex très petit (inconnu). Zones porifères multigéminées, flexueuses, unisériées dans le haut, élargies, dédoublées dans le bas. Péristome nettement entaillé, à lèvres inégales. Deux rangées interambulacraires extérieures de tubercules secondaires. Zones miliaires réduites à des granules scrobiculaires épars. *M. Tournoueri* (Cott. sub *Leiosoma*) est sénonien.

Phymechinus Des. Subhémisphérique; apex petit, peu persistant, à génitales très inégales, celles de gauche petites, alternant avec les ocellaires pour former le cadre du périprocte. Zones porifères 5-6 géminées, à paires de pores régulièrement dédoublées, bisériées dans toute l'étendue; sutures évidentes. Péristome ample, crénelé par des entailles en encoche; les lèvres ambulacraires presque doubles des autres. Tubercules lisses, saillants, en deux rangées primaires subégales dans chaque aire, flanquées de rangées de secondaires petits ou de simples granules dans les interambulacres. *P. mirabilis* et *Langi* sont oxfordiens; *P. Thiollierei* est corallien.

Gomphechinus. Rotulaire; apex grand, pentagonal, caduc. Zones porifères droites, 5-6 géminées, régulièrement dédoublées dans toute l'étendue. Péristome médiocre, arrondi, nettement entaillé en lèvres peu inégales. Tubercules lisses, saillants, homogènes, rapprochés en deux rangées ambulacraires et dix interambulacraires, dont les internes les plus longues divergent un peu vers le sommet, laissant une gouttière génitale. *G. Selim* Pér. Gauth. (sub *Leiosoma)* est sénonien.

Leiosoma Cott. Rotulaire; apex grand, pentagonal, caduc. Zones porifères larges, 5-6 géminées, à paires dédoublées dans le haut et bisériées par alternances, unisériées et flexueuses au pourtour, subéchelonnées et élargies vers le péristome. Celui-ci grand, assez fortement entaillé, à lèvres ambulacraires doubles des autres et émarginées. Tubercules lisses, en double rangée dans chaque aire, subégales; les plus gros à l'ambitus; les interambulacraires flanqués de doubles séries de très petits secondaires mêlés de granules. *L. rugosum* est sénonien; *L. Jauberti* et *Babeaui* sont bathoniens; *L. Beaugrandi* est corallien.

Les phymosomiens ont des tubercules crénelés, des plaques anales toutes caduques, des zones porifères unisériées au moins au milieu, un péristome bien entaillé, plus ou moins arrondi.

Phymosoma Haime *(Cyphosoma* Ag.). Rotulaire; apex grand, caduc, pentagonal; l'angle postérieur plus saillant. Zones porifères multigéminées, unisériées au pourtour, dédoublées vers le sommet et à paires plus ou moins multipliées vers le péristome. Celui-ci assez grand, nettement entaillé, à lèvres peu inégales. Tubercules crénelés, imperforés, subégaux dans les deux aires, y formant deux rangées principales, avec rangées externes de secondaires granuliformes dans les interambulacres. Radioles robustes, à collerette apparente. *P. regulare*, *corolare* et une douzaine d'autres crétacés; *P. Legayi* est portlandien.

Kœnigia. Deux rangées de tubercules secondaires en dehors des interambulacraires et presque aussi gros. Zones porifères dédoublées jusque en dessous du pourtour: *P. major, nobile, Maresii, Bourgeoisi, Kœnigi*, etc., tous crétacés.

Pliocyphosoma. Zones porifères dédoublées sur une grande longueur, comme dans le précédent; des tubercules secondaires en rangées simples ou doubles, en dehors des principales interambulacraires, et une double rangée au milieu, n'atteignant pas le sommet. Quelques secondaires petits dans l'ambulacre : *C. Douvillei* est corallien; *C. Peroni, girumnense, Archiaci, carantonianum, microtuberculatum*, sont des terrains crétacés.

Miocyphosoma. Grand apex caduc des espèces typiques; mais les zones porifères sont simples, unisériées jusqu'au sommet; les tubercules interambulacraires sont simplement en double rangée : *C. paucituberculatum, aquitanicum, costulatum, perfectum, Aublini*, sont des terrains crétacés.

Coptosoma Desor. Il diffère des vrais Phymosomes par son apex petit, quoique également caduc, par ses zones porifères simples, flexueuses autour des tubercules supérieurs : *C. cribrum*, *blangianum* et divers autres du nummulitique ; il paraît y en avoir dans le terrain crétacé : *C. Raulini*, etc.

Glyptocidaris A. Ag. Apex grand admettant deux ocellaires dans le cadre ample du périprocte. Zones porifères en série unique vers le haut, en arcs 2-3 géminés vers le pourtour, en échelons trigéminés vers le péristome, se rattachant à des tubercules inégaux. Péristome médiocre, entaillé ; membrane renforcée de sclérites elliptiques. Tubercules formant quatre rangées dans chaque aire, mêlés de granules. Radioles striés, sans collerette. *G. crenularis* est vivant.

Cosmocyphus. Apex grand, pentagonal, caduc. Zones porifères 5-6 géminées, fortement onduleuses et formant même des arcs autour des tubercules. Péristome petit, faiblement entaillé, à lèvres peu inégales. Tubercules crénelés en deux rangées dans chaque aire, entourés d'un cercle scrobiculaire qui, dans les interambulacres, est orné de stries rayonnantes remontant plus ou moins sur la base du tubercule. Diffère d'Echinocyphus par l'absence d'impressions suturales évidentes. *C. radiatus*, *tenuistriatus*, *Sæmani*, tous de la craie.

Rachiosoma. Rotulaire ou subhémisphérique ; apex assez grand, pentagonal, persistant, subannulaire, à ocellaires toutes intercalées dans le cadre ovale ou elliptique du périprocte. Zones porifères ondulées, 5 géminées, à paires unisériées ou un peu alternantes, non multipliées en dessous. Péristome médiocre, presque à fleur de test, à entailles nettes, bordées, à lèvres égales ; tubercules saillants, crénelés, presque égaux et en deux rangées dans chaque aire, avec quelques gros granules bordant la zone porifère. Zone miliaire large, déprimée et presque nue dans le haut, inégalement granulée ailleurs. Sutures des assules déprimées et fortement marquées. *R. Delamarei* et *foukanense* (*Cyphosoma* auctorum) sont du sénonien algérien.

Thylechinus. Subglobuleux ou hémisphérique ; apex annulaire persistant, médiocre, tuberculé, à génitales subégales réniformes ; les ocellaires en dehors du cadre arrondi du périprocte. Zones porifères trigéminées, unisériées presque jusqu'à la base. Péristome assez grand, entaillé en faible sinus marginé, à lèvres subégales. Tubercules crénelés, saillants, formant sur chaque aire deux rangées verticales, les interambulacraires un peu plus gros au milieu des assules bordés de chaque côté d'une zone miliaire ; le haut des interambulacres plus ou moins déprimé en gouttière dans les mâles, creusé en marsupium ovale dans les femelles. *T. Saïd* (Gauth. et Pér. sub *Cyphosoma*) et *T. Youdi* (Pér. Gauth. *Cyph.*) sont du terrain sénonien.

Psilosoma. Subhémisphérique ; apex assez grand, subcirculaire, largement annulaire, granuleux, à génitales un peu inégales, subréniformes ; les ocellaires petites, encastrées dans les angles extérieurs. Zones porifères 3-4 géminées, unisériées ou à paires un peu alternantes, ondulées vers le bas et peu ou pas multipliées. Péristome déprimé, arrondi, très faiblement entaillé, à lèvres subégales. Tubercules en doubles rangées presque égales dans toutes les aires, grossissant du péristome au pourtour, puis brusquement réduits jusqu'au sommet, les secondaires très petits. Zone miliaire très granulée dans toutes les aires. *P. Arnaudi, pulchellum, rarituberculatum, Bonissenti* (Cott. sub *Cyphosoma)* sont sénoniens.

Pleurodiadema Loriol. Subhémisphérique ; apex persistant, à génitales subégales, lancéolées, les ocellaires dans les angles extérieurs. Zones porifères unigéminées dans le haut, trigéminées dans le bas, unisériées partout ou un peu dédoublées près du péristome. Celui-ci grand subdécagonal, à entailles superficielles et lèvres subégales. Tubercules imperforés et faiblement crénelés, limités à la face inférieure, ou les interambulacraires remontant un peu sur les flancs, en double rangée dans chaque aire. Granules abondants et transversalement sériés, en dessous surtout, où ils forment de petites crêtes allant d'un tuberculé à l'autre entre les paires de pores. *P. nudum, Stutzii* et *Gauthieri* sont jurassiques du bathonien au corallien.

Micropsis Cott. Subglobuleux ; apex médiocre... Zones porifères 3-4 géminées, unisériées et droites jusqu'au péristome. Celui-ci subcirculaire, fortement entaillé en fissures marginées, à lèvres peu inégales. Tubercules crénelés, imperforés, petits, nombreux, formant dans l'ambulacre deux rangées principales avec deux secondaires plus ou moins développées, dans les interambulacres deux rangées principales flanquées de plusieurs autres secondaires plus petites, égalant les ambulacraires (de 8 à 10) ; des granules plus ou moins entremêlés. *M. Desorii* est sénonien ; *M. Fraasii, Lusseri* et *Biarritzensis* sont nummulitiques. *M. Mokatannensis,* du même horizon, est anomal ; pas de secondaires dans l'ambulacre ; 4 seulement dans les interambulacres.

Micropsidia Pom. Subhémisphérique ou rotulaire. Apex petit, assez persistant, annulaire, à génitales courtes, peu inégales, les ocellaires intercalées dans le cadre arrondi du périprocte. Zones porifères 3-4 géminées, droites ou flexueuses, et tendant ou non à s'échelonner à la base. Péristome petit, enfoncé, rond, à entailles superficielles, bordées, à lèvres subégales. Tubercules crénelés, petits, rangés en doubles séries dans chaque aire, nombreux et serrés ; des secondaires plus petits ou granuliformes formant dans l'interambulacre quatre rangées dans des zones miliaires larges et bien granulées : *M. Leymerii* et *microstoma* (Cott. sp.) sont sénoniens. Il faudra peut-être y réunir les *Cyph. Schlumbergeri, Verneuilii* et *Ameliæ*, également crétacés.

Glyphopneustes Pom. *(Coptophyma* Gauth.). Subglobuleux ; apex médiocre, persistant, largement annulaire, à ocellaires assez grandes, mais extérieures au cadre du périprocte. Zones porifères droites, 3 géminées, unisériées, sauf quelques paires logées dans des fossettes alternant avec les tubercules de la base de l'ambulacre. Péristome faiblement entaillé, à lèvres ambulacraires bien plus grandes. Tubercules imperforés, crénelés, en double rangée dans chaque aire, les ambulacraires bien plus petits que les interambulacraires, dont la base du mamelon est tronquée par une impression suturale : *G. problematicus* est cénomanien.

Les saléniens ont un disque apicial très développé, compliqué d'une des pièces anales soudées, qui refoule le périprocte en arrière ou de côté. Les zones porifères sont très simples ; les tubercules sont crénelés, les ambulacraires granuliformes ; le péristome est bien entaillé.

Goniophorus Ag. Globuleux ; apex pentagonal, les angles vers les ocellaires, à surface unie divisée en triangles par des crêtes réunissant les pores. Périprocte subelliptique transversal, opposé à la génitale postérieure, encadré par elle, les deux contiguës et l'anale. Zones porifères, unisériées, unigéminées, avec quelques paires alternant avec les tubercules, s'ouvrant dans des fossettes. Tubercules ambulacraires granuliformes, rapprochés en deux rangées flexueuses ; les interambulacraires volumineux, imperforés, crénelés, entourés de granules scrobiculaires. Péristome petit, nettement entaillé : *G. lunulatus* est cénomanien.

Hyposalenia Des. Globuleux ; apex large, arrondi, lobulé, diversement sculpté, à ocellaires marginales peu échancrées par l'ambulacre. Périprocte opposé à la génitale postérieure, qui l'encadre avec les génitales voisines et l'anale. Zones porifères droites, bigéminées, unisériées. Péristome médiocre, entaillé en créneau. Tubercules ambulacraires bisériés, granuliformes, rapprochés, homogènes ; les ambulacraires très gros, imperforés, crénelés, peu nombreux, en deux rangées mêlées de granules scrobiculaires. *H. Valleti* (Lor. sp.) est corallien ; les espèces crétacées nombreuses ; une dizaine en ajoutant à celles mentionnées par M. Desor les *Peltastes Archiaci*, *clathratus*, *Wiltshiri* et *Bunburyi*.

Peltates Ag. Diffère du précédent uniquement par son apex dont les génitales laissent pénétrer profondément les ocellaires. Celles-ci en fer à cheval dont les branches enveloppent longuement le sommet des ambulacres, qui pénètrent fortement dans l'appareil apicial. *P. acanthoïdes* est cénomanien.

Salenocidaris A. Ag. Globuleux ; apex de *Hyposalénie* fortement échinulé ; le périprocte encadré par la génitale postérieure et l'anale seules, cette dernière étant plus développée. Zones porifères 1-géminées, 1-sériées, droites, peu serrées. Péristome médiocre, nettement entaillé ; membrane buccale embriquée avec dix plaques ambulacraires. Tubercules ambulacraires en double série, granuliformes, croissant de volume vers le bas, où sont quelques vrais tubercules ; les interambulacraires imperforés, crénelés en deux rangées de 5 à 7 grossissant vers le haut, séparées par une double rangée de granules. Radioles inégaux, robustes, longs, acuminés, striés, granuleux en long, avec collerette ; ceux des granules petits, courts, spathulés, en dix rangées distiques. *S. varispina* est des mers actuelles.

Salenia Gray. Globuleux ; apex très étendu, arrondi, lobulé, plus ou moins sculpté, à périprocte opposé à l'ocellaire postérieure de droite, encadré par les deux génitales voisines et l'anale. Zones porifères droites, bigéminées unisériées. Péristome médiocre, nettement entaillé, à membrane buccale nue. Tubercules ambulacraires en doubles rangées, granuliformes, rapprochés ; les interambulacraires très gros, crénelés et imperforés, en petit nombre et en deux rangées séparées par des séries de gros granules. Radioles de *Salenocidaris*.

Nombreuses espèces crétacées de tous étages. *S. Pellati* est nummulitique. Les zones porifères sont 1-géminées dans *S. gibba, Heberti* et *minima,* et dans *S. profundi* (Duncan), espèce des mers actuelles (sect. **Salenidia**).

Bathysalenia. Apex grand, construit comme dans le type, mais couvert de saillies fraisées faisant couronne autour du périprocte. Zones porifères bigéminées, unisériées, formées d'un petit nombre de paires s'ouvrant dans une fossette bordée; les pores superposés dans chaque paire. Péristome grand, subdécagonal, très peu entaillé. Tubercules imperforés, en double rangée dans chaque aire; les interambulacraires espacés, non crénelés, plus volumineux à l'ambitus; les interambulacraires un peu plus gros que ces derniers, allant en grossissant vers le haut, les supérieurs seuls crénelés. *S. gœzana* Lovén est des mers actuelles.

Pleurosalenia. Subrotulaire; apex de *Salenia,* à périprocte latéral, mais touchant l'ocellaire qui sépare complètement les génitales voisines. Péristome petit, arrondi, un peu enfoncé, faiblement entaillé. Zones porifères 1-géminées et 1-sériées. Tubercules ambulacraires très petits, granuliformes, en deux rangées, séparés par une zone miliaire; les interambulacraires très gros, crénelés, imperforés, en deux rangées principales de 5 à 6, avec deux rangs de petits secondaires à leur intérieur. *P. tertiaria* (Tate sp.) est fossile d'Australie. *S. varispina* W. Tomps. (non A. Ag.) paraît être du même genre et vit dans les mers actuelles.

Psilosalenia et *Poropeltaris* Quenst. ne me sont pas connus.

LES DIADÉMATIDÉS

comprennent tous les Glyphostomes dont les tubercules sont perforés, qu'ils soient à col lisse ou crénelé.

Les HÉMICIDARIENS sont caractérisés par les ambulacres étroits, dont les tubercules sont hétérogènes, gros et normaux en dessous, plus ou moins brusquement remplacés en dessus par des tubercules très réduits, granuliformes. Le péristome est le plus souvent bien ouvert, avec des entailles assez fortes et marginées. Les radioles sont massifs, pourvus d'une couche extérieure plus dense, échinulée ou striée; l'apex en général persistant; les tubercules le plus souvent crénelés.

α un premier type a l'apex des Salénies.

HETEROSALENIA Cott. Apex médiocre, rugueux, à génitales perforées près du bout; les ocellaires semilunaires dans les angles extérieurs. Périprocte encadré entre une anale persistante, l'ocellaire postérieure de droite et les génitales contiguës. Zones porifères onduleuses, unisériées, bigéminées dans le haut, trigéminées dans le bas. Péristome ample, bien entaillé, à lèvres inégales. Ambulacres portant à la base deux rangées de tubercules crénelés et perforés, remplacés brusquement par deux rangées de tubercules granuliformes contigus; deux rangées verticales de gros tubercules peu nombreux, crénelés, perforés, avec de gros granules scrobiculaires et autres plus petits dispersés dans les deux aires. *H. Martini* est turonien.

Pseudosalenia Cott. Apex solide, médiocre, granulé, à ocellaires en dehors; une anale persistante encadrant un petit périprocte avec les trois génitales postérieures (Peltastes). Zones porifères flexueuses, unisériées, sauf au péristome, unigéminés dans le haut; 2-3 géminées dans le bas. Péristome médiocre, bien entaillé, à lèvres très inégales. Tubercules ambulacraires crénelés et perforés, en doubles rangées de 2 à 3 à la base, brusquement remplacés au-dessus par de gros granules contigus; les interambulacraires très gros, peu nombreux, crénelés et perforés, avec granules scrobiculaires. Radioles cylindriques, grêles, striés, à collerette indistincte. *P. aspera* Lor. est kimméridienne; *P. interpunctata* et *flexuosa* en sont des variétés; *Amphisalenia* une monstruosité.

β pas d'anale persistante; tubercules crénelés ou non.

Pseudocidaris Etallon. Apex petit, granulé, persistant, les génitales subégales, perforées en dessus, les ocellaires extérieures ou l'une d'elles entrant dans le cadre. Zones porifères flexueuses, unisériées, unigéminées dans le haut, plurigéminées et entassées en dessous vers le péristome. Celui-ci grand, décagonal, entaillé, à lèvres ambulacraires plus grandes. Ambulacres étroits portant à la base deux rangées de quelques tubercules crénelés, perforés, qui au pourtour sont brusquement remplacés par des granules réguliers, rapprochés, un par paire de pores, avec ou sans granules dans la zone miliaire. Tubercules interambulacraires bien plus gros, en deux rangées de 3 à 5, crénelés et perforés, scrobiculés avec granules. Radioles glandiformes, marqués de plis, de stries ou de granules longitudinaux, à collerette peu distincte. *P. florida* (Mérian sp.) est de l'infra-lias; *P. mammosa, pulchella, Thurmani* sont jurassiques, coralliens et kimméridens; *P. clunifera* et *Galeoti* (*P. Saussurei* Lor.) sont néocomiens. (A exclure: *P. Quenstedi, Peroni, Leymeriei*).

Plesiocidaris. Globuleux, élevé; apex à génitales inégales, percées en dessus, granulées, les ocellaires dans les angles et les deux postérieures pénétrant parfois jusqu'au cadre. Zones porifères peu flexueuses, unisériées et unigéminées dans le haut et le pourtour, plurigéminées et un peu entassées vers le péristome. Celui-ci grand, bien entaillé, à lèvres inégales. Ambulacre peu flexueux, non contracté au-dessus de la base, portant en dessous quelques tubercules crénelés et perforés, en deux rangées, brusquement transformés en granules, réguliers, sur 2 rangs bordant les pores et un par pore, avec une zone miliaire de plusieurs rangs de granules serrés plus petits ou égaux. Tubercules interambulacraires crénelés, perforés, saillants, en double rangée de 6 à 8. Radioles en baguettes longuement atténuées, renflées au-dessus d'une courte collerette peu distincte, finement striés en long. *P. alpina* (Ag. sp.), *Wrightii* (Des. sp.), *Ruthenensis* (Gaut. sp.) sont jurassiques du bathonien au kimméridien.

Hemicidaris Ag. Apex granuleux, à génitales un peu inégales, les ocellaires dans les angles et les deux postérieures entrant parfois dans le cadre. Zones porifères 3-4 géminées, unisériées, sauf à la base, où elles s'étalent en multipliant les pores. Péristome bien entaillé, à lèvres inégales. Ambulacres étroits, droits ou flexueux, portant à la base deux rangs de quelques tubercules crénelés et perforés, brusquement remplacés au-dessus par d'autres plus petits, à mamelon souvent perforé, mais à col oblitéré, espacés le long des zones porifères, avec zone miliaire plus ou moins large. Tubercules interambulacraires, gros, crénelés, perforés, scrobiculés, avec cercle de granules et miliaires plus ou moins développés. Radioles cylindriques, finement striés, atténués ou subclaviformes, à collerette courte formant bourrelet sur la couronne. 22 espèces jurassiques du bathonien au portlandien : *H. luciensis, intermedia, Glasvillei,* etc.

Gymnocidaris Ag. *(Prodiadema* Pom.). Diffère du précédent par le contraste plus considérable entre le dessous et le dessus des ambulacres, les petits tubercules plus granuliformes et imperforés ; par l'atrophie des tubercules interambulacraires supérieurs, qui dénude largement le sommet. Radioles allongés, aciculés, finement granulés en long, à collerette très courte, triquètres, carénés ou polygonaux. Des terrains jurassiques : *H. granulosa, pustulosa, Stockesii, stricta, Guerangeri, diademata (Agassizii), Lestocquei ; Pseudodiad. Jauberti* et *prisciniacense. H. Meslei* et *pseudohemicidaris* sont néocomiens.

Hemitiaris *(Hemidiadema* Des. non Ag.). Apex, granulé, petit, persistant, à génitale postérieure plus courte, laissant entrer les ocellaires voisines jusqu'au cadre. Zones porifères unigéminées dans le haut, multigéminées dans le bas et un peu entassées au bout. Péristome grand, entaillé, à lèvres inégales. Ambulacre flexueux, pourvu dans le haut d'un double rang de gros granules (1 par paire de pores), avec petits granules au milieu, et au dessous de deux rangs de gros tubercules crénelés, perforés, plus ou moins serrés jusqu'à chevaucher en zigzag et subunisériés. Interambulacre d'*Hemicidaris*. Radioles cylindriques, finement striés en long et parsemés de tubercules ou de rides transverses, à collerette réduite à un bourrelet lisse sur la couronne. *H. stramonium* est kimméridien ; *H. Meryaca* corallien, et *prestensis* néocomien, paraissent congénères.

Asterocidaris Cott. Ce sont des *Gymnocidaris* dont les interambulacres sont pourvus en dessus de surfaces dénudées unies, plus ou moins nettement circonscriptes, dont les tubercules supérieurs sont réduits à des granules à peine plus gros que les scrobiculaires qui les entourent. L'apex est solide, uni ou granulé, bordé autour du périprocte ; les ocellaires en dehors. Les ambulacres ont à leur partie supérieure des tubercules à col oblitéré, à mamelon assez saillant, imperforé, bien séparés, chacun correpondant à 3 à 4 paires de pores. *A. Nodoti* et *minor* sont bathoniens.

Hemipygus Etall. Apex solide, à génitales creusées d'une fossette centrale et perforées à l'extrémité ou même en dessous, les ocellaires en dehors. Zones porifères unisériées jusqu'au bas, où elles sont un peu élargies, plurigéminées. Péristome grand, faiblement entaillé, à lèvres inégales. Ambulacres portant deux rangées de tubercules crénelés et perforés, remplacés en dessus par deux rangs de gros granules imperforés, distants. Tubercules interambulacraires en deux rangées, gros, crénelés, perforés, à mamelon ordinairement volumineux, à cercle scrobiculaire peu serré. *H. Peroni* (Cott. sub *Pseudocidaris)* et *Ramsayi* sont bathoniens; *H. tuberculosus* et *Matheyi* sont coralliens; *H. virgulinus* est kimméridien.

Cidaropsis Cott. Apex solide, à génitales égales perforées près du sommet, les ocellaires en dehors. Zones porifères unisériées, trigéminées dans le haut, plurigéminées dans le bas, un peu élargies vers la bouche. Péristome grand, décagonal, entaillé. Tubercules ambulacraires non crénelés, perforés, en deux rangées, subitement transformés en simples granules au pourtour. Tubercules interambulacraires gros, peu saillants, en double rangée de 3 à 4, avec cercle scrobiculaire et granules miliaires abondants. *C. minor* est bathonien.

Tiaridia. Apex persistant, étoilé, à génitales égales, lancéolées, très allongées, perforées près du milieu, les ocellaires trapézoïdales toutes encastrées dans le cadre périproctal. Zones porifères trigéminées, unisériées jusqu'à l'extrémité. Péristome ample, à entailles obsolètes. Tubercules ambulacraires perforés et crénelés, en deux rangées, brusquement réduits vers le milieu de la hauteur à des mamelons perforés sans col, tous avec cercles scrobiculaires de granules. Tubercules interambulacraires en deux rangées, bien plus gros, crénelés, perforés, avec cercle scrobiculaire de granules. *T. batnensis* (Cott. *Hemicidaris)* est cénomanien.

Hessotiara. Apex solide, persistant, granulé, à génitales subégales, perforées auprès du sommet, les ocellaires en dehors. Zones porifères subbigéminées en haut, 4-5 géminées au pourtour et en dessous, unisériées, étalées sur la lèvre. Péristome grand, entaillé, à lèvres inégales. Tubercules ambulacraires en deux rangées, les inférieurs crénelés et perforés, passant brusquement au-dessus du pourtour à deux rangées rapprochées de gros granules contigus. Tubercules interambulacraires notablement plus gros, crénelés et perforés, en deux rangées rapprochées des bords, n'atteignant pas le sommet, pourvus de cercles scrobiculaires de granules gros, dont quelques-uns mamelonnés ne diffèrent pas des tubercules atrophiés du haut. Des granules épars dans une large zone miliaire. *H. florescens* (Ag. *Diadema)* est corallien.

Les pédiniens ont les ambulacres à tubercules homogènes dans toute leur longueur; leurs tubercules sont perforés mais non crénelés. Les radioles pleins sont couverts d'une couche de structure compacte, striée, granulée ou échinulée. Le péristome est variable, tantôt ample et peu profond, tantôt petit, enfoncé, avec entailles plus ou moins profondes. L'apex est ordinairement persistant.

α Pores échelonnés.

Miopedina. Subhémisphérique; apex persistant, granulé, les ocellaires en dehors. Zones porifères flexueuses, subunisériées ou très vaguement échelonnées par trois paires dans la partie supérieure, élargies vers le bas, à pores entassés sur trois rangées, formant des séries obliques de trois. Péristome grand, décagonal, à lèvres interambulacraires très petites (comme *Stomechinus)*, à entailles très nettes. Tubercules ambulacraires en deux rangées, perforés, sans crénelure, espacés et diminuant rapidement du pourtour vers les extrémités, ayant des tendances à chevaucher par alternance. Les interambulacraires un peu plus gros, en double rangée, occupant le milieu des plaques, peu nombreux (6 à 7), les supérieurs atrophiés; de gros granules épars sur les zones miliaires. *M. Matheyi* Desor (sub *Hemicidaris)* est bathonien; *M. tuberculosa* (Wright *Pedina)* est corallien.

Pedina Ag. Rotulaire; apex persistant, à génitales inégales, les ocellaires en dehors. Zones porifères trigéminées, échelonnées par trois paires, très rapprochées sans se multiplier vers le bas. Péristome déprimé, arrondi, à 10 crénelures presque égales, à entailles pénétrantes. Tubercules perforés, petits, en deux rangées principales dans chaque aire, ceux de l'ambulacre quelquefois inégaux entre eux; des secondaires mêlés de granules épars dans l'ambulacre, d'autres de plusieurs grandeurs dispersés dans les interambulacres, surtout en dessous; quelques-uns formant des rangées de chaque côté de la principale. Une douzaine d'espèces jurassiques, surtout bathoniennes; les autres coralliennes: *P. inflata, sublœvis,* etc.

Pseudopedina Cott. Subhémisphérique ou globuleux ? apex assez grand, persistant, à génitales égales, les ocellaires dans les angles. Zones porifères trigéminées, échelonnées par trois dans toute leur longueur, sans s'élargir vers le bas. Péristome grand, décagonal, à entailles profondes. Tubercules perforés, les ambulacraires en deux rangées, fortement alternes, alternant souvent avec des granules et s'amoindrissant beaucoup vers le haut; les interambulacraires plus gros, formant une double rangée externe d'un pôle à l'autre et une double médiane ne dépassant pas le pourtour. Assules interambulacraires très élevés; de larges zones miliaires parsemées de granules. Radioles cylindriques, finement cannelés. Toutes les espèces sont bathoniennes: *P. Nodoti, divionensis,* etc.

Micropedina Cott. Subglobuleux; apex persistant, largement annulaire, les ocellaires en dehors. Zones porifères trigéminées, échelonnées par trois paires, en ordre inverse (la paire inférieure du côté de l'ambulacre). Péristome petit, à fleur, faiblement crénelé, à lèvres un peu inégales. Tubercules petits, homogènes, nombreux, disposés en rangées verticales, 4 à 6 dans l'ambulacre, 14 à 16 dans l'interambulacre, où ils forment également des séries transverses brisées. Radioles grêles, finement cannelés. *M. Cotteaui* est cénomanien.

Leiopedina Cott. Très renflé; apex petit, caduc. Zones porifères larges, parsemées de granules, trigéminées, à trois rangées verticales de paires; l'externe plus séparée des autres. Péristome petit, à fleur, arrondi, à faibles entailles. Tubercules petits, perforés, formant sur chaque aire un double rang, longeant la zone porifère sur l'ambulacre, et au milieu des assules sur les interambulacres; rarement 3 ou 4 autres rangées du côté externe en dessous, tout le reste couvert de nombreux granules égaux, plus ou moins sériés. *L. Talavignesii* et *Samusii* sont nummulitiques.

Echinopedina Cott. Globuleux renflé; apex étroit, caduc. Zones porifères trigéminées, obliquement échelonnées en ordre inverse, ne formant pas de rangées verticales distinctes. Péristome petit, arrondi, à fleur, marqué d'entailles aiguës, à lèvres égales. Tubercules perforés, subscrobiculés, petits, serrés, homogènes, formant sur chaque aire deux rangées subcarénées, les interambulacraires au milieu des assules; granules miliaires couvrant le milieu de l'ambulacre, la zone externe de l'interambulacraire et le bord supérieur des assules dans la zone interne. *E. Gacheti* est éocène.

β Pores unisériés.

Echinopsis Ag. Renflé; apex persistant, subannulaire, étoilé, les ocellaires très encastrées, mais hors du cadre. Zones porifères trigéminées, unisériées jusqu'au bout. Ambulacres larges. Péristome petit, arrondi, bien entaillé, à lèvres subégales. Tubercules perforés, petits, subscrobiculés, rapprochés en deux rangées dans chaque aire, les ambulacraires longeant les zones porifères, les interambulacraires à peine plus gros, au milieu des assules sans secondaires, mais avec larges zones miliaires. *E. elegans* et *arenata* sont éocènes.

Leptocidaris Quenst. Rotulaire; zones porifères trigéminées, unisériées. Tubercules petits, subscrobiculés, perforés, non crénelés, les ambulacraires de 3 à 5 seulement vers le pourtour alternant et espacés dans la rangée, les interambulacraires en double rangée au milieu des assules, laissant de larges surfaces miliaires sans autres tubercules. Genre peu connu. *L. triceps* est du corallien.

Hemipedina Wright. Rotulaire; apex persistant, granulé, les ocellaires petites, en dehors. Ambulacres étroits. Zones porifères trigéminées, unisériées, un peu dissociées au péristome. Celui-ci médiocre, bien entaillé, à lèvres subégales. Tubercules perforés, non crénelés, en double rangée dans chaque aire, les ambulacraires diminuant de volume vers les extrémités et se terminant en granules vers le haut, les interambulacraires notablement plus gros, saillants, scrobiculés, occupant presque tout l'assule; de gros granules mamelonnés simulant parfois en dessous des rangées secondaires. Radioles grêles, finement cannelés, à collerette distincte. Nombreuses espèces jurassiques: *H. Jardini, perforata, aspera,* etc.; *H. minima* est néocomien.

Cœnopedina A. Ag. Apex à génitales pentagonales encadrant un très petit périprocte, les ocellaires tout à fait en dehors. Zones porifères trigéminées, tendant à former des arcs échelonnés autour des tubercules. Péristome petit, à entailles aiguës, mais faibles; la membrane buccale est en grande partie occupée par dix grandes plaques tentaculifères. Le reste comme dans le type. *C. cubensis* est des mers actuelles.

Diademopsis Des. Apex médiocre, caduc, à génitales inégales, les ocellaires hors du cadre, mais bien encastrées. Zones porifères trigéminées, unisériées, un peu dédoublées au bas. Péristome fortement anguleux, décagonal, à lèvres subégales. Tubercules petits, peu saillants, perforés, formant deux rangées dans les ambulacres étroits, plus gros et en quadruples rangées dans les interambulacres, les rangées externes allant d'un pôle à l'autre, les internes ne dépassant pas le pourtour; larges zones miliaires. Radioles très longs, aciculés, à gros bouton, finement cannelés. *D. serialis* et une vingtaine d'autres des terrains jurassiques inférieurs.

Hecistocyphus. Zones porifères 4-5 géminées, flexueuses, simples jusqu'au bout. Péristome petit, déprimé, arrondi, sans entailles visibles. Tubercules petits, perforés, nombreux, subhomogènes, formant deux rangées ambulacraires rapprochées, deux rangées principales interambulacraires complètes, à peine contrastantes avec les rangées secondaires au nombre de 8, 2 latérales, 4 intermédiaires s'atténuant et disparaissant loin des pôles, même en dessous, formant en outre des rangées transversales régulières. *H. Bonisenti* Cott. (sub *Diademopsis)* est de l'infra-lias.

PHYMOPEDINA. Zones porifères trigéminées, unisériées. Péristome médiocre, décagonal, bien anguleux, à lèvres subégales. Tubercules volumineux, saillants, perforés, formant des rangées verticales et horizontales régulières, rapprochées, mêlées de granules scrobiculaires, les ambulacraires à peine plus petits en deux rangées s'atténuant aux extrémités, les interambulacraires homogènes formant 6 à 8 rangées dont les externes paraissent les plus longues, avec rangée externe, au moins en dessous, de gros granules bien mamelonnés. Radioles longs, aciculés, à gros bouton, à fines cannelures. *P. marchamensis*, du corallien, et *P. Bouchardi*, du kimméridien, étaient des Hémipédines pour M. Wright.

ORTHOPSIS Cott. Apex petit, persistant, granulé, annulaire. Zones porifères trigéminées, avec assules élémentaires distincts, unisériées jusqu'au bas. Péristome médiocre, arrondi, faiblement entaillé, à lèvres subégales. Tubercules médiocres, perforés, formant deux rangées ambulacraires séparées par une zone miliaire, deux rangées principales interambulacraires un peu plus fortes flanquées de chaque côté d'une rangée de secondaires égalant les ambulacraires, mais n'atteignant pas le sommet (4 par aires), rarement deux rangées internes de plus au pourtour. Les surfaces étendues non couvertes par les tubercules sont chagrinées par une fine granulation. *O. granularis* et 4 ou 5 autres des terrains crétacés; il y a peut-être lieu d'y réunir les *Hemipedina Bonei* et *Davidsoni*, qui sont jurassiques.

MIORTHOPSIS. Subrotulaire; apex persistant, petit, à génitales très inégales, la postérieure très petite, égalant les ocellaires voisines intercallées; périprocte allongé. Zones porifères trigéminées (assules indistincts), unisériées jusqu'au bas. Péristome petit, à faibles entailles. Tubercules petits, perforés, formant dans l'ambulacre deux rangées principales et deux secondaires de même grosseur au pourtour, s'atténuant plus vite aux deux bouts; les interambulacraires de volume peu différent, sauf une double rangée plus complète allant jusqu'aux extrémités, les autres au nombre de 8 à 10, un peu diffuses, ayant des tendances à se bissérier en travers en alternant sur chaque assule, les supérieurs plus petits et plus nombreux. *M. Floueti* Cott. (sub *Orthopsis)* est cénomanien douteux. J'y rapporte aussi *Hemipedina microgramma* Wright, du terrain bathonien.

Les PSEUDODIADÉMATIENS ont des tubercules perforés et crénelés, les tubercules ambulacraires homogènes, c'est-à-dire formés dans toute leur étendue de tubercules semblables et bien constitués. Les radioles sont massifs, revêtus d'une couche extérieure plus dense, qui laisse ou non une collerette visible et est finement striée ou rugueuse.

Les tubercules ambulacraires sont tantôt bien plus petits que les interambulacraires, et tantôt presque aussi volumineux; de là deux sections.

« Ambulacres étroits.

HETEROCIDARIS Cott. Subglobuleux; apex grand, subpentagonal, caduc. Zones porifères droites, trigéminées, subunisériées, tendant à former dans le bas des arcs de trois paires. Péristome médiocre, subpentagonal, avec les angles émarginés par la lèvre ambulacraire très courte et nettement entaillée. Ambulacres très étroits, droits, portant deux rangées contiguës de très petits tubercules rapprochés, égaux, mamelonnés, perforés et crénelés. Interambulacres portant six rangées de gros tubercules homogènes, crénelés, perforés, scrobiculés, régulièrement sériés en travers, la rangée bordant l'ambulacre la plus complète. *H. Trigeri* et *Wickense* sont bajociens.

Hypodiadema Des. Subhémisphérique; apex plus ou moins persistant, subannulaire, à génitales inégales, la postérieure alternant parfois avec les deux ocellaires postérieures. Zones porifères subtrigéminées, unisériées, plus ou moins dédoublées près du péristome. Celui-ci grand, bien entaillé, à lèvres peu inégales. Tubercules crénelés, perforés, en double rangée dans chaque aire; les ambulacraires homogènes beaucoup plus petits que les interambulacraires qui couvrent la plus grande partie de l'assule avec des cercles scrobiculaires plus ou moins complets. 2 espèces du trias peu connues; beaucoup de jurassiques signalées par M. Desor et en outre les *H. Babeaui, pisum, Rathieri, Pellati* (Cott. sp.), *Grepini* (Lor. sp.), *boloniensis* (Cott. sp.); dans le néocomien 2 à 3 espèces.

Gymnotiara. Subrotulaire; apex caduc? Zones porifères droites, trigéminées, unisériées, partout peu serrées. Péristome assez grand, entaillé, à lèvres peu inégales; ambulacres sublinéaires, brusquement arrondis au sommet, à tubercules perforés et crénelés, mais granuliformes, espacés en deux rangées contiguës; tubercules interambulacraires en double rangée, beaucoup plus volumineux, grossissant jusqu'au-dessus du pourtour, les deux ou trois supérieurs oblitérés, peu différents des quelques granules scrobiculaires : les *G. Varusensis* et *Dumortieri* (Cott. *Pseudodiadema*) sont liasien et bajocien.

Acrosalenia Ag. Subglobuleux ou hémisphérique. Apex assez grand, plus ou moins persistant, à génitales un peu inégales, la postérieure alternant avec les ocellaires postérieures, encadrant une anale (quelquefois divisée) qui, avec les génitales paires postérieures, complète le cadre du périprocte. Zones porifères droites, 3-géminées, unisériées, un peu dédoublées à la base. Péristome assez grand, nettement entaillé, à lèvres ambulacraires bien plus grandes. Tubercules ambulacraires bissériés, petits, crénelés et perforés, homogènes, les interambulacraires volumineux, surtout au pourtour, avec cercles scrobiculaires. Radioles robustes, finement striés, granuleux, longuement atténués. *A. spinosa* et nombreuses autres espèces jurassiques, dont plusieurs à apex inconnu, sont incertaines : *A. pentagona, Lamarkii, radians,* etc.

Milnia Haime. Subglobuleux; apex grand, plus ou moins persistant, à génitales petites, alternant avec les ocellaires, la postérieure en forme de chevron, saillante en arrière, les pièces anales nombreuses (au moins 6 à 7), dont les postérieures, plus petites, s'appuient sur les ocellaires postérieures pour former le cadre de l'anus très rejeté en arrière. Zones porifères trigéminées, unisériées. Péristome enfoncé, fortement entaillé; tubercules en deux rangées dans chaque aire, les ambulacraires très petits, homogènes, les interambulacraires volumineux, surtout au pourtour, les plus supérieurs atrophiés : *A. hemicidaroïdes, Wiltonii, pseudodecorata, angularis* et *Lamberti* sont jurassiques ; *A. miranda* et *Haimei*, néocomiennes.

Thylosalenia est un *Milnia* à tubercules ambulacraires encore plus petits, à sommet largement dénudé, avec un sillon creusé derrière la génitale impaire sur le milieu de l'interambulacre. *A. patella* est néocomienne.

β Tubercules des deux aires non contrastants ; apex persistant.

Acrocidaris Ag. Plus ou moins renflé ; apex petit, solide, persistant, à génitales peu inégales, perforées près de l'extrémité, pourvues d'un tubercule perforé. Ocellaires petites, extérieures. Zones porifères onduleuses, plurigéminées (de 5 à 6), unisériées, se dédoublant près de la bouche ; les sutures des assules élémentaires visibles. Péristome grand, fortement entaillé, à lèvres inégales. Tubercules saillants, perforés, crénelés (en partie seulement) avec des granules scrobiculaires épars, en double rangée dans chaque aire, les ambulacraires un peu plus petits que les interambulacraires, surtout en dessus, où ils s'atténuent (les supérieurs quelquefois atrophiés dans les deux aires). Radioles robustes, cylindriques, carénés dans le haut, obtus ; collerette indistincte. *A. striata, nobilis, splendida (Hemicidaris* Cott.) sont jurassiques ; *A. minor* est néocomien.

Stereopyga sont des *Acrocidaris* dont les plaques génitales ne sont pas pourvues d'un tubercule primaire, dont les tubercules sont moins saillants, ordinairement moins dépourvus de granules scrobiculaires, et dont les assules élémentaires de l'ambulacre sont en général indistincts. Ils diffèrent de *Pseudodiadema* par l'absence de rangées secondaires de tubercules. *S. Moorei* (Wright sub *Pseudodiadema)* est du lias ; *S. conforme* (Ag. sub *Diadema)* est kimmeridien ; *S. brillensis* (Wright sub *Hemicidaris), S. morinicum* (Sauv. et Rig. *Hemidiadema)* sont portlandiens ; *S. icaunensis, Guirandi* et *Pilleti* (Cott. sp.) sont néocomiens.

Pseudodiadema Desor (part.). Subhémisphérique ; apex petit, granulé, à génitales subégales, les ocellaires petites en dehors. Zones porifères 3-4 géminées, unisériées, dédoublées près du péristome. Celui-ci grand, fortement entaillé, à lèvres bien inégales. Tubercules crénelés, perforés, fortement mamelonnés, en double rangée ambulacraire, en plusieurs rangées interambulacraires (au moins 6), dont deux principales au milieu des plaques, les primaires plus gros, les secondaires égalant environ les ambulacraires, du moins au pourtour. Radioles longs, aciculés, à collerette indistincte, finement cannelés. *P. hemisphœricum, orbignyanum, tetragramma* sont jurassiques ; *P. Jaccardi* est néocomien.

Glyptodiadema. Subglobuleux ; apex petit, persistant, étoilé, les ocellaires en dehors du cadre. Zones porifères droites, trigéminées, unisériées, dédoublées à la base. Péristome médiocre, subdécagonal, faiblement entaillé, déprimé. Tubercules petits, saillants, faiblement scrobiculés, perforés, crénelés ; deux rangées ambulacraires homogènes, peu serrées, séparées par une zone miliaire granulée ; deux rangées interambulacraires un peu plus fortes, sans secondaires, semblables, avec granules scrobiculaires rayonnants et d'autres épars dans des zones miliaires larges. Une impression au-dessus des sutures horizontales touchant au tubercule. *G. cayluxensi* (Cott. sub *Pseudodiadema*) est du lias.

Hemidiadema Ag. Globuleux; apex petit, étroitement annulaire, à ocellaires alternant avec les génitales; le madréporide en bouton. Zones porifères trigéminées, unisériées jusqu'au bas. Péristome enfoncé, arrondi, médiocre, à entailles indistinctes. Tubercules perforés et crénelés formant deux rangées dans chaque aire ou subunisériés dans les ambulacres, ceux-ci seulement un peu plus petits que les interambulacraires; des granules plus ou moins abondants; des dépressions lisses sur les sutures horizontales formant fossettes sous les tubercules et sillons vers la suture médiane, elle-même déprimée. Dans les espèces typiques; périprocte et apex subcirculaires; 4 fossettes sous les tubercules des deux aires. *H. rugosum* Ag. est cénomanien.

Glyphocyphus Haime. Périprocte et apex ovales; 2 fossettes seulement sous les tubercules interambulacraires. Les uns ont les zones miliaires couvertes de nombreux granules homogènes: *G. radiatus* est cénomanien. Les autres ont un simple cercle scrobiculaire de granules qui, dans l'interambulacre, ont des décurrences rayonnantes sur le scrobicule: *G. intermedius* également cénomanien et *neocomiensis*.

Microdiadema Cott. Subhémisphérique; apex petit, solide, saillant, à génitales subégales, les ocellaires petites dans les angles. Zones porifères 4-5 géminées, droites, unisériées jusqu'au bas. Péristome assez grand, déprimé, à entailles peu distinctes. Tubercules perforés et crénelés, étroitement scrobiculés, les ambulacraires espacés, formant quatre rangées verticales alternantes, les médianes secondaires; les interambulacraires en six rangées verticales, dont celles du milieu des plaques sensiblement plus fortes, alternant en travers avec les deux voisines. Granules intermédiaires, homogènes, serrés; ceux au-dessus du pourtour un peu plus gros qu'en dessous. *M. Richeriana* est du lias.

β' Tubercules ambulacraires peu différents des autres; apex caduc.

Hebertia Michelin. Subhémisphérique; apex petit, arrondi, caduc. Zones porifères droites, trigéminées, unisériées partout, à assules élémentaires distincts. Péristome médiocre, à entailles peu marquées. Tubercules crénelés, perforés, petits, les ambulacraires en deux rangées peu serrées, très séparées par une large zone miliaire; les interambulacraires formant deux rangées principales et quatre secondaires, une de chaque côté des primaires, les premiers plus gros, les autres plus petits que les ambulacraires; ces derniers au milieu d'une granulation très étendue. Radioles grêles, finement cannelés. *H. sentisiana* et *meridanensis* sont éocènes.

Pedinopsis Cott. Subhémisphérique; apex petit, arrondi, caduc. Zones porifères droites, 6-géminées, dédoublées de manière à former deux séries verticales, diffuses et multipliées près du péristome. Celui-ci médiocre, subarrondi, à entailles superficielles marginées, à lèvres inégales. Tubercules petits, crénelés, perforés, peu serrés, formant deux rangées primaires complètes et deux secondaires atténuées vers le haut dans chaque ambulacre, deux rangées primaires peu ou pas contrastantes et 4 à 8 secondaires dans chaque interambulacre, ces dernières bordant les autres et irrégulières, n'atteignant pas le sommet. *P. meridanensis* est néocomien ; *P. Wiesti* et *Desorii* sont cénomaniens.

Un deuxième type a 6 rangées ambulacraires et 12 interambulacraires, ces dernières persistantes jusque auprès du sommet, formant des rangées transverses plus régulières. *P. Arnaudi* est cénomanien.

Diplopodia M. Coy. Rotulaire ; apex grand, pentagonal, caduc. Zones porifères élargies aux deux bouts, 3-5 géminées, unisériées au pourtour, dédoublées vers le sommet et plus ou moins échelonnées près du péristome. Celui-ci médiocre, subdécagonal, assez entaillé, à lèvres peu inégales. Tubercules crénelés et perforés, en double rangée, et s'affaiblissant vers le haut dans l'ambulacre, en double rangée et plus volumineux dans l'interambulacre, couvrant presque toute l'aire, sauf au sommet, et flanqués de granules, dont quelques marginaux et même des internes se mamelonnant parfois en fausses rangées secondaires. Radioles aciculés, cannelés finement, à collerette distincte. *D. subangulare* est typique. Espèces jurassiques nombreuses ; à ajouter *Pseudodiadema æquale*, *Matheyi*, *Schlumbergeri*, *Morieri*, *Meriani*, etc. ; le type se continue dans les terrains crétacés. *Pseudod. Fittoni* néocomien, *margaritatum*, *macilentum* et *concinnum* cénomaniens d'Algérie.

Tetragramma Ag. Subrotulaire ; apex grand, pentagonal, caduc. Zones porifères 4 géminées, unisériées au pourtour, plus ou moins longuement dédoublées en dessus, flexueuses échelonnées vers le bas. Péristome déprimé, assez grand, subdécagonal, entaillé en encoches, à lèvres subégales. Tubercules perforés et crénelés formant deux rangées ambulacraires serrées, amoindries aux extrémités ; 4 rangées interambulacraires un peu plus fortes, les intérieures seules allant jusqu'à l'apex en divergeant ; des granules scrobiculaires accompagnés ou non de miliaires ; un espace nu sous les angles de l'apex. Radioles aciculés, à collerette distincte. Les espèces sont toutes crétacées ; le type est *L. Brongnarti* ou *rotulare*. Les espèces suivantes étaient des Pseudodiadema pour les auteurs : *Malbosi*, *Picteti*, *autissiodorense*, *Raulini*, *Renevieri*, *dubium*, *pastillus*, *porosus*, *Blancheti*, *variolare*, *Verneuili*, *Archiaci*, *Marticense*, *Maresii*.

Hexagramma en diffère par ses interambulacres très élargis, à six rangées de tubercules, arrivant toutes en s'affaiblissant au sommet, égales aux ambulacraires, et deux rangées internes de secondaires, atteignant l'apex, mais non le péristome, qui est à lèvres très inégales et fortement entaillé. *H.* (Pseudod.) *planissimum* est kimmeridien.

Tiarella rotulaire. Apex grand, pentagonal, caduc. Zones porifères 4-5 géminées, plus ou moins flexueuses, unisériées, dédoublées tout près du péristome ; celui-ci assez grand, bien entaillé, à lèvres inégales. Tubercules crénelés et perforés, saillants, subégaux dans les deux aires, diminuant progressivement vers les deux pôles ; les interambulacraires couvrant la majeure partie des assules, avec cercles scrobiculaires plus ou moins incomplets et quelques granules épars vers le haut des aires, rarement des granules mamelonnés, mais restant très petits. Radioles grêles, aciculés, à collerette plus fortement striée. Les espèces des terrains jurassiques et crétacés étaient des Pseudodiadema pour les auteurs. *T. Deslongchampsii, Campechii, depressum, Rambertini, homostigma, Mulleri, subcomplanatum, Wrightii, Peroni, inæquale, superbum, arœolatum, Langi, priscum, princeps, Thurmani, neglectum, censoriensis, mamillanum, lævicolle, randenense, lenticulatum, complanatum.* — *Grasii, gemmeum, anouelense, Wiltshiri, annulare, Guerangeri, elegantulum, macropygus.*

Tiaromma. Ne diffère de Tiarella que par ses tubercules interambulacraires, dont chaque rangée est flanquée de séries externe et interne de très petits tubercules secondaires, qui ne sont parfois que des granules mamelonnés, surtout en dessus; des granules plus ou moins abondants au sommet de l'aire, sur une zone miliaire un peu élargie. Espèces des terrains crétacés classées comme *Pseudodiadema* par les auteurs : *T. Bourgueti, carthusianum, gurgitis, Rhodani, Michelinii, ornatum, Trigeri, tenue, pseudoornatum, algirum.*

M. Cotteau a figuré un apex incomplet, de forme presque lancéolée, montrant des génitales paires postérieures subhexagonales, alternant en avant avec des ocellaires presque aussi grandes, en arrière avec des ocellaires triangulaires allongées vers l'arrière, et ne laissant place en apparence qu'à une génitale comme celle des *Milnia;* les génitales antérieures sont peu connues; le pourtour anguleux du périprocte indique plutôt une structure d'Acrosalénie, et cet apex ne s'adapte certainement pas au cadre plus pentagonal du vrai *T. Bourgueti;* il est attribué par l'auteur à sa variété *Foucardi*, qui, par l'absence de tubercules secondaires, se rapporterait plutôt au genre typique *Tiarella;* c'est probablement un sous-genre à créer sous le nom de **Heterotiara**.

HETERODIADEMA Cott.; subrotulaire. Apex médiocre, pentagonal, avec l'angle postérieur très saillant dans l'interambulacre, de structure inconnue (l'empreinte figurée comme périprocte me paraît bien douteuse). Zones porifères trigéminées, unisériées partout et droites. Péristome médiocre, bien entaillé; une bande lisse remontant un peu de chaque entaille le long de la zone porifère. Tubercules perforés, crénelés, petits, assez brusquement diminués à la face supérieure, surtout les ambulacraires, en double rangée dans chaque aire, les interambulacraires au milieu des plaques, bordées de chaque côté de larges zones granulées, dénudées et déprimées sous les angles de l'apex. *H. libycum* est cénomanien.

Heterodiadema Matheyi Lor. du terrain oxfordien, en diffère beaucoup par son apex arrondi, grand, formant un simple sinus à l'arrière, par ses tubercules régulièrement amoindris aux deux bouts, occupant les bords extérieurs des assules et laissant entre eux une zone élargie vers le haut, occupée par des granules inégaux et épars. Les pores sont dédoublés, entassés à la base de l'ambulacre, et les lèvres très inégales. C'est un autre type **Colpotiara**.

ALLOMMA. Subhémisphérique; apex médiocre, pentagonal, caduc. Zones porifères 4-5 géminées, unisériées, droites aux deux bouts, onduleuses au pourtour. Péristome médiocre, déprimé, à entailles nettes, à lèvres égales. Tubercules perforés, crénelés, hétérogènes, les inférieurs petits, en 8 rangées interambulacraires, formant des séries transverses, et 2 ambulacraires avec 2 secondaires extérieures alternantes; au pourtour 2 rangées simples de 3 à

4 très volumineux ; au-dessus 2 rangées brusquement réduites à de petits mamelons au milieu d'une granulation générale très serrée. *A. normaniæ* (Cott. *Pseudodiad.)* est cénomanien.

Les DIADÉMATIENS comprennent de gros oursins renflés dont les aires sont plus ou moins disproportionnées, dont les ambulacres sont le plus souvent renflés, brusquement resserrés au sommet. Les tentacules supérieurs aigus, les inférieurs terminés en ampoule. Tubercules crénelés et perforés ; radioles fistuleux, striés et verticillés, très grêles.

ASPIDODIADEMA A. Ag. Apex large, annulaire, formé d'un rang étroit de génitales et ocellaires alternantes. Zones porifères très étroites, unisériées. Péristome grand, décagonal, entaillé. Ambulacre très étroit, réduit à de simples granules, comme dans *Cidaris*. Interambulacre portant deux rangs de tubercules primaires crénelés, perforés, volumineux, couvrant tout l'assule avec leur cercle scrobiculaire et quelques très petits secondaires. Radioles fistuleux et verticillés. *A. tonsum* vivant.

Plesiodiadema. Diffère d'*Aspidodiadema* par ses ambulacres, qui, tout en restant très étroits, sont pourvus d'un rang double de petits tubercules. *A. microtuberculatum* (A. Ag. sp.) est vivant.

ECHINOTHRIX Peters *(Savignya* Des.). Apex grand, annulaire, à génitales et ocellaires alternantes autour du périprocte, fermé par une membrane. Zones porifères trigéminées, échelonnées par trois paires obliques. Péristome médiocre, faiblement entaillé. Ambulacres en relief, portant quatre rangées (ou plus) de petits tubercules granuliformes, homogènes. Tubercules interambulacraires gros, crénelés, perforés, en plusieurs rangées verticales, dont l'extérieure est complète, les autres décroissantes. Radioles fistuleux, verticillés, ceux de l'ambulacre sétiformes. *E. calamaris* et 2 autres vivantes.

ASTROPYGA Gray. Apex large, très ouvert, les génitales lancéolées, les ocellaires dans le cadre. Zones porifères larges, trigéminées, échelonnées par trois paires. Péristome décagonal, bien entaillé, à lèvres inégales ; membrane parsemée de sclérites radiolées. Ambulacres costiformes, à 2 rangs de tubercules crénelés et perforés, homogènes. Interambulacres à plusieurs rangs de tubercules un peu plus gros, homogènes, dont les deux externes atteignent seuls le sommet, les autres y laissant une dénudation étoilée ; test presque flexible ; radioles fistuleux, verticillés. *A. pulvinata* et *radiata* sont vivants.

Micropyga A. Ag. Diffère d'*Astropyga* par son apex plus petit, plus compacte ; par son péristome plus petit et fortement entaillé, et par l'absence de dénudation au sommet des aires interambulacraires, dont toute la surface est tuberculée. *M. tuberculata* est vivant.

DIADEMA Gray. Apex grand, à génitales triangulaires, laissant pénétrer trois ocellaires jusqu'au périprocte garni d'une membrane granuleuse. Zones porifères assez étroites, trigéminées, ondulées autour des tubercules par arcs de trois paires. Péristome décagonal, peu entaillé, mais portant des récurrences branchiales (comme *Arbacia),* à lèvres peu inégales. Ambulacres costiformes, à deux rangs de tubercules crénelés et perforés, homogènes ; les interambulacres à plusieurs rangs de tubercules semblables plus gros, dont les extérieurs seuls atteignent le sommet. Radioles fistuleux et verticillés. *D. setosum* et *mexicanum* sont vivants.

Centrostephanus Peters. Apex grand, à génitales lancéolées, à ocellaires intercalées, séparées du périprocte par des supplémentaires. Zones porifères étroites, trigéminées, en arcs distincts autour des tubercules, un peu élargies vers le péristome. Celui-ci décagonal, grand, à entailles arrondies et lèvres inégales. Ambulacres étroits, costiformes, portant deux rangs de tubercules perforés et crénelés; les interambulacres ayant deux rangées de tubercules semblables un peu plus gros, flanquées chacune de deux rangées de secondaires bien plus petits. Pas de dénudation au sommet; test épais. Radioles fistuleux, verticillés. *C. coronatus, Rodgersi* et *europæus* sont vivants. *C. Sismondæ* (Des. sp.) et *saheliensis* sont des terrains miocènes.

Les Holostomes

n'ont pas de branchies buccales contre le bord du péristome et sont, en conséquence, dépourvus d'entailles buccales; les ambulacres se prolongent sur la membrane buccale tessélée, jusque vers la bouche, en une double rangée de tentacules.

LES ÉCHINOTHURIDÉS

ont l'apex normal, le madréporide sur la génitale antérieure de droite; les assules bissériés dans chaque aire, plus ou moins libres entre eux (test flexible); des tentacules supérieurs aigus, les inférieurs terminés en ampoule, continués en série sur la membrane buccale. Diaphragme membraneux réticulé, isolant les zones ambulacraires internes de la cavité viscérale. Radioles fistuleux et verticillés.

Une seule sous-tribu : échinothuriens.

Pelanechinus Kepping. Zones porifères paraissant trigéminés et échelonnés par trois paires, au moins dans le bas. Péristome grand, pourvu de nombreuses plaques tentaculifères prolongeant l'ambulacre. Tubercules perforés, non crénelés, homogènes, en double rangée ambulacraire et plusieurs interambulacraires (6 à 8), dont les marginales plus complètes. Mâchoires puissantes (test probablement flexible, d'après l'auteur). Radioles fistuleux, verticillés, très grêles. *P. corallinus* est du terrain corallien.

Echinothuria Woodward. Zones ambulacraires aussi larges que les interambulacraires, à assules très étroits, sublinéaires, imbriqués par les extrémités, ayant trois rangées de paires de pores, dont deux dans deux petits assules contigus transversalement, et encastrés dans le bord supérieur de l'assule principal, vers son milieu, et la troisième ouverte dans ce dernier du côté extérieur et un peu plus bas; pas de lacunes membraneuses. Tubercules petits, très épars, perforés, non crénelés, dispersés dans l'ambulacre, et en deux rangées marginales dans l'interambulacre; granules dispersés; radioles fistuleux et verticillés. *E. Floris* est sénonien.

Calveria Wiw. Thomson. Test flexible, à sutures membraneuses, embriquées aux extrémités. Apex formé d'un rang de génitales petites et d'ocellaires intercalées avec des supplémentaires interposées. Zones porifères trigéminées, trisériées; la paire externe dans la plaque principale, les deux autres contiguës dans des plaquettes logées dans une lacune membraneuse de son bord supérieur. Péristome à membrane tesséléc, avec prolongement de la série tentaculaire. Tubercules petits, scrobiculés, perforés, non crénelés, en rangées régulières dessous, irrégulières interrompues dessus, deux dans le milieu de l'ambulacre, une de chaque côté de l'interambulacre, et deux autres au milieu; le reste des assules portant des granules dans un profond scrobicule. Radioles fistuleux et verticillés. Aux *Calveria hystrix* et *fenestrata* Toms., il faut ajouter *C. pellucida, coriacea, tesselata* (A. Ag. sp.) vivants dans les mers profondes.

Astenosoma Grub. Ce type est maintenant considéré comme un sous-genre distinct par M. A. Agassiz, qui y réunit une deuxième espèce, *A. Grubei*, le type étant *A. varium*, tous deux des mers profondes. Je ne puis en donner les caractères.

Phormosoma Wiw. Thoms. Apex dénudé, les génitales et ocellaires libres, entremêlées de plaquettes et de granules. Zones porifères trigéminées, trisériées, la série externe de pores dans l'assule principal, les deux autres dans deux plaquettes contiguës, logées dans une échancrure de son bord supérieur. Point de lacunes membraneuses, et faible imbrication des assules. Membrane du péristome tessélée, avec séries de tentacules. Tubercules perforés, non crénelés, formant 4 rangées ambulacraires, 6 à 8 interambulacraires, à peine scrobiculés et dispersés en dessus, gros, scrobiculés fortement et contigus en dessous; radioles fistuleux et verticillés. *P. placenta* et *luculenta* habitent les mers profondes.

Echinosoma. Apex annulaire, à génitales et ocellaires alternantes contiguës. Ambulacres étroits, à zones porifères unisériées, bigéminées, une paire dans l'assule principal, l'autre dans une plaquette cunéiforme de l'angle supérieur. Membrane buccale tesséléc, portant des séries de tentacules. Tubercules lisses et perforés, formant deux rangées ambulacraires et six interambulacraires, peu scrobiculés, petits et espacés en dessus, avec granules secondaires intercalés, gros, largement scrobiculés et rapprochés en dessous. Radioles fistuleux et verticillés. *E. uranus* et *tenuis* (*Phorm.* auct.) habitent les mers profondes.

LES CIDARIDÉS

ont le test très rigide, des ambulacres très étroits, 20 rangées méridiennes d'assules (les interambulacraires parfois doublées au pourtour), le madréporide normal sur la génitale antérieure de droite, les radioles pleins, recouverts d'une couche dense échinulée ou striée, les tentacules prolongés en série sur la membrane buccale tessélée.

Les CIDARIENS ont les pores non conjugués et n'ont pas de fossettes suturales ni d'impressions sur les assules.

TYLOCIDARIS. Apex subpersistant, à génitales réniformes, granulées, les ocellaires petites, encastrées en dehors. Ambulacres étroits, peu flexueux, à pores unigéminés, séparés par une verrue, avec plusieurs rangs de granules, dont les marginaux réguliers, mamelonnés. Tubercules interambulacraires lisses, ni crénelés ni perforés, scrobiculés, peu nombreux en doubles rangées. Granules miliaires non sériés; radioles clavelés granuleux-cannelés. *T. gibberula, clavigera, Ramondi* et *Bowerbankii* (Cidaris des auteurs), sont des terrains crétacés.

CIDARIS Lam. Apex peu persistant, mais très développé, granuleux. Génitales polygonales, les ocellaires plus ou moins encastrées dans les angles, pièces anales libres, minces. Ambulacres flexueux, à pores séparés par une verrue, à paires unisériées; plusieurs rangs de granules dont les marginaux mamelonnés. Tubercules interambulacraires scrobiculés, perforés, peu nombreux en doubles rangées; des granules miliaires irréguliers. Radioles bacilaires, claviformes ou glandiformes, cannelés, granuleux ou épineux. Vaste genre à sectionner :

Eucidaris. Tubercules à col lisse : trois espèces vivantes; presque toutes les espèces tertiaires; toutes les espèces crétacées, moins une (20); quelques jurassiques seulement *(C. Morieri, Honorinæ, propinqua, marginata, monilifera, multipunctata)*; la plupart des triasiques (7).

Plegiocidaris. Tubercules crénelés; pores unigéminés, bordés de granules égaux et réguliers; 2 ou 3 espèces tertiaires *(C. avenionensis)*; une néocomienne *(C. Loryi)*; une vingtaine de jurassiques depuis le lias inférieur *(C. coronata, cervicalis*, etc.); 2 à 3 triasiques.

Paracidaris. Granules marginaux de l'ambulacre, alternant avec de plus petits granules, tendant à former des plaques bigéminées qui se réalisent souvent près de la bouche; tubercules crénelés; tous jurassiques: *C. Gauthieri* (Cott. *Rhabd.*), *Caumonti, bajocensis, bathonica, sublævis, microstoma, Legayi, bononiensis, alpina*. — *varusensis* (Cott. *Rhab.*), *spinulosa, Zschokkei, Babeaui, florigemma, Poucheti, Blumenbachii* (les 7 derniers 2-3 géminés au bas).

Polycidaris Quenst. Ambulacres droits, un peu élargis au milieu, unigéminés, avec 2 rangs seulement de granules mamelonnés, presque sans miliaires. Tubercules interambulacraires crénelés et perforés, nombreux et décroissant à partir du pourtour dans chaque rangée, insérés sur le milieu des plaques, à scrobicules confluents et cercles scrobiculaires seulement sur les côtés; de larges zones miliaires peu et irrégulièrement garnies de chaque côté. *P. multiceps* et *nonarius*, auxquels on peut réunir *Rhabdocidaris moraldina, Gauthieri, rhodani, Cidaris trouvillensis, Legayi*, tous jurassiques. *C. Blainvillei* diffère par l'ambulacre à zone miliaire plus large, quoique presque nue.

Procidaris. Ambulacre peu flexueux, à pores séparés par une verrue, unigéminés dans le haut, bigéminés dans le bas, avec plusieurs rangées de granules dont les marginaux, plus ou moins régulièrement sériés, sont bien mamelonnés et nettement perforés. Tubercules interambulacraires scrobiculés, crénelés, perforés, à granules miliaires abondants, inégaux, sans ordre. Radioles cylindriques striés ou épineux. *P. Toucasii* et *Crossei* (Cott. sub *Cidaris*), *Edwarsii* (Wright sub *Cidaris*), *spinosa* (Ag. sub *Cidaris*), sont jurassiques.

ORTHOCIDARIS Cott. Apex petit, pentagonal, granulé, subpersistant, à ocellaires petites extérieures. Ambulacres droits, à pores séparés par une verrue, unigéminés, les inférieurs ronds, sensiblement dédoublés, les supérieurs inégaux, un peu en larmes chevronées, en paires unisériées. Plusieurs rangées de granules mamelonnés dans une large zone interporifère. Deux rangées de tubercules interambulacraires petits, distants, peu scrobiculés, perforés, non crénelés, placés au milieu d'une grande zone miliaire à granules homogènes, peu serrés, les scrobiculaires à peine plus gros. Péristome sinueux, pentagonal, sans apparence de gouttières branchiales. *O. inermis* est néocomien.

TETRACIDARIS Cott. Apex grand, subcirculaire, caduc. Ambulacres droits, à pores séparés par une verrue, subbigéminés, en paires dédoublées (4 rangées de pores alternants), avec rangées marginales de granules mamelonnés, petits, alternants d'un assule à l'autre, et rangées secondaires incomplètes. Interambulacres à assules du pourtour divisés en deux par une suture verticale, et à 4 rangs de tubercules crénelés, perforés, scrobiculés, auxquels se substitue brusquement en alternant la double rangée habituelle jusqu'à l'apex. Zones miliaires presque nues au pourtour, très granulées en haut. Radioles grêles subcylindriques, cannelés et carénés. *T. Reynesii* est cénomanien ?

Les GONIOCIDARIENS ont les pores non conjugués et des fossettes ou impressions sur les assules.

GONIOCIDARIS Desor. Apex de cidaris, parfois presque uni; ambulacres très étroits, droits, à pores séparés par une verrue, unigéminés, avec deux rangs de granules réguliers, mamelonnés, dont l'intervalle est rugueux. Tubercules interambulacraires perforés, non crénelés, scrobiculés, nombreux, en doubles rangées décroissantes aux deux bouts, bordées de larges zones miliaires. Des fossettes portant chacune un sphéride aux angles des assules, reliés par des sillons suturaux en zigzag très déprimés. Radioles cylindriques granuleux, cupulés au sommet. Toutes les espèces vivantes : *G. geranoïdes, tubaria, florigera* et *canaliculata*.

DOROCIDARIS A. Ag. Apex grand, subcirculaire, plus ou moins persistant, souvent épais, à pièces anales en pavé, libres, caduques, les ocellaires petites, logées dans les angles extérieurs. Ambulacres flexueux, unigéminés, à pores séparés par une verrue, à rangées extérieures de granules mamelonnés, réguliers. Tubercules interambulacraires scrobiculés, perforés, non crénelés ; zones miliaires portant des granules en séries transverses séparées par des impressions linéaires, souvent des fossettes aux sutures horizontales. Radioles cylindriques portant des rangées longitudinales d'aspérités. Trois espèces vivantes ; les crétacées sont nombreuses : *Cidaris muricata, subvesiculosa, perlata, vendocinensis, perornata, Faujassii ; C. Verneuilli* est éocène.

Stereocidaris pourrait presque former sous-genre caractérisé par un apex très persistant, ayant des sutures épaisses pour des anales en pavé. Les tubercules interambulacraires sont atrophiés en dessus. Les espèces sont crétacées : *Cidaris cretosa, Merceyi, Cartieri,* etc.

Typocidaris a, au contraire, l'apex peu solide, avec des ocellaires très grandes, pénétrant jusqu'au cadre du périprocte et des anales nombreuses presque unisériées. Les sutures horizontales des interambulacres sont pourvues de une à deux fossettes impressionnées. *Cidaris malum* est néocomien.

Les RHABDOCIDARIENS ont les pores conjugués par un sillon et les assules impressionnés ou non.

TEMNOCIDARIS Cott. Apex médiocre arrondi, caduc (inconnu). Ambulacres presque droits, à pores ronds, reliés par un sillon par-dessus une légère saillie. Zone interporifère à plusieurs rangées de granules dont les marginales mamelonnées, homogènes ; pores unigéminés. Tubercules interambulacraires scrobiculés, perforés, non crénelés, en doubles rangées bien développées ; les zones miliaires couvertes de granules sériés transversalement, séparés par des impressions linéaires et parsemés de fossettes, que l'on retrouve sur les ambulacres. Les espèces sont crétacées : *T. magnifica, Baylei, danica.*

Pleurocidaris. Apex caduc, médiocre, arrondi, inconnu. Ambulacres à peine onduleux, à pores distants aux extrémités d'un sillon ; à granules marginaux mamelonnés, réguliers, à pores unigéminés. Tubercules interambulacraires scrobiculés, perforés, non crénelés, ou en partie seulement et faiblement, en deux rangées complètes. Zones miliaires couvertes de granules en séries transverses, séparées par des impressions linéaires, sans fossettes entremêlées. Radioles bacillaires, peu robustes, ornés de petites cannelures granulées. Les espèces sont crétacées : *Rhabdocidaris sanctæ-crucis, venulosa, Pouyannei, subvenulosa.*

RHABDOCIDARIS Desor. Apex grand, arrondi, très caduc, inconnu. Ambulacres peu ou pas flexueux, à pores unigéminés, en simple série, distants, reliés par un sillon (tentacules aigus), à deux ou plusieurs rangs de granules dont les extérieurs mamelonnés, réguliers. Tubercules interambulacraires crénelés, perforés, volumineux, largement scrobiculés, en deux rangées assez nombreuses atteignant le sommet de l'aire. Granules miliaires disposés sans ordre, inégaux, sans impressions ni sillons. Radioles robustes, plus ou moins échinulés, en forme de baguettes ou de rames carénées, ou ailées. Une dixaine d'espèces jurassiques depuis le lias supér. : *Rh. maxima,* etc. ; deux néocomiennes : *R. tuberosa* et *Tournalii. Schleinetzia crenularis* paraît en être un représentant actuel.

Phyllacanthus (Brandt.) A. Ag. sont des *Rhabdocidaris* à apex épais, solide, plus ou moins granulé, à tubercules perforés, mais non crénelés. Ils sont des mers actuelles, au nombre de 5 espèces : *P. baculosa,* etc.

Stephanocidaris A. Ag. ne paraît en différer que par l'apex flexible, presque uni, et son test plus mince. *S. bispinosa* est également vivant.

Leiocidaris Desor sont des *Phyllacanthus* dont les radioles sont en forme de baguettes lisses et dont les pores du bas de l'ambulacre sont bigéminés, avec des granules mamelonnés grossis en conséquence. *L. imperialis* est vivant ; *L.*

salviensis Lor. est néocomien ; *L. Thomasii* (Cott. sub *Rhabd.),* trigéminé, est d'origine inconnue.

Porocidaris Desor. Apex de *Cidaris,* à génitales un peu saillantes, caduc. Ambulacres droits, à pores unigéminés, reliés par un sillon, à paires unisériées. Plusieurs rangées de granules ambulacraires, les marginaux mamelonnés, réguliers. Tubercules interambulacraires scrobiculés, perforés, crénelés, en double rangée atténuée aux deux extrémités, à scrobicules marqués d'un cercle d'impressions rayonnantes, se reproduisant sous le bouton du radiole. Zone miliaire large, bien granulée, sans impressions. Radioles à tige comprimée, dentée en scie sur les bords, les supérieurs passant à la forme cylindrique. *P. purpurata* et *elegans* sont des mers actuelles; *P. Schmiedelii* est nummulitique.

Diplocidaris Desor. Apex petit, persistant, à génitales peu granulées, lancéolées; les ocellaires réniformes dans les angles. Ambulacres droits ou flexueux, à pores bigéminés, reliés par un court sillon, en série un peu dédoublée (4 lignes alternantes de pores) devenant simple vers le bas, avec double rangée de granules réguliers, mamelonnés, avec ou sans miliaires au milieu. Tubercules interambulacraires scrobiculés, perforés, crénelés, en double rangée, assez nombreux, les supérieurs ordinairement oblitérés. Zones miliaires couvertes de granules inégaux sans impressions. Radioles cylindriques couverts de gros granules, se sériant en crêtes dentelées près du sommet. *D. gigantea* et six autres espèces jurassiques du terrain thoarcien au corallien supérieur.

LES PALÉCHINIDES

ont plus ou moins de vingt rangées méridiennes d'assules; le madréporide criblé, n'est visible dans aucun et est remplacé peut-être par des pores peu distincts des génitaux et ouverts à travers toutes les génitales, l'une d'elles (? antérieure droite) en ayant cependant parfois une ou deux de plus que les autres.

Les Périschoéchinides

ont les rangées d'assules interambulacraires multipliées et alternantes.

LES PÉRISCHODOMIDÉS

n'ont que deux rangées d'assules ambulacraires, comme les Néaréchinides.

Les archéocidariens ont des tubercules primaires sur tous les assules.

Archæocidaris M. Coy. Ambulacres étroits, à assules petits, unisériés, mobiles, contractés au milieu, à pores unigéminés. Interambulacre formé de grands assules mobiles, un peu imbriqués, en cinq rangées, portant chacun un tubercule primaire perforé, non crénelé, à scrobicule divisé par une arête circulaire. Radioles à tige robuste, spinuleuse, à couronne crénelée (pris pour des radioles de *Cidaris). A. Urii*, espèce typique, est carbonifère. On cite des mêmes terrains beaucoup d'autres espèces peu connues : 6 d'Europe et 12 d'Amérique.

Cidarotropus. Ambulacres flexueux, assez étroits, formés de deux rangées d'assules transverses régulièrement contigus, portant chacun une paire de pores sur leur milieu. Interambulacres très larges, formés de quatre rangées d'assules 5-6-gonaux, mobiles, un peu imbriqués, pourvus d'un tubercule perforé avec large scrobicule divisé par une arête concentrique et bordé d'un rang de granules. Radioles robustes, à tige cannelée rugueuse ou hérissée. Péristome rond. Le type est *Archæocidaris Worthenii* Hall du terrain carbonifère.

Lepidocidaris Meek. et Worth. Sphéroïdal ; ambulacres étroits, convexes, formés de deux rangées d'assules étroits, les uns étendus d'une suture à l'autre, les autres alternes dimidiés triangulaires, la pointe n'atteignant pas la suture médiane. Interambulacres très élargis, formés de 8 rangées d'assules 5-6-gonaux, libres, subimbriqués, pourvus chacun d'un tubercule perforé, à base lisse, bordée de mamelons scrobiculaires. Radioles grêles, striés, à base renflée en anneau. Mâchoires robustes. *L. squamosus* est du terrain carbonifère.

Eocidaris Desor. Ne paraît différer d'*Archæocidaris* que par ses tubercules, dont la base manque de la crête concentrique au cercle scrobiculaire. On peut, par exclusion, lui attribuer les radioles claviformes tuberculés vers le haut, à facette creuse et perforée, décrits sous le nom de *Xenocidaris*. *E. Keyserlingii* et *Verneuiliana* sont du terrain permien ; les *E. scrobiculata* et *drydenensis* sont du terrain dévonien. Genre imparfaitement connu.

Anaulocidaris Zittel. Assules interambulacraires hexagonaux, à sutures très obliques (imbriquées), à surface lisse portant près du bord supérieur un tubercule perforé sans trace de cercle scrobiculaire. Radioles finement striés, obovés ou arrondis, comprimés, avec couronne distincte. *A. Buchii* (Munst. sp.) est triasique. Genre très douteux.

Les lépidéchiniens ont des tubercules primaires sur toutes les rangées d'assules en dessus, mais seulement sur les marginaux en dessous.

Lepidechinus Hall. Apex petit, pentagonal. Ambulacres étroits, pourvus de deux rangées d'assules égaux, réguliers, ayant chacun une paire de pores. Interambulacres formés de rangées nombreuses (9 à 11) d'assules 5-6-gonaux, dont les extérieurs plus petits, un peu imbriqués. Tubercules primaires inégaux en dessus, les plus petits aux bords, les plus gros au milieu, alternant d'un assule à l'autre, les marginaux seuls se prolongeant en dessous. Péristome petit. *L. rarispinus* est dévonien ; *L. intricatus* est carbonifère.

Les périschodomiens n'ont des tubercules primaires que sur les assules des rangées marginales.

Prosechinus. Apex formé de 5 génitales pentagonales, dont 4 seulement pourvues de 5 à 6 pores et d'un tubercule, la 5e sans pore ni tubercule et granulée. Les ocellaires très petites, encastrées (aveugles ?). Périprocte rond, marginé. Ambulacres droits, portant deux rangées de petits tubercules de chacun desquels part un échelon de trois paires de pores obliques. Interambulacres formés de rangées d'assules 5-6-gonaux (5 au pourtour), dont les latérales seules portent de distance en distance un gros tubercule perforé, à cercles scrobiculaires, l'interne lisse et l'externe crénelé par des granules qui couvrent tout le reste de la zone interambulacraire. *P. Harteiniana* (Baily sub *Archæocidaris*) est du terrain carbonifère.

Perischodomus M. Coy. Apex annulaire à génitales percées de 6 à 7 pores disposés en arc, les ocellaires en dehors. Ambulacres étroits formés d'une double rangée d'assules transverses, linéaires, portant chacun une paire de pores, qui forment près des bords deux rangées régulières simples. Interambulacres formés de plusieurs rangées d'assules mobiles, polygonaux, peu réguliers, couverts de granules épars, les marginaux portant en outre un gros tubercule perforé, doublement bordé. Radioles petits, cylindriques, lisses; mâchoires robustes. *P. bisserialis* est du terrain carbonifère.

Lepidocentrus J. Muller. Ambulacres étroits, flexueux, formés d'une double rangée d'assules linéaires, transverses, portant près du bord extérieur une paire de pores, qui se disposent en série simple et droite. Interambulacres formés de plusieurs rangées (5 à 9) d'assules subquadrangulaires en pavé, mobiles avec légère imbrication, les marginaux portant à leur bord externe 2 ou 3 petits tubercules primaires, perforés, disposés en rangée verticale; quelques tubercules dispersés sur les autres rangées; des granules sur tout le reste; radioles subulés, très petits. *L. rhenanus, eifelianus, Mulleri* sont du terrain dévonien.

Les palœchiniens n'ont pas de tubercules primaires, mais seulement des tubercules miliaires homogènes, portant de très petits radioles.

Rhœchinus Kepping. Ambulacres étroits, formés d'une double rangée d'assules transverses, portant vers leur milieu une paire de pores qui se disposent en série simple et droite. Interambulacres formés de 5 rangées d'assules 5-6-gonaux granulés à la surface, sans tubercules primaires, très mobiles, à sutures imbriquées (ce caractère le rapprocherait des tribus précédentes, car celle-ci a le test plus rigide). *R. irregularis* est du terrain carbonifère.

Palœchinus Scouler. Apex grand, à génitales subégales, pentagonales, triforées, et ocellaires plus petites, biforées, intercalées; périprocte anguleux, recouvert par deux ou trois rangées concentriques de pièces anales tessélées. Ambulacres étroits, convexes, formés de deux rangs de petits assules transverses pourvus, vers le bout extérieur, d'une paire de pores qui se disposent en série simple, rectiligne. Interambulacres formés de rangées multiples (4 à 7) d'assules en pavé, 5-6-gonaux, couverts de granules égaux mamelonnés, scrobiculés et perforés en séries quinconciales. Péristome petit. *P. ellipticus, elegans* et *quadriserialis* sont du terrain carbonifère.

Eriechinus en diffère par la structure de l'apex, dont une des génitales n'a qu'un seul pore et dont les ocellaires sont en dehors du cadre dans les angles. *P. sphæricus* est du carbonifère.

Xystria. Les granules perforés sont inégaux et distribués sans ordre sur tous les assules. *P. Kœnigii* est également du terrain carbonifère.

MACCOYA Pom. Diffère de Palœchinus par ses zones ambulacraires formées d'assules alternativement élargis et rétrécis vers le bord extérieur, d'où résulte un dédoublement de la zone porifère et deux rangées verticales de paires de pores dans chaque zone. Dans une espèce *(P. gigas)*, les assules sont tellement étroits que l'alternance n'est plus distincte; et comme, en même temps, ces assules tendent à se souder par 4 du côté extérieur, il en résulte une apparence de plaques 4-géminées, avec pores en série dédoublée. Interambulacres formés de 4 à 7 rangées d'assules couverts de granules bien mamelonnés, scrobiculés, perforés, en série quinconciale. Le type *M. gigas* est du terrain dévonien; les *P. Burlingtonensis* et *gracilis* du second type sont du terrain carbonifère.

WRIGHTELLA (*Wrightia* Pom. olim). Ambulacres formés de deux rangées d'assules inégaux, les uns s'étendant d'un bord à l'autre de la demi-aire, pourvus d'une paire de pores près du bord externe, les autres dimidiés triangulaires, occupant l'angle interne tronqué des précédents et portant la paire de pores près de la suture médiane, d'où résultent quatre rangées verticales de paires, une à chaque bord de l'aire et deux dans le milieu, séparées par la suture verticale. Cinq rangées d'assules interambulacraires couverts de granules scrobiculés, mamelonnés, perforés, quinconciaux. *W. Phillipsiæ* est du silurien supérieur.

LES MÉLONÉCHINIDÉS

ont des rangées multipliées d'assules dans toutes les aires ambulacraires et interambulacraires.

Les MÉLONÉCHINIENS n'ont pas de tubercules primaires et sont couverts de tubercules miliaires sur toutes les surfaces.

MELONECHINUS Meek. et Wort. Apex grand, pentagonal, annulaire, à génitales sublancéolées. portant un arc de 4 à 5 pores, alternant avec des ocellaires plus petites, uniforées ou aveugles. Ambulacres très amples, relevés en côte au milieu, formés de 8 à 10 rangées de petits assules polygonaux irréguliers, portant une paire de pores près de leur bord extérieur, les deux rangées médianes plus élargies formant côte. Interambulacres formés de 4 à 6 rangées d'assules hexagonaux légèrement imbriqués et mobiles, couverts de tubercules miliaires homogènes; radioles longs et striés. Péristome sans entailles. Des mâchoires robustes, conformées comme chez les Néaréchinides. *M. multipora* et *dispar* sont du terrain carbonifère.

OLIGOPORUS Meek et Worthen. Ambulacres formés de quatre rangées seulement d'assules transverses, souvent irréguliers, portant une paire de pores vers le bout externe, d'où résultent quatre rangées verticales de paires de pores, les deux médianes plus distantes, les externes irrégulièrement dédoublées par suite de la terminaison alternativement élargie et atténuée de ces assules. Interambulacres et apex de *Melonechinus*. *O. Danaæ*, *nobilis* et *Coreyi* sont du terrain carbonifère inférieur.

LEPIDESTES Meek et Worthen. Ambulacres très larges, homogènes, formés d'une dizaine de rangées d'assules hexagonaux, subégaux, portant au centre une paire de pores. Interambulacres bien plus étroits, formés de 6 à 7 rangées d'assules hexagonaux plus hauts que larges ; toutes les aires couvertes de tubercules miliaires nombreux, homogènes, transversalement sériés ; toutes les pièces un peu imbriquées, peu rigides. Apex ? Péristome ? *L. Coreyi* est du carbonifère.

PROTOECHINUS Austin paraît être un Mélonéchinien dont les interambulacres seraient formés de trois rangées seulement d'assules. Genre très peu connu et incertain. *P. anceps* est du terrain carbonifère.

Les PHOLIDOCIDARIENS ont de gros tubercules primaires mêlés aux miliaires.

PHOLIDOCIDARIS Meek et Worthen. Génitales pourvues d'un arc de 6 à 7 pores autour d'un mamelon central. Ambulacres formés de 6 rangées d'assules petits, inégaux, subrhomboïdaux, pourvus d'un mamelon médiocre et d'une paire de pores dans une dépression. Interambulacres formés de 5 rangées d'assules granuleux, dont les marginaux bien plus grands, plus longs que larges ; ces derniers seuls en dessus, tous en dessous, portant un tubercule perforé, entouré de deux anneaux lisses. Toutes les pièces un peu imbriquées et mobiles. *P. irregularis* est du carbonifère inférieur.

PROTEROCIDARIS de Koninck. Ambulacres inconnus et place du genre douteuse. 65 rangées méridiennes d'assules (*Lepidestes* en a au moins 80), tous semblables et hexagonaux, portant un petit radiole primaire au milieu de très petits secondaires. *Proterocidaris giganteus* est carbonifère.

LES CYSTOCIDARIDÉS

différeraient des précédents par le périprocte hors de l'apex. S'il en est réellement ainsi, ils représentent ici le type des Galéridés.

CYSTOCIDARIS Zitt. (*Echinocystites* W. Thoms). Ambulacres costés, formés de 6 rangées d'assules, les médianes imperforées plus grandes, les quatre autres pourvues d'une paire de pores ; interambulacres ayant de 3 à 6 rangées irrégulières. Péristome pentagonal. Périprocte grand, au milieu d'un interambulacre, couvert de petites plaquettes conniventes en pyramide ; des tubercules primaires, secondaires et miliaires. Mâchoires robustes ; test un peu imbriqué ; apex inconnu. *C. pomum* et *uva* sont du terrain silurien supérieur.

Les Bothriocidarides

n'ont que cinq rangées de plaques interambulacraires, au lieu de dix, ce qui réduit à quinze le nombre des rangées méridiennes totales. Les dix rangées de plaques ambulacraires arrivent seules au péristome. Le périprocte montre quelques plaquettes, en contact avec un cadre apicial formé de dix pièces, cinq représentant les ocellaires, cinq autres les génitales, dont une portant deux pores a été considérée comme madréporide.

Tribu et sous-tribu uniques : BOTHRIOCIDARIENS.

BOTHRIOCIDARIS Eschwald. Aires ambulacraires doubles des interambulacraires, à assules hexagonaux portant une paire de pores alignés verticalement dans une fossette médiane bornée en dessus par quatre tubercules perforés, granuliformes, portant de tout petits radioles. Plaques interambulacraires hexagonales, égalant à peine les ambulacraires, portant à leur centre un tubercule perforé semblable aux autres. Les pièces anales portont aussi un tubercule à leur sommet. Cinq pièces triangulaires séparées font saillie dans le péristome, opposées à la lèvre ambulacraire (mâchoires ?). *B. globulus* est du silurien inférieur.

Une deuxième espèce en diffère en ce que les fossettes porifères ne sont surmontées que de deux tubercules et que l'interambulacre en est dépourvu. *B. Palhenii* Schmidt est aussi du silurien inférieur.

DISTRIBUTION GÉOLOGIQUE

L'ordre des Échinides, je l'ai déjà fait remarquer, est un des mieux représentés dans les collections paléontologiques de tous les terrains, et le plus habituellement par des sujets qui ont conservé tous les caractères qui peuvent servir à la reconnaissance de leurs affinités naturelles. Il présente donc des conditions tout exceptionnelles de précision dans la détermination de ces êtres anciens, et peut fournir plus que tout autre les matériaux d'une discussion sur le processus des modifications si nombreuses et si profondes que présentent les faunes successives des formations géologiques.

J'ai peu de tendance à me lancer dans cette voie spéculative, qui entraîne ordinairement trop loin de la constatation des résultats positifs de l'exploration ; je laisse donc ce sujet à traiter à des esprits plus aventureux, et je me borne à faire un examen de la distribution géologique de ces animaux, telle qu'elle ressort du tableau analytique qui résume en même temps cette répartition et la classification méthodique, que je crois la plus appropriée à l'ordre naturel. Les dernières divisions zoologiques y sont de l'ordre des sous-tribus, qui correspond presque aux grands genres linnéens et les divisions géologiques sont combinées de manière à grouper les unités stratigraphiques en un petit nombre d'ères, qui n'ont pas besoin d'être définies parce qu'elles sont familières aux géologues.

Le premier fait qui ressort de l'examen de ce tableau, c'est l'indépendance absolue et le caractère tout-à-fait aberrant que présente la faune paléozoïque. Entre les deux genres qui font leur apparition dans les plus anciennes couches et les suivants, la divergence est en outre complète, l'anomalie du nombre des rangées méridiennes d'assules étant en plus dans l'un, en moins dans l'autre. Ces types restent isolés et s'éteignent après avoir fourni un bien petit nombre d'espèces. C'est dans le terrain carbonifère que les Paléchinides sont le plus variés et le plus nombreux ; très réduits dans le terrain permien, ils paraissent franchir la période pour s'éteindre dans le trias par un genre monotypique trop mal connu encore et peut-être à exclure de la famille.

Ces Paléchinides n'ont que des rapports très éloignés avec les Cystidés, leurs compagnons des mers paléozoïques. Leurs ambulacres, leur bouche, leur disque apicial, leurs fortes mâchoires ne permettent pas de douter un instant de leur indépendance d'organisation. Ce sont de vrais Échinides gnathostomes.

La faune échinologique du trias est une faune très pauvre et du reste très imparfaitement connue. Nous venons de dire qu'elle renferme peut-être le dernier des Paléchinides ; elle se compose presque uniquement de Cidaridés, qui sont les oursins normaux les plus voisins des précédents, y font leur première apparition et s'y associent aux premiers Pseudodiadématiens. La détermination générique de plusieurs de ces fossiles reste encore douteuse, et, pour avoir une idée un peu exacte des caractères de cette faune, il faudrait d'autres matériaux que ceux que je possède.

La faune du lias est presque aussi pauvre en Échinides que celle du trias. Les Gnathostomes y sont représentés uniquement par des Cidaridés et quelques Glyphostomes des trois sous-tribus des Pseudodiadématidés; il n'y a pas encore de Phymosomidés, point non plus de Clypéïformes et un seul Atélostome collyritien, et même encore douteux.

Le reste de la série des formations jurassiques présente beaucoup d'uniformité dans la succession de ses faunes d'Échinides. Les Cidarides y sont abondants et le genre Cidaris a ses tubercules crénelés dans le plus grand nombre de ses espèces; les premiers Échinothuridés se montrent dans le corallien. Les Glyphostomes deviennent nombreux, Phymosomidés et Diadématidés; il n'y manque que les tribus des vrais Diadèmes, des Schizéchiniens, des Héliocidariens et des Échinométriens. Les Clypéïformes sont réduits aux Piléïdés; point de Clypéastridés ni d'Échinoconidés. Les Lampadiformes sont largement représentés, sauf les Caratomidés et les vrais Échinanthiens; les plus remarquables sont les Pachyclypéens, Galéropygiens, Hyboclypéens et les Dysastéridés, presque tous confinés dans les assises jurassiques, un très petit nombre des derniers se trouvant encore dans les couches crétacées; par contre, aucun Spatiforme. En somme, si l'on considère deux séries seulement, les dentés et les édentés, ont remarque dans notre tableau que ce sont les genres placés au bas de ces séries qui dominent, tandis qu'à mesure qu'on s'élève dans l'échelle, on voit les types s'éloigner de plus en plus des colonnes jurassiques. On peut bien comprendre comment on passe des oursins paléozoïques aux mésozoïques gnathostomes, et on connaît l'existence de types qui différeraient assez peu des uns et des autres; mais pour les Atélostomes, le lien reste caché; le premier qui paraît est un de ceux qui sont transitifs à leurs familles, et il peut être leur ancêtre commun: mais on ne sait où trouver les siens.

Les faunes échinologiques de la période crétacée, en ce qui concerne les Gnathostomes, ont beaucoup d'analogie avec les faunes jurassiques. Les Cidaris y sont cependant presque tous à tubercules sans crénelure; les Temnocidaris et voisins y sont plus nombreux; les Saléniens y abondent; les Échinoconiens font leur apparition et n'en sortent pas; en dehors de cela, si ce ne sont pas les mêmes genres, ce sont des genres affines, et le faciès est peu différent.

Pour les Lampadiformes, on voit apparaître les vrais Échinanthiens, et les Caratomidés; les Échinonéens y deviennent plus nombreux, mais en revanche les autres Échinonéïdés ont disparu, sauf quelques Dysastéridés. Les premiers Spatiformes paraissent dès les premiers temps, et ce sont tous des Pycnastéridés, d'abord des Toxastériens et des Holastériens dans les dépôts inférieurs, puis des Ananchytidés dans les supérieurs.

Les faunes tertiaires sont en quelque sorte un résidu des faunes plus anciennes avec un certain nombre de types nouveaux. Les tribus qui ont cessé d'être représentées sont les Hémicidariens, les Stoméchiniens, tous les Galéridés, tous les Échinonéïdés, moins les vrais Échinonées, les Cardiastéridés et Ananchytidés. Celles qui se montrent pour la première fois sont les Diadématiens, Schizéchiniens, Héliocidariens, Échinométriens, tous les Clypéastridés et les Spatangidés.

C'est à peine si la faune actuelle en diffère par le développement de la tribu des Scutellidés, par la presque disparition des Pycnastéridés et par la présence de ces singuliers Spatangides philobathiens, qui ont pendant si longtemps échappé aux recherches des naturalistes. Les profondeurs de la mer n'ont pas encore dévoilé tous leurs mystères en ce genre. Cependant, on peut déjà se rendre compte des caractères généraux de cette partie de la faune actuelle, et acquérir la certitude qu'elle renferme beaucoup moins, qu'on ne l'avait annoncé, de types représentant les animaux éteints des mers anciennes. Ce sont des types spéciaux, inconnus dans les temps antérieurs, et qui, pour la plupart, sont, en quelque sorte, en régression vis-à-vis de ceux qui les ont précédés.

Ces quelques considérations suffiront pour faire comprendre quels sont les services que les Échinides fossiles peuvent rendre aux géologues stratigraphes, en raison de cette spécialisation de certains des principaux types dans la série des formations.

TABLEAU DE LA DISTRIBUTION GÉOLOGIQUE DES ÉCHINIDES

FAMILLES	SOUS-FAMILLES	TRIBUS	SOUS-TRIBUS	Silurien	Dévonien	Carbonifère permien	Trias	Lias	Oolite	Jurassique supr (callovien)	Craie inférieure	Craie supérieure (Gault)	Eocène	Miocène, pliocène	Actuel
ATÉLOSTOMES — SPATIFORMES	**Spatangides**	EUSPATANGIDÉS	BREYNIENS										—	—	—
			EUPATAGIENS										—	—	—
			HYPSOPATAGIENS										—	—	—
		BRISSIDÉS	BRISSIENS										—	—	—
		PHILOBATHIDÉS	ACESTIENS												—
			BATHYSPATIENS												—
		PHYALIDÉS	POURTALÉSIENS												—
	Progonastérides	PYCNASTÉRIDÉS	PYCNASTÉRIENS									—	—	—	—
			TOXASTÉRIENS								—	—			
		CARDIASTÉRIDÉS	HOLASTÉRIENS								—	—		?	
		ANANCHYTIDÉS	STÉNONIENS									—			
			ANANCHYTIENS									—			
ATÉLOSTOMES — LAMPADIFORMES	**Échinonéides**	DYSASTÉRIDÉS	DYSASTÉRIENS						—	—	—				
			COLLYRITIENS					—	—	—	—				
			GRASIENS						—	—					
		HYBOCLYPÉIDÉS	HYBOCLYPÉENS						—	—					
			GALÉROPYGIENS						—	—					
		PYRINIDÉS	PACHYCLYPÉENS						—	—					
			ÉCHINONÉENS							—	—	—		—	—
	Cassidulides	CARATOMIDÉS	ASTÉROSTOMIENS									—	—		
			CARATOMIENS						—			—			
		ÉCHINOBRISSIDÉS	NUCLÉOLITIENS						—	—	—	—	—		—
			CLYPÉENS						—	—	—	—	—		
		ÉCHINANTIDÉS	ÉCHINANTHIENS								—	—	—	—	—
			PYGURIENS						—	—	—	—	—		—
GNATHOSTOMES — NÉARÉCHINIDES — CLYPÉIFORMES	**Clypéastrides**	CONOCLYPÉIDÉS	CONOCLYPIENS										—		
		CLYPEASTRIDÉS	CLYPÉASTRIENS										—	—	—
		SCUTELLIDÉS	LAGANIENS											—	—
			SCUTELLIENS										—	—	—
		FIBULARIDÉS	SCUTELLINIENS										—	—	?
			FIBULARIENS									?	—	—	—
	Galérides	ÉCHINOCONIDÉS	ÉCHINOCONIENS								—	—			
		PILÉIDÉS	DISCOÏDIENS						—	—	—	—			
			PYGASTÉRIENS						—	—		—			?
GNATHOSTOMES — NÉARÉCHINIDES — GLOBIFORMES	**Glyphostomes**	PHYMOSOMIDÉS	ÉCHINOMÉTRIENS										?	—	—
			HÉLIOCIDARIENS											—	—
			SCHIZÉCHINIENS											—	—
			STOMÉCHINIENS						—	—	—	—			
			PSAMMÉCHINIENS						—	—	—	—	—	—	—
			TEMNÉCHINIENS									—	—	—	—
			ARBACIENS						—	—	—	—	—		—
			PHYMOSOMIENS						—	—	—	—	—		—
			SALÉNIENS							—	—	—	—	—	—
		DIADÉMATIDÉS	HÉMICIDARIENS					—	—	—	—	—			
			PÉDINIENS					—	—	—	—	—	—		—
			PSEUDODIADÉMATIENS				—	—	—	—	—	—	—		
			DIADÉMATIENS										—	—	—
	Holostomes	ÉCHINOTHURIDÉS	ÉCHINOTHURIENS							—		—			—
		CIDARIDÉS	CIDARIENS				—	—	—	—	—	—	—	—	—
			GONIOCIDARIENS					—			—	—			—
			RHABDOCIDARIENS					—	—	—	—	—	—	—	—
GNATHOSTOMES — PALÉCHINIDES	**Périschoéchinides**	PÉRISCHODOMIDÉS	ARCHÉOCIDARIENS		—	—	—								
			LÉPIDÉCHINIENS			—									
			PÉRISCHODOMIENS		—	—									
			PALÉCHINIENS	—	—	—									
		MÉLONÉCHINIDÉS	MÉLONÉCHINIENS			—									
			PHOLIDOCIDARIENS			—									
		CYSTOCIDARIDÉS	CYSTOCIDARIENS	—											
	Bothriocidarides		BOTHRIOCIDARIENS	—											

EXPLICATION DE LA PLANCHE

1. Brissopsis lyrifera.
2. Prenaster alpinus.
3. Hemiaster Ameliæ.
4. Mecaster saadensis.
5. Toxaster africanus.
6. Holaster Tizigrarina.
7. Collyrites bicordata.
8. Cyclolampas Voltzii.
9. Hyboclypus ovalis.
10. Spatoclypeus Ebrayi.
11. Galeropygus Marcou.
12. Pachyclypus semiglobus.
13. Pyrina Moulinsii.
14. Echinobrissus triangularis.
15. Echinobrissus Terquemi.
16. Crotoclypeus Hugi.
17. Clypeus Osterwaldi.
18. Catopygus columbarius.
19. Conoclypus conoïdeus.
20. Clypeaster ægyptiacus.
21. Discoïdea infera.
22. Pygaster dilatatus.
23. Macropygus truncatus.
24. Plesiechinus megastoma.
25. Milnia angularis.
26. Heterotiara Foucardi.
27. Heterodiadema libycum.
28. Rachiosoma Delamarei.
29. Trigonocidaris albida.
30. Temnopleurus toreumaticus.
31. Cidaris coronata.
32. Dorocidaris papillata.
33. Diplocidaris miranda.
34. Stereocidaris cretosa.
35. Prosechinus Harteiniana.
36. Melonechinus multipora.

APPAREIL APICIAL DANS LES PRINCIPAUX GROUPES

D'ECHINIDES.

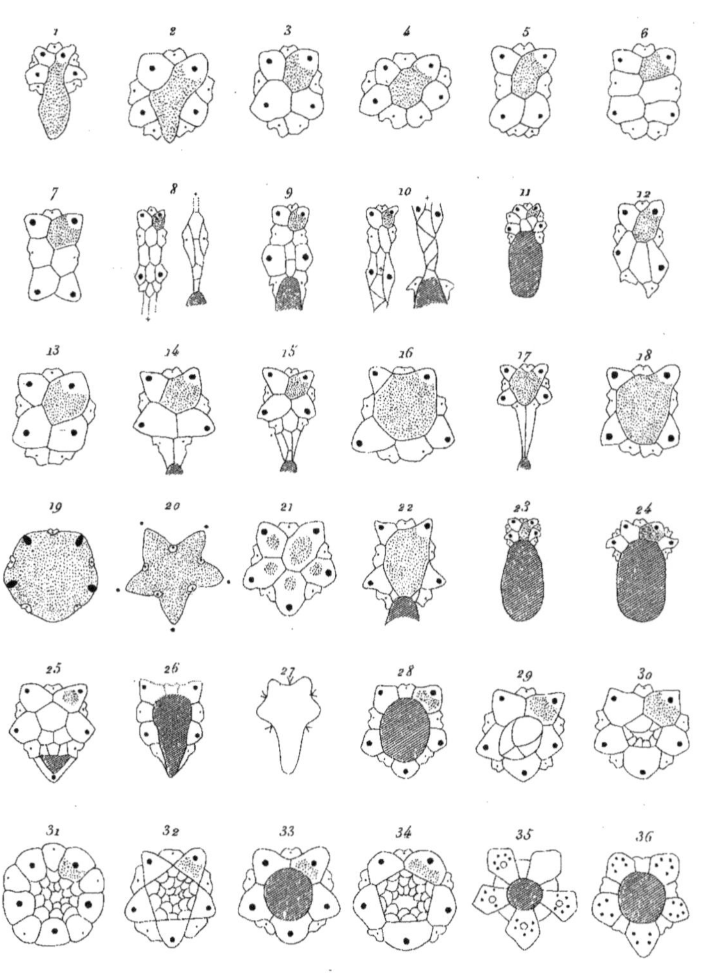

Alger. Lith. A. Jourdan

TABLE ANALYTIQUE

TABLE ALPHABÉTIQUE DES GENRES & DES SOUS-TRIBUS

ERRATA

Page 52. — Ligne 26, ajouter : GALÉROPYGIENS. — Des pièces complémentaires dans l'apex.

Id. 67-76. — **Néaréchinides** comprend Clypéiformes et Globiformes, comme au tableau, à reporter à la page 67, à la 3e ligne.

Id. 82. — Ligne 14 : après *Echinodiadema,* ajouter Cott.

Id. 59. — Ligne 4 : Clytopygus, lire Clitopygus.

Id. 59. — Ligne 10 : id.

Id. 59. — Ligne 17 : id.

Alger. — Typographie Adolphe Jourdan.

ECHINODERMES A, PL. I.

SPATIFORMES

Fig. 1. — *Spatangus subinermis*, vu en dessus ; G. N.

Fig. 2. — *Le même,* vu en dessous.
Du terrain pliocène de Bled-Msila (Dahra) et de Mustapha (Alger).

Fig. 3. — *Spatangus pauper*, vu en dessus ; G. N.

Fig. 4. — *Le même,* vu en dessous.
Du terrain pliocène de Douéra et de Draria

2 1

4 3

A. Pomel del.

Imp. Becquet à Paris.

ECHINIDES SPATANGIENS

ECHINODERMES A, PL. II.

SPATIFORMES

Fig. 1. — *Spatangus subinermis*, vu de profil.
Du pliocène de Bled-Msila. L'exemplaire de Mustapha supérieur indique un profil plus renflé que ne le figure la restauration du bord inférieur.

Fig. 2. — *Spatangus pauper*, vu de profil.
Du pliocène de Douéra ; sujet non déformé.

Fig. 3. — *Spatangus subinermis*, périprocte et fasciole sous-anal de fig. 1.

Fig. 4. — *Spatangus excisus*, vu en dessus ; G. N.
Individu très déformé par la compression ; du sahélien d'Oran.

Fig. 5. — *Spatangus oranensis*, vu en dessus ; G. N.
Individu très comprimé à marge incomplète ; du sahélien d'Oran.

1

4

5

3

2

A. POMEL DEL.

Imp. Becquet à Paris.

ECHINIDES SPATANGIENS

ECHINODERMES A, PL. III.

SPATIFORMES

Fig. 1. — *Schizobrissus mauritanicus,* vu en dessus; G. N.

Fig. 2. — *Le même*, vu en dessous.

Fig. 3. — *Le même,* vu de profil.

Du terrain cartennien de Ouillis (Dahra).

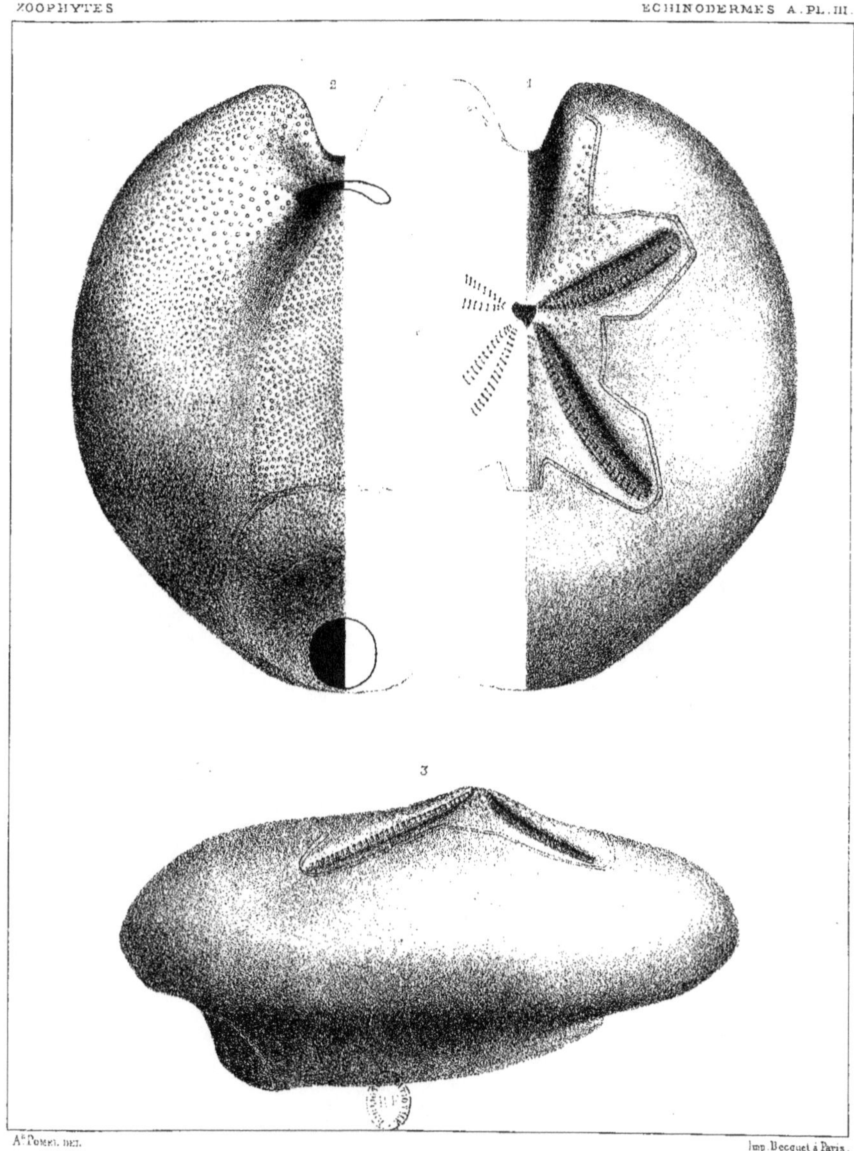

Ad. Pomel del. Imp. Becquet à Paris.

ECHINIDES SPATANGIENS

ECHINODERMES A, PL. IV.

SPATIFORMES

Fig. 1. — *Peribrissus saheliensis*, vu en dessus ; G. N.

Fig. 2. — *Le même,* vu en dessous.

Fig. 3. — *Le même*, vu de profil, le dessous un peu renfoncé.

Fig. 4. — *Le même,* périprocte et fasciole latéro-anal.
Du terrain sahélien d'Oran, derrière la Kasbah.

Fig. 5. — *Schizobrissus mauritanicus*, vu par devant.

Fig. 6. — *Le même,* périprocte et fasciole sous-anal.
Du terrain cartennien de Ouillis; exemplaire de Pl. III.

2

1

3

4

5

6

A.d Pomel del.

Imp. Becquet à Paris.

ECHINIDES SPATANGIENS

ECHINODERMES A, PL. V.

SPATIFORMES

Fig. 1. — *Brissopsis saheliensis*, vu en dessus ; G. N.

Fig. 2. — *Le même*, vu en dessous ;

Fig. 3. — *Le même*, vu de profil ;
exemplaire un peu tronqué en arrière et un peu déformé
Du terrain sahélien de Lourmel (Aïn-Ameria).

Fig 4. — *Brissopsis ovatus*, vu en dessus ; G. N.

Fig. 5. — *Le même*, vu en dessous.

Fig. 6. — *Le même*, apex et pétales grossis 2 fois.

Fig. 7. — *Le même*, une paire de pores de l'ambulacre antérieur.

Fig. 8. — *Le même*, une paire de pores d'un ambulacre pair.
Du terrain sahélien de Lourmel.

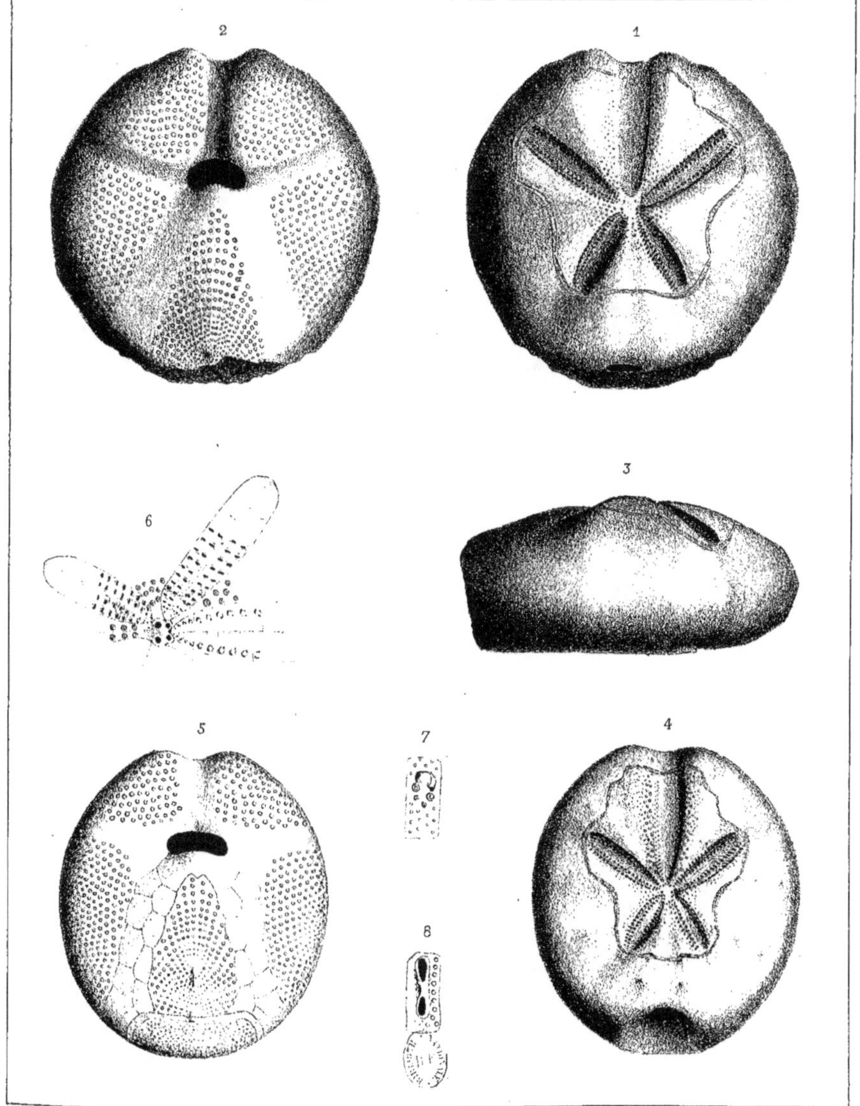

A.d Pomel del. Imp. Becquet à Paris.

ECHINIDES SPATANGIENS

ECHINODERMES A, PL. VI.

SPATIFORMES

Fig 1. -- *Brissopsis tuberculatus*, vu en dessus; G. N.

Fig. 2. — *Le même,* vu en dessous.

Fig. 3. — *Le même*, vu en avant.

Fig. 4. — *Le même,* vu en arrière.
Du terrain pliocène de Bled-Msila (Dahra).

Fig. 5. — *Brissopsis latipetalus,* vu en dessus ; G. N.
Du terrain sahélien du Sig près du barrage.

Fig. 6. — *Toxobrissus oblongus,* apex et sommet ambulacraire grossis.
Du terrain sahélien de Aïn-Ameria.

Fig. 7. — *Toxobrissus depressus,* apex et sommet ambulacraire grossis.
Du terrain sahélien d'Oran.

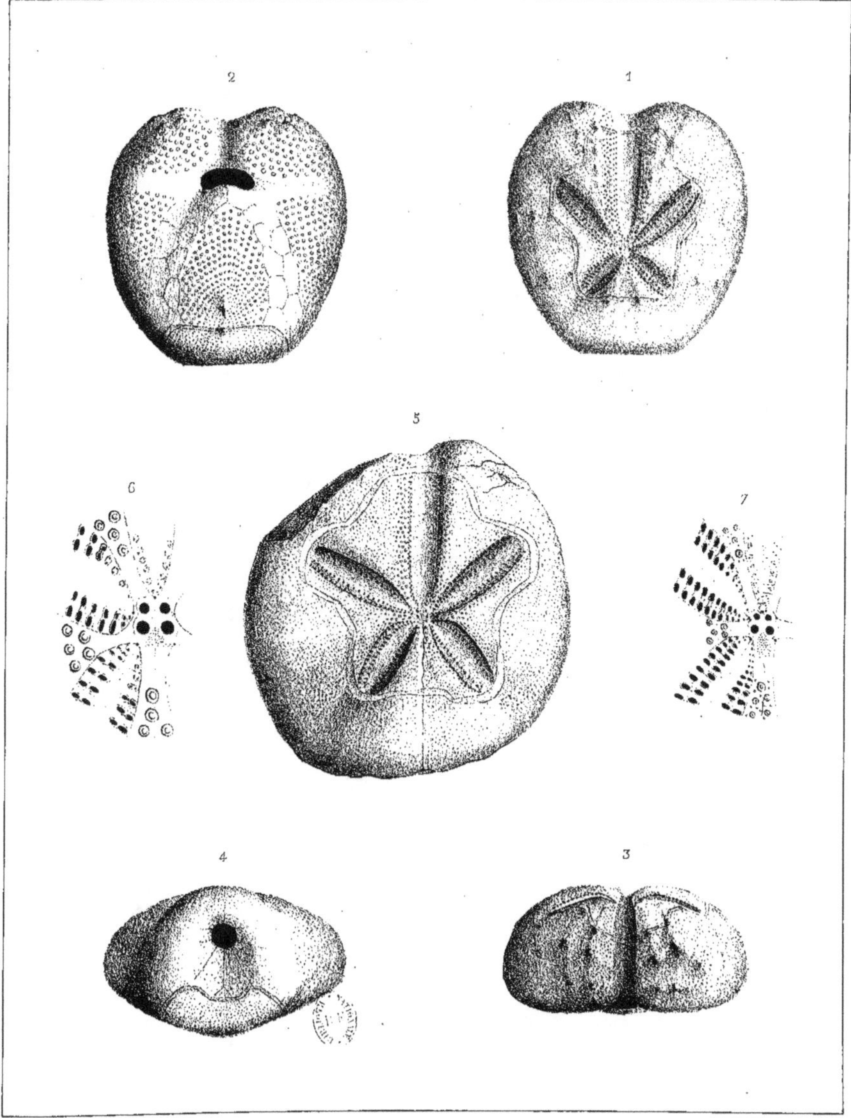

Aᵈ Pomel del. Imp. Becquet à Paris.

ECHINIDES SPATANGIENS

ECHINODERMES A, PL. VII.

SPATIFORMES

Fig. 1. — *Toxobrissus latus,* vu en dessus ; G. N.

Fig. 2. — *Le même,* vu en dessous.

Fig. 3. — *Le même,* vu de profil.
Du terrain sahélien d'Oran.

Fig. 4. — *Toxobrissus oranensis,* vu en dessus ; G. N.
Du terrain sahélien d'Oran.

Fig. 5. — *Toxobrissus oblongus,* vu en dessus ; G. N.

Fig. 6. — *Le même,* vu en dessous.

Fig. 7 — *Le même,* vu de profil.
Du terrain sahélien de Aïn-Ameria (Lourmel).

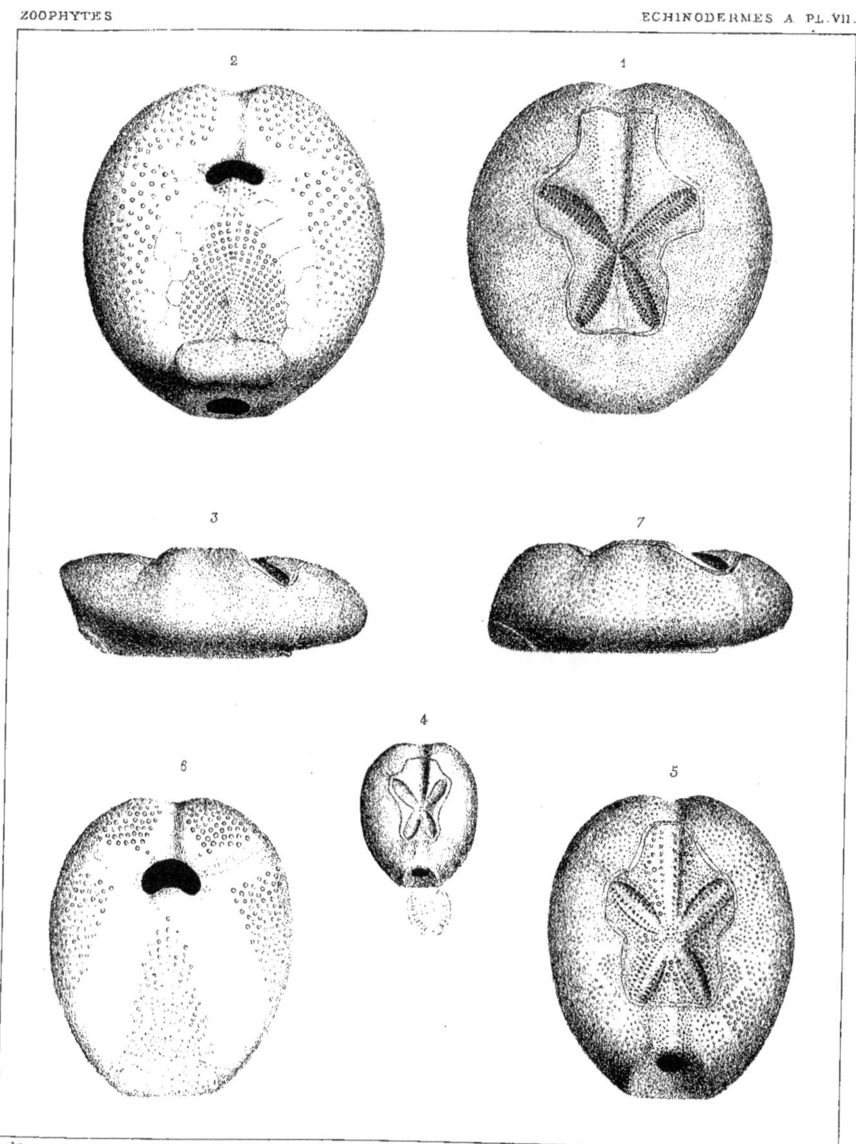

A^d POMEL DEL. Imp. Becquet à Paris.

ECHINIDES SPATANGIENS

ECHINODERMES A, PL. VIII.

SPARTIFORMES

Fig. 1. — *Toxobrissus speciosus*, vu en dessus; G. N.

Fig. 2. — *Le même*, vu en dessous.

Du terrain sahélien de Aïn-Ameria (Lourmel).

Fig. 3. — *Brissopsis milianensis,* vu en dessus ; G. N.

Fig. 4. — *Le même,* vu en dessous ; exemplaire déformé.

Du terrain cartennien de Milianah.

Fig. 5. — *Brissopsis depressus,* vu en dessus.

Fig. 6. — *Le même,* vu en dessous.

Fig. 7 — *Le même*, vu de profil.

Du terrain sahélien d'Oran.

2 1

4 3

7

6 5

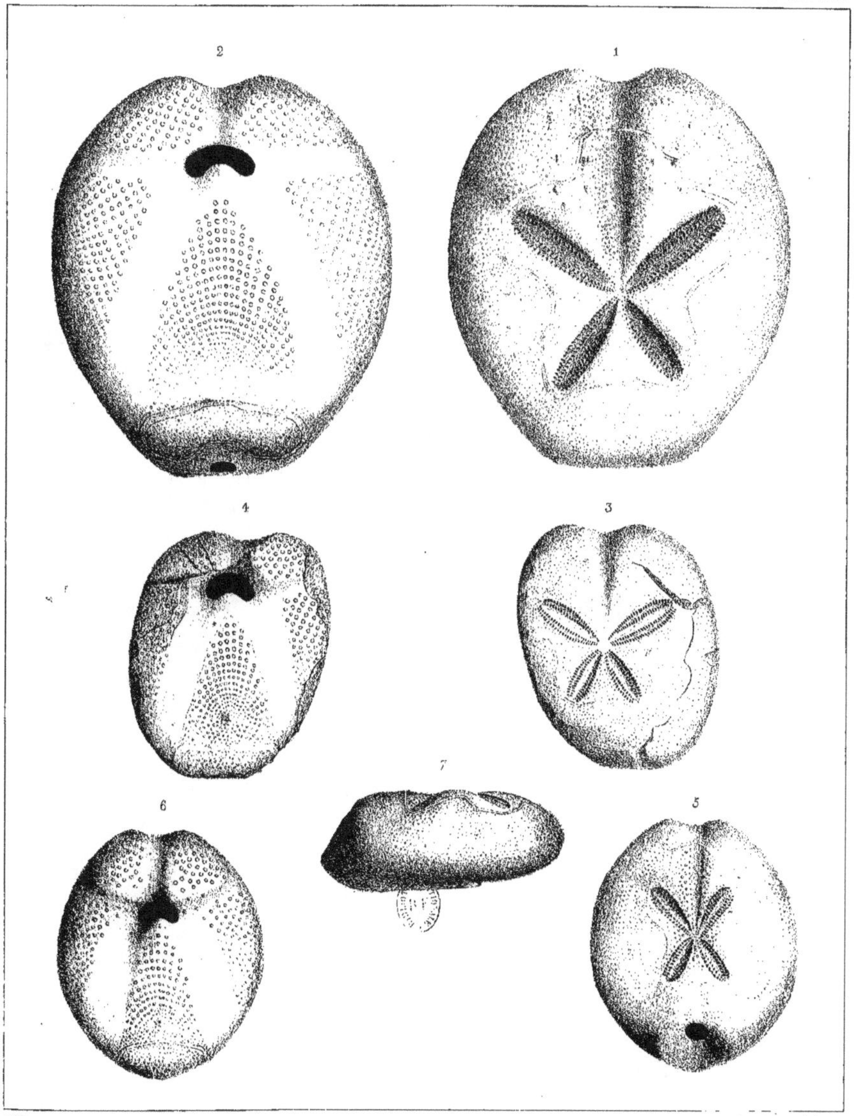

A^d Pomel del. Imp. Becquet à Paris.

ECHINIDES SPATANGIENS

ECHINODERMES, A, PL. IX.

SPATIFORMES

Fig. 1. — *Opissaster polygonalis*, vu en dessus ; G. N.

Fig. 2. — *Le même*, vu en dessous.

Fig. 3. — *Le même*, vu de profil.

Fig. 4. — *Le même*, vu par derrière.

Fig. 5. — *Le même*, vu par devant.

Du terrain sahélien d'Oran. La fig. 4 montre à tort une trace de fasciole sous-anal ; simple éraillure.

Fig. 6. — *Opissaster declivis*, vu en dessus ; G. N.

Fig. 7. — *Le même*, vu en dessous.

Fig. 8. — *Le même*, vu de profil.

Du terrain pliocène de Bled-Msila (Dahra). La trace de fasciole latéro-anal est une simple éraillure.

Fig. 9. — *Trachyaster globosus*, vu en dessus ; G. N.

Fig. 10. — *Le même*, vu en dessous.

Fig. 11. — *Le même*, vu de profil.

Fig. 12. — *Le même*, vu par derrière.

Fig. 13. — *Le même*, apex et sommet ambulacraire grossis (image renversée).

Du terrain sahélien d'Oran.

2 3 1

8

4 5

13

7 6

12

10 11 9

Ate Pomel, del. Imp. Becquet, Paris.

ECHINIDES SPATANGIENS

ECHINODERMES A, PL X.

SPATIFORMES

Fig. 1. — *Schizaster barbarus,* vu en dessus ; G. N.

Fig. 2. — *Le même,* vu de profil.

Du terrain helvétien du Tessala ; zone à Mélobésies.

Fig. 3. — *Schizaster attenuatus,* vu en dessus ; G. N.

Du terrain sahélien d'Oran.

Fig. 4. — *Schizaster saheliensis var.* vu en dessus ; G. N.

Fig. 5. — *Le même*, vu en dessous.

Fig. 6. — *Le même*, apex et sommet ambulacraire grossis.

Fig. 7. — *Le même*, fasciole latéral grossi.

Fig. 8. — *Le même*, radiole du plastron grossi.

Du terrain sahélien d'Oran.

6

1

7

2

3

5

8

4

A^{te} Pomel. del.

Imp. Becquet. Paris

ECHINIDES SPATANGIENS

ECHINODERMES A, PL. XI.

SPATIFORMES

Fig. 1. — *Schizaster speciosus*, vu en dessus ; G. N.

Fig. 2. — *Le même*, vu en dessous.

Fig. 3. — *Le même*, vu de profil.

Fig. 4. — *Le même*, vu par devant.

Fig. 5. — *Le même*, vu par derrière.

Fig. 6. — *Le même*, fasciole latéral grossi, réduit à 2 rangs de granules.

Fig. 7. — *Le même*, fasciole latéral réduit à 1 rang de granules.

Du terrain pliocène du Sig, près du barrage.

2

1

3

6

7

5

4

A^{te} POMEL del.

Imp. Becquet à Paris.

ECHINIDES SPATANGIENS

ECHINODERMES A, PL. XII

SPATIFORMES

Fig. 1. — *Schizaster maurus,* vu en dessus ; G. N.

Fig. 2. — *Le même,* vu en dessous.

Fig. 3. — *Le même,* vu de profil.

Fig. 4. — *Le même,* section transversale vers le milieu.

Fig. 5. — *Le même,* vu par devant.

Fig. 6. — *Le même,* vu par derrière.

Fig. 7. — *Le même,* assules de l'ambulacre antérieur grossis.

Fig. 8. — *Le même,* fasciole latéral grossi.

Fig. 9. — *Le même,* tubercule du plastron grossi.

Du terrain pliocène de Bled-Msila (Dahra).

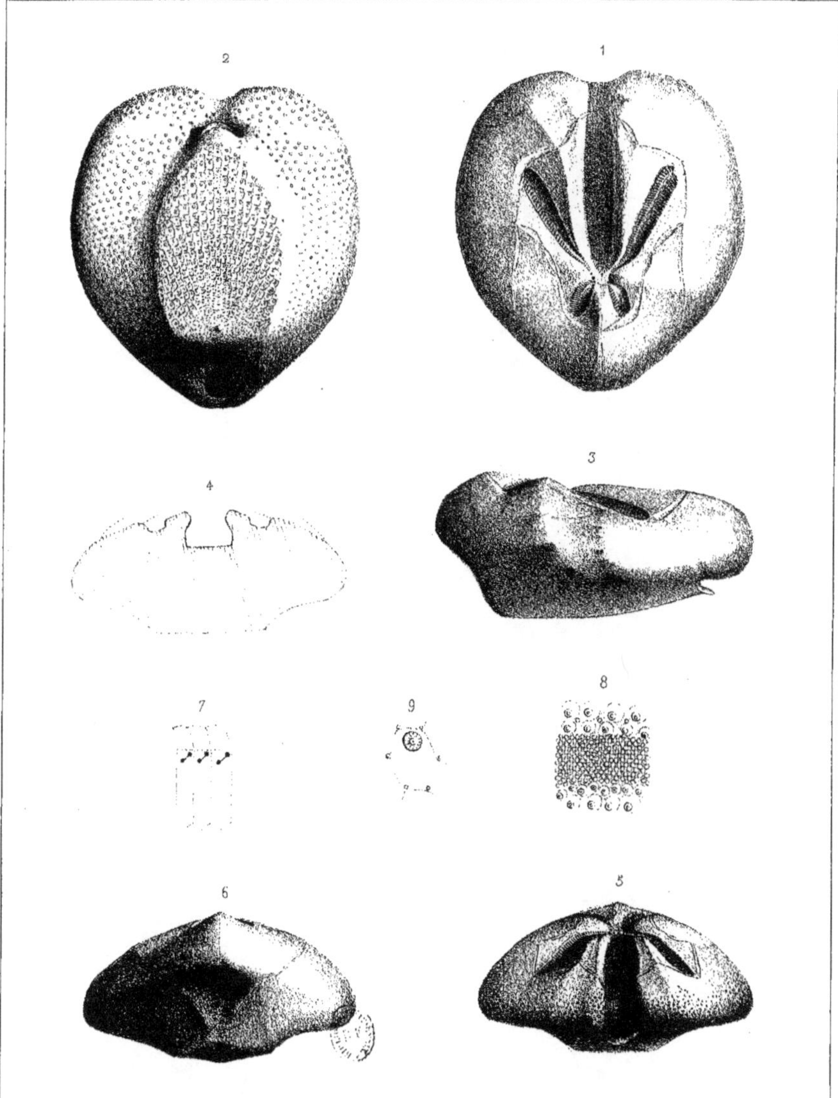

A[ts] Pomel del. Imp. Becquet, Paris.

ECHINIDES SPATANGIENS

ECHINODERMES A, PL. XIII.

SPATIFORMES

Fig. 1. — *Schizaster saheliensis,* vu en dessus ; G. N.

Fig. 2. — *Le même,* vu en dessous.

Fig. 3. — *Le même,* vu de profil.

Fig. 4. — *Le même,* vu par devant.

Fig. 5. — *Le même,* vu par derrière.

Du terrain sahélien d'Oran.

DESCRIPTION GÉOLOGIQUE DE LA PROVINCE D'ORAN

PALÉONTOLOGIE

ZOOPHYTES

ECHINODERMES A. Pl.

2

1

3

5

4

A.te Pomel del.

Imp. Becquet Paris.

ECHINIDES SPATANGIENS

ECHINODERMES A, PL. XIV.

SPATIFORMES

Fig. 1. — *Schizaster subcentralis,* vu en dessus ; G. N.

Fig. 2. — *Le même,* vu en dessous.

Fig. 3. — *Le même*, vu de profil.

Fig. 4. — *Le même,* périprocte et fasciole sous-anal.

Du terrain cartennien de Gouraya, à l'Ouest de Cherchell.

Fig. 5. — *Schizaster curtus,* vu en dessus ; G. N.

Fig. 6. — *Le même,* vu en dessous.

Fig. 7. — *Le même,* vu de profil.

Fig. 8. — *Le même,* vu par devant.

Du terrain helvétien? de Djebel Bohi, près Cherchell.

DESCRIPTION GÉOLOGIQUE DE LA PROVINCE D'ORAN

PALÉONTOLOGIE

2

1

4

7

3

8

6

5

A^{te} Pomel. del. Imp. Becquet. Paris.

ECHINIDES SPATANGIENS

ECHINODERMES A, PL. XV.

SPATIFORMES

Fig. 1. — *Spatangus saheliensis*, vu en dessus ; G. N.

Fig. 2. — *Le même*, vu en dessous.

Fig. 3. — *Le même*, vu de profil, au trait un peu restauré.
Du terrain sahélien d'Oran.

Fig. 4. — *Spatangus tesselatus*, vu en dessus ; G. N.

Fig. 5. — *Le même*, de profil au trait.
Du terrain helvétien de la Djidiouïa ; zone à Mélobésies.

Fig. 6. — *Spatangus depressus*, vu par dessus ; G. N.,
Du terrain sahélien d'Oran (peut-être un jeune *S. excisus*).

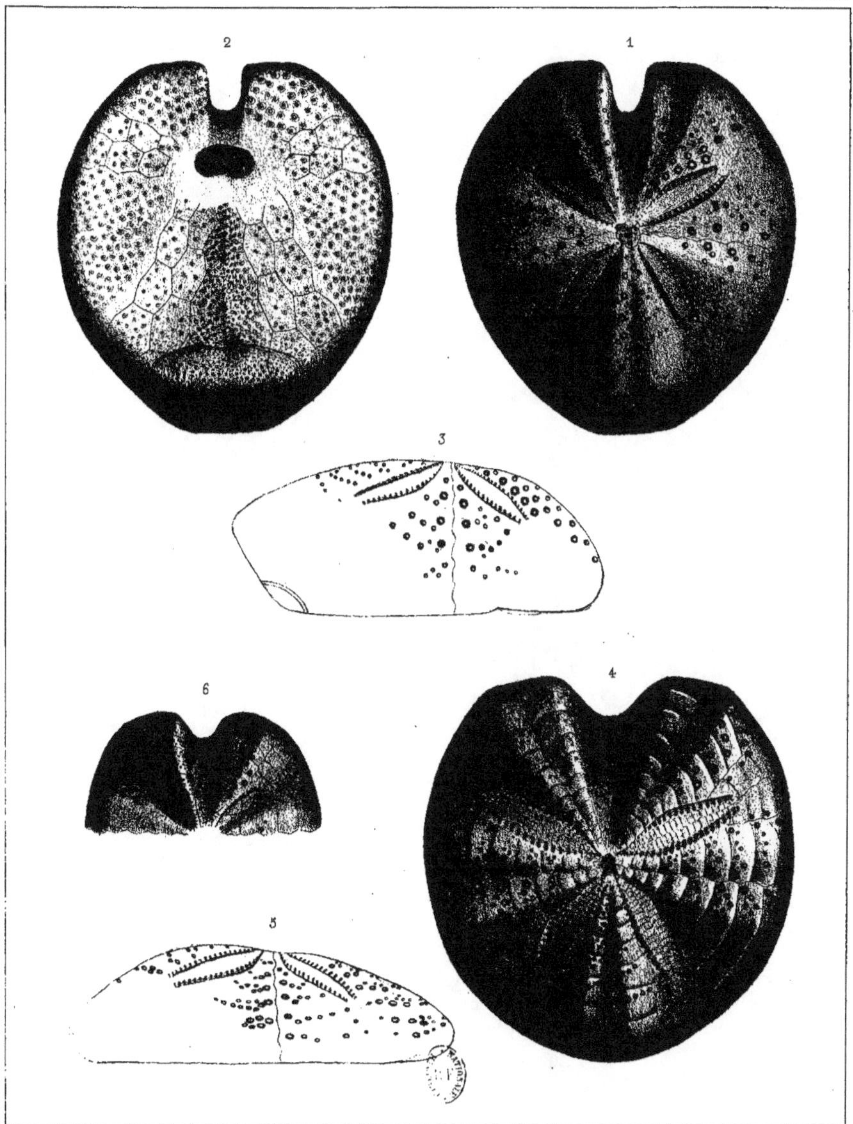

Ale Pomel del.

Imp. Becquet. Paris.

ECHINIDES SPATANGIENS

ECHINODERMES A, PL. XVI.

SPATIFORMES

Fig. 1. — *Trachypatagus oranensis*, vu en dessus ; G. N.

Fig. 2. — *Le même*, vu en dessous.

Fig. 3. — *Le même*, vu de profil.

Fig. 4. — *Le même*, périprocte et fasciole sous-anal.

Fig. 5. — *Le même*, pores ambulacraires grossis.

Fig. 6. — *Le même*, tubercules grossis.
Du terrain sahélien d'Oran.

Fig. 7. — *Trachypatagus? brevis*, vu en dessous, G. N., fragment montrant le péristome et deux ambulacres.
Du terrain sahélien d'Oran.

DESCRIPTION GÉOLOGIQUE DE LA PROVINCE D'ORAN

PALÉONTOLOGIE

ZOOPHYTES ECHINODERMES A. PL. XVI

2 1 6 5 4 7 3

Ate Pomel del. Imp. Becquet, Paris.

ECHINIDES SPATANGIENS

ECHINODERMES B, PL. I.

LAMPADIFORMES

Fig. 1. — *Hypsoclypeus latus*, vu en dessus ; G. N.

Fig. 2. — *Le même,* vu en dessous.

Fig. 3. — *Le même*, vu de profil.

Fig. *a*. — *Le même*, 4 assules ambulacraires du dessus grossis.

Fig. *b*. — *Le même*, 3 assules ambulacraires du dessous grossis ;
Du terrain sahélien d'Oran.

DESCRIPTION GÉOLOGIQUE DE LA PROVINCE D'ORAN

PALÉONTOLOGIE

ZOOPHYTES — ECHINODERMES B, PL. I

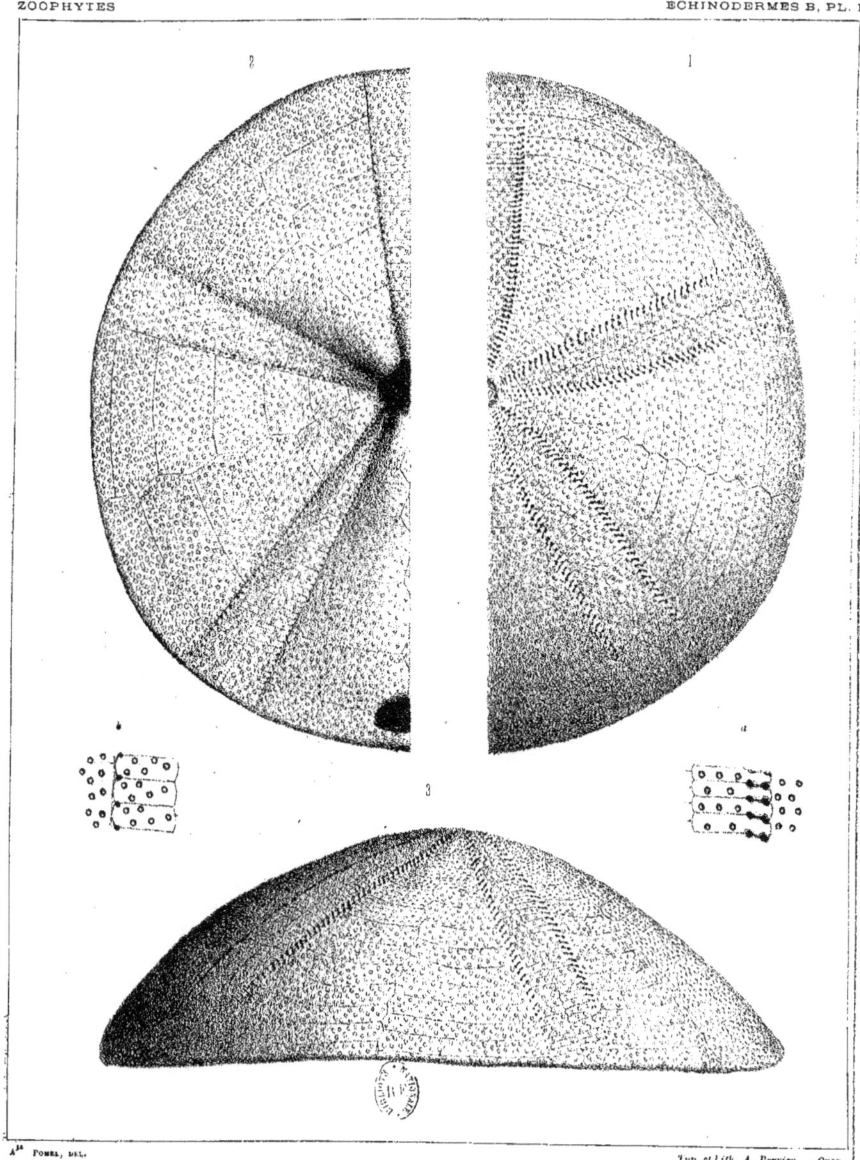

A[te] POMEL, DEL. — Typ. et Lith. A. Perrier. — Oran.

ECHINIDES ÉCHINANTHIENS

ECHINODERMES B, PL. II.

LAMPADIFORMES

Fig. 1. — *Hypsoclypeus doma*, vu en dessus ; G. N.

Fig. 2. — *Le même*, vu en dessous.

Fig. 3. — *Le même*, vu de profil.

Fig. *a*. — *Le même*, 4 assules ambulacraires du dessus grossis.

Fig. *b*. — *Le même*, 3 assules ambulacraires du dessous grossis ;
Du terrain cartennien de Ouïlis (Dahra).

(NOTA. — La Pl. III paraîtra avec le supplément).

2

1

b

a

3

Aᵉ. POMEL, DEL.

Typ. et Lith. A. Perrier. — Oran

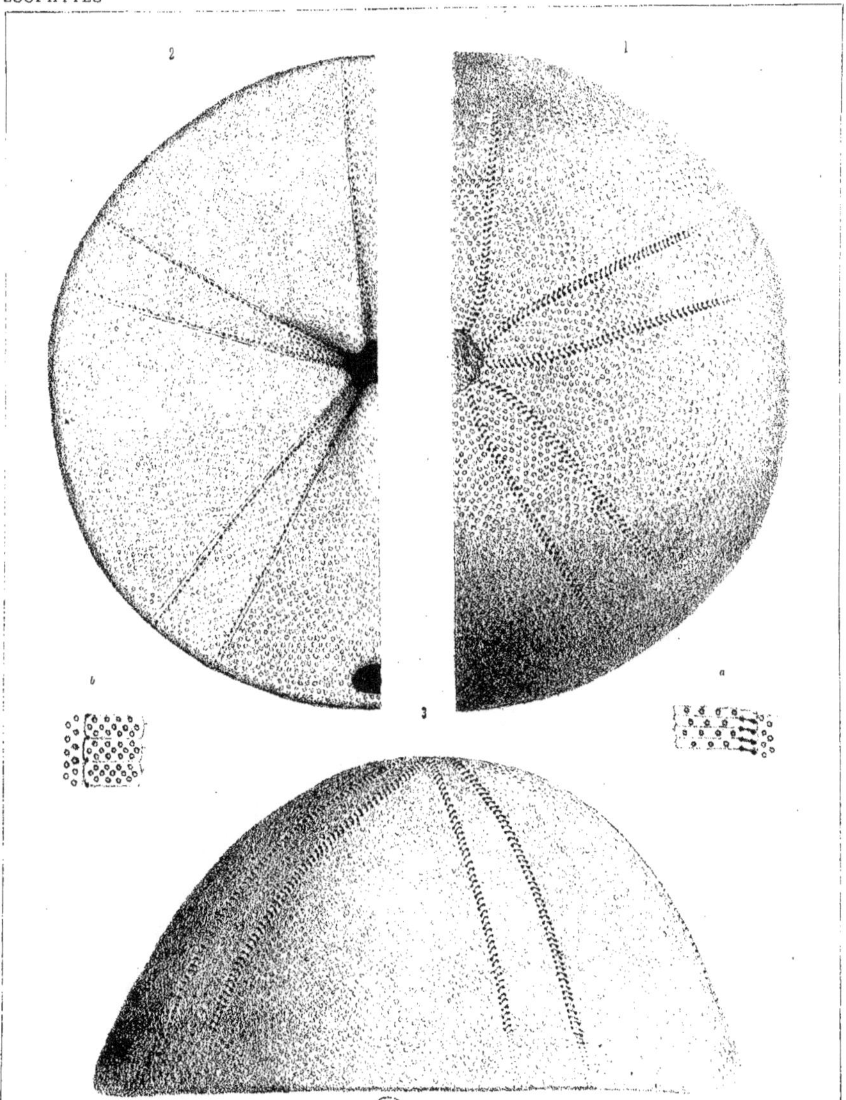

ECHINIDES ECHINANTHIENS

ECHINODERMES B, PL. IV.

LAMPADIFORMES

Fig. 1. — *Hypsoclypeus oranensis* ; G. N.

a) vu en dessus ;

b) vu en dessous ;

c) vu de profil ;

d) assules ambulacraires grossis ;

Du terrain sahélien des environs d'Oran.

Fig. 2. — *Echinolampas Jubæ ;* G. N.

a) vu en dessus ;

b) vu en dessous ;

c) vu de profil ;

d) portion d'ambulacre grossie ;

Du terrain pliocène du col de Sidi-Moussa (Chénoua).

A[te]. Pomel, del. Typ. et Lith. A. Perrier. — Oran

ECHINIDES ECHINANTHIENS

ECHINODERMES B, PL. V.

LAMPADIFORMES

Fig. 1. — *Echinolampas subangulatus;* G. N.

a) vu en dessus ;

b) vu en dessous ;

c) vu de profil ;

d) portion d'ambulacre grossie ;

Du terrain helvétien; zone à Mélobésies de Tingemar (Bel-Abbès).

Fig. 2. — *Echinolampas algirus;* G. N.

a) vu en dessus ;

b) vu en dessous ;

c) vu de profil ;

d) portion d'ambulacre grossie ;

e) assule ambulacraire de la face inférieure grossi ;

Du terrain pliocène du pays des Msila (Dahra).

1b 1c 1a

1d

2c

2e 2d

2b 2a

A[te] POMEL, DEL. — Typ. et Lith. A. Perrier. — Oran

ECHINIDES ECHINANTHIENS

ECHINODERMES B, PL. VI.

LAMPADIFORMES

Fig. 1. — *Echinolampas pyguroïdes*, vu en dessus ; G. N.

Fig. 2. — *Le même*, vu en dessous.

Fig. 3. — *Le même*, vu de profil ;
Du terrain cartennien de Ouïlis (Dahra)

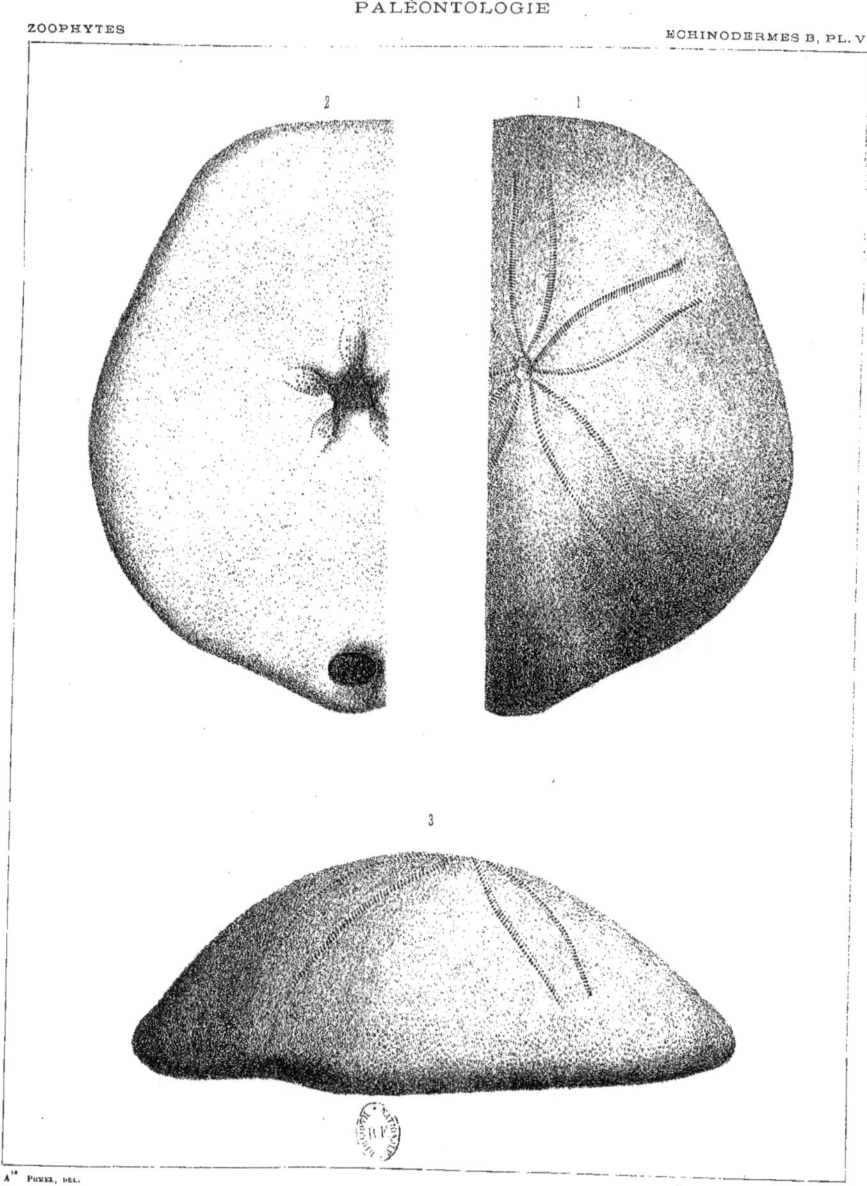

A[te] POMEL, DEL. Typ. et Lith. A. Perrier, — Oran.

ECHINIDES ECHINANTHIENS

ECHINODERMES B, PL. VII.

LAMPADIFORMES

Fig. 1. — *Echinolampas insignis*, vu en dessus ; G. N.

Fig. 2. — *Le même*, vu en dessous.

Fig. 3. — *Le même*, vu de profil ;

Du terrain helvétien de l'Oued-Riou, près Inkermann (zone à Mélobésies).

2 1

3

A^te. Pomel, del. Typ. et Lith. A. Perrier. — Oran

ECHINIDES ECHINANTHIENS

ECHINODERMES B, PL. VIII.

LAMPADIFORMES

Fig. 1. — *Echinolampas cartenniensis ;* G. N.
Du terrain cartennien des environs de Ténez.

Fig. 2. — *Echinolampas inœqualis ;* G. N.
Du terrain cartennien du Bled-Amraoua près Ténez.

Fig. 3. — *Echinolampas claudus* ; G. N.
Du terrain cartennien de Ouïlis (Dahra).

Pour toutes les figures:

a) vu par dessus ;

b) vu par dessous ;

c) vu de profil ;

d) portion d'ambulacre grossie.

DESCRIPTION GÉOLOGIQUE DE LA PROVINCE D'ORAN

PALÉONTOLOGIE

1a 3d 2a

3a

1d 2d

3b

1b 2b

3c

1c 2c

Ate, POMEL, DEL. Typ. et Lith. A. Perrier. — Oran

ECHINIDES ECHINANTHIENS

ECHINODERMES B, PL. IX.

LAMPADIFORMES

Fig. 1. — *Echinolampas curtus,* G. N. ;
Du terrain cartennien de Ouïlis et de Sidi-Saïd (Dahra).

Fig. 2. — *Echinolampas hayesianus,* Desor ; G. N. ;
Du terrain sahélien d'Oran et de Sidi-Hamadi.

Fig. 3. — *Echinolampas flexuosus,* G. N. ;
Du terrain cartennien du Djebel Djambeïda (Cherchell).

Pour toutes les figures :

a) vu en dessus ;

b) vu en dessous ;

c) vu de profil ;

d) portion d'ambulacre grossie.

DESCRIPTION GÉOLOGIQUE DE LA PROVINCE D'ORAN

PALÉONTOLOGIE

ZOOPHYTES

ECHINODERMES B, PL. IX

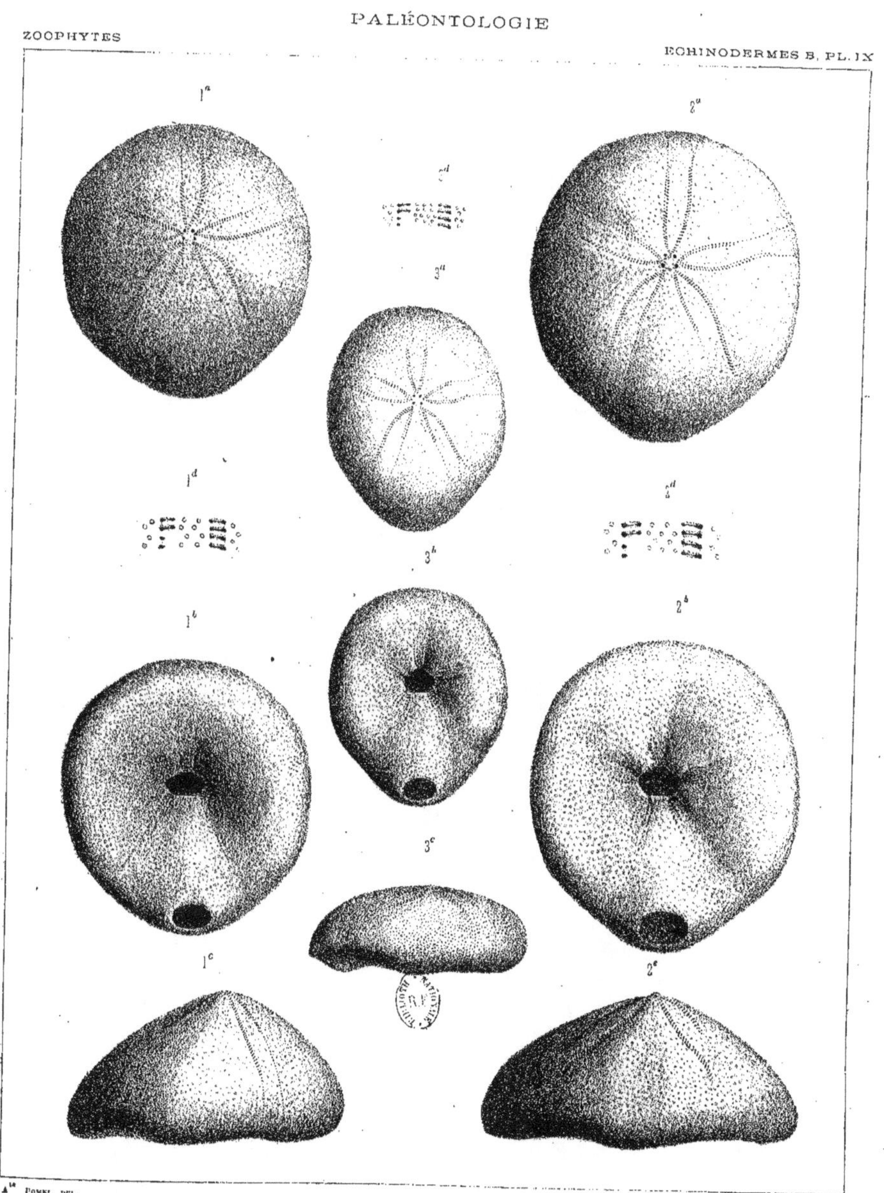

A[te] POMEL, DEL.

Typ. et Lith. A. Perrier. — Oran.

ECHINIDES ECHINANTHIENS

ECHINODERMES B, PL. X.

CLYPÉIFORMES

Fig. 1. — *Echinocyamus declivis,* vu de profil grossi ;

Fig. 2. — *Le même,* vu en dessus ;

Fig. 3. — *Le même,* vu en dessous ;

Fig. 4. — *Le même,* au trait de grandeur naturelle.
Du terrain cartennien de Sidi-Saïd (Dahra).

Fig. 5. — *Echinocyamus umbonatus,* vu de profil grossi ;

Fig. 6. — *Le même,* vu en dessus ;

Fig. 7. — *Le même,* vu en dessous ;

Fig. 8. — *Le même,* au trait de grandeur naturelle.
Du terrain sahélien d'Oran.

Fig. 9. — *Echinocyamus strictus,* vu en dessus grossi ;

Fig. 10. — *Le même,* vu en dessous.
Du terrain sahélien de Sidi-Amadi.

Fig. 11. — *Echinocyamus tarentinus?* vu en dessus grossi, jeune ;

Fig. 12. — *Le même,* vu de profil ;

Fig. 13. — *Le même,* vu en dessous ;

Fig. 14. — *Le même,* au trait de grandeur naturelle.
Du terrain quaternaire de l'oued Rha (Gouraya).

Fig. 15. — *Echinocyamus tarentinus,* Lam. vu de profil grossi ;

Fig. 16. — *Le même,* vu en dessus ;

Fig. 17. — *Le même,* vu en dessous ;

Fig. 18. — *Le même,* au trait de grandeur naturelle.
Du terrain quaternaire de l'oued Rha (Gouraya).

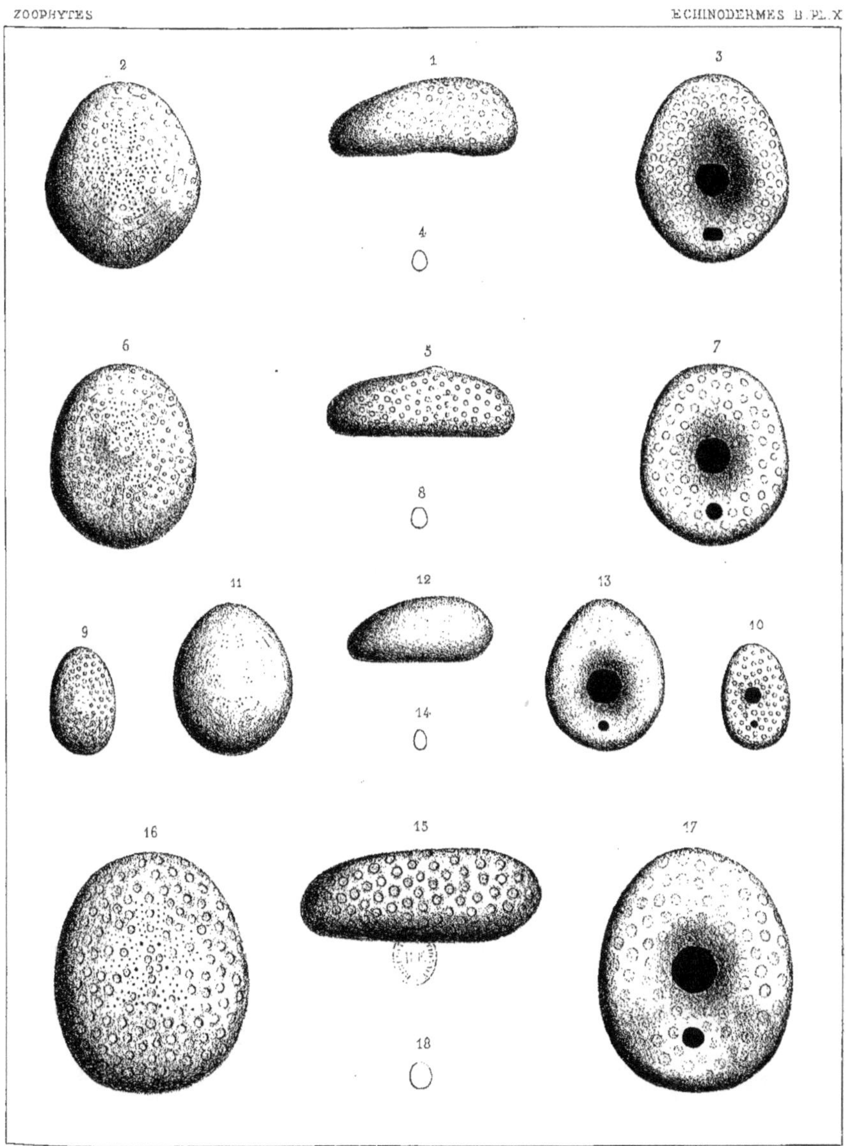

A[te] Pomel. del. Imp. Becquet, Paris.

ECHINIDES FIBULARIENS

ECHINODERMES B, PL. XI.

CLYPÉIFORMES

Fig. 1. — *Amphiope palpebrata*, vu en dessus ; G. N.

Fig. 2. — *Le même*, vu en dessous ;

Fig. 3. — *Le même*, vu de profil au trait ;

Fig. 4. — *Le même*, section schématique pour montrer la marge saillante des perforations.

Du terrain cartennien du Djebel Djambeïda à l'Est de Cherchell.

DESCRIPTION GÉOLOGIQUE DE LA PROVINCE D'ORAN

PALÉONTOLOGIE

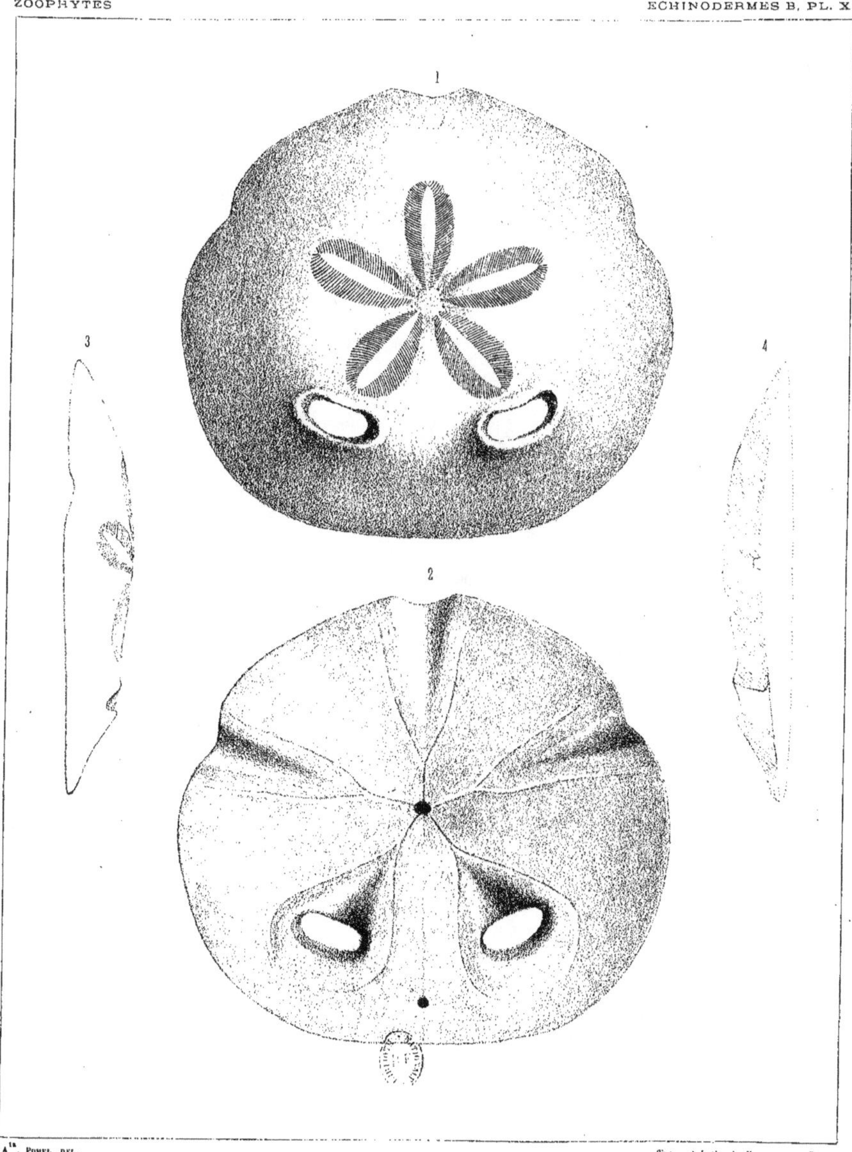

A[te]. Pomel, del. Typ. et Lith. A. Perrier. — Oran

ECHINIDES SCUTELLIENS

ECHINODERMES B, PL. XII

CLYPÉIFORMES

Fig. 1. — *Amphiope depressa ;* G. N.

a) vu en dessus ;

b) vu en dessous ;

c) section schématique antéro-postérieure.

Du terrain helvétien, zone à Mélobésies, d'Aïn-el-Arba (Mléta-Oran).

Fig. 2. — *Scutella sublœvis ;* G. N.

a) vu en dessus ;

b) vu en dessous ;

c) section schématique antéro-postérieure.

Du terrain helvétien (zone à Mélobésies) de Tingemar (Bel-Abbès).

DESCRIPTION GÉOLOGIQUE DE LA PROVINCE D'ORAN

PALÉONTOLOGIE

ZOOPHYTES

ECHINODERMES B, PL. XII

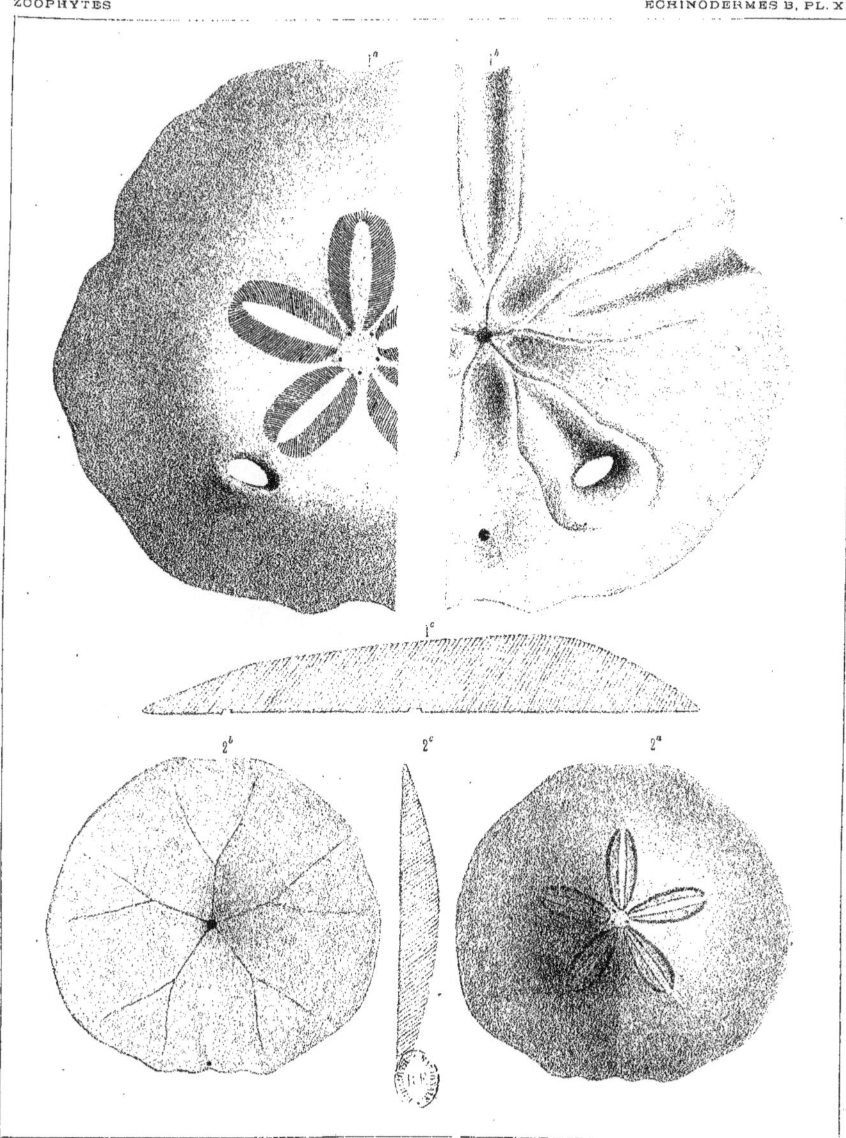

A^te. POMEL, DEL.

Typ. et Lith. A. Perrier. — Oran.

ECHINIDES SCUTELLIENS

ECHINODERMES B, PL. XIII.

CLYPÉIFORMES

Fig. 1. — *Scutella irregularis,* vu en dessous ; G. N.

Fig. 2. — *Le même*, section schématique antéro-postérieure.

Fig. 3. *Scutella irregularis*, vu en dessus ; autre exemplaire ; G. N.
Du terrain cartennien de Cherchel vers l'oued Bellac.

(NOTA. — La pl. XIV paraîtra avec le supplément).

A[te]. Pomel, del. Typ. et Lith. A. Perrier. — Oran

ECHINIDES SCUTELLIENS

ECHINODERMES B, PL. XV.

CLYPÉIFORMES

Fig. 1. — *Clypeaster scutellœformis ;* G. N.

a) vu par dessus ;

b) vu par dessous ;

c) section schématique antéro-postérieure ;

d) détails grossis d'un pétale ;

e) tubercules grossis de la face inférieure.

Du terrain helvétien, zone à Mélobésies, de Tingemar (Bel-Abbès).

Fig. 2. — *Clypeaster tesselatus ;* G. N.

a) vu en dessus. Le dessinateur a exagéré les sutures ;

b) section schématique ;

c) détails grossis d'un pétale.

Du terrain helvétien de Hennaya (Tlemcen).

DESCRIPTION GÉOLOGIQUE DE LA PROVINCE D'ORAN

PALÉONTOLOGIE

ZOOPHYTES ECHINODERMES B, PL. XV

1c 1b 1a 1e

1d

2a 2b

2c

A^{te}. POMEL, DEL. Typ. et Lith. A. Perrier. — Oran.

ECHINIDES CLYPEASTRIENS

ECHINODERMES B, PL. XVI.

CLYPÉIFORMES

Fig. 1. — *Clypeaster simus*, vu en dessus ; G. N.

Fig. 2. — *Le même,* vu en dessous ;

Fig. 3. — *Le même*, vu de profil ;

Fig. 4. — *Le même,* portion de pétale grossie ;

Fig. 5. — *Le même*, portion d'un sommet d'inter-ambulacre grossie ;

Fig. 6. — *Le même,* tubercules de la base d'un inter-ambulacre grossis ;

Fig. 7. — tubercules de la face inférieure grossis.

Du terrain sahélien des environs d'Oran.

2 1

7 6 5 4

3

A[te]. Pomel, del. Typ. et Lith. A. Perrier. — Oran

ECHINIDES CLYPEASTRIENS

ECHINODERMES B, PL. XVII.

CLYPÉIFORMES

Fig. 1. — *Clypeaster sinuatus*, vu en dessus ; G. N.

Fig. 2. — *Le même*, vu en dessous ;

Fig. 3. — *Le même*, vu de profil ;

Fig. 4. — *Le même*, portion de pétale grossie ;

Fig. 5. — *Le même*, sommet d'inter-ambulacre grossi ;

Fig. 6. — *Le même*, tubercules du dessus grossis ;

Fig. 7. — *Le même*, tubercules du dessous grossis.

Du terrain sahélien d'Oran.

2 1

7 6 5 4

3

A[ia]. Pomel, del. Typ. et Lith. A. Perrier. — Oran.

ECHINIDES CLYPEASTRIENS

ECHINODERMES B, PL. XVIII.

CLYPÉIFORMES

Fig. 1. — *Clypeaster expansus*, vu en dessus ; réduit de 1/5 ;

Fig. 2. — *Le même*, vu en dessous ;

Fig. 3. — *Le même*, vu de profil ;

Fig. 4. — *Le même*, portion de pétale grossie ;

Fig. 5. — *Le même*, sommet d'inter-ambulacre grossi ;

Fig. 6. — *Le même*, tubercules du dessus grossis ;

Fig. 7. — *Le même*, tubercules du dessous grossis.

Du terrain helvétien (zone à Mélobésies) d'El-Massar et de Msila d'Oran.

2 1

7 6 5 4

3

Typ. et Lith. A. Perrier. — Oran.

ECHINIDES CLYPEASTRIENS

ECHINODERMES B, PL. XIX.

CLYPÉIFORMES

Fig. 1. — *Clypeaster ogleianus,* vu en dessus ; G. N.

Fig. 2. — *Le même*, vu en dessous ;

Fig. 3. — *Le même*, vu de profil ;

Fig. 4. — *Le même,* portion de pétale grossie ;

Fig. 5. — *Le même*, tubercules du dessus grossis ;

Fig. 6. — *Le même,* tubercules du dessous grossis.

Du terrain helvétien d'Arbal ; a été un peu restauré.

DESCRIPTION GÉOLOGIQUE DE LA PROVINCE D'ORAN

PALÉONTOLOGIE

ZOOPHYTES

ECHINODERMES B, PL. XIX

2 1

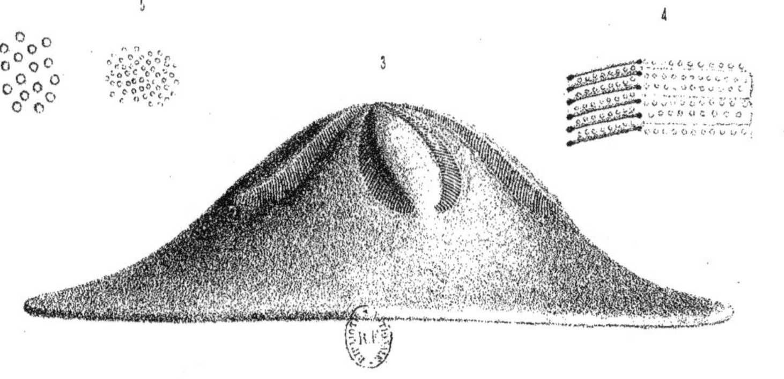

Ate. Pomel, del.

Typ. et Lith. A. Perrier. — Oran

ECHINIDES CLYPEASTRIENS

ECHINODERMES B, PL. XX.

CLYPÉIFORMES

Fig. 1. — *Clypeaster peltarius*, vu par dessus ; G. N.

Fig. 2. — *Le même*, vu en dessous ;

Fig. 3. — *Le même*, vu de profil ;

Fig. 4. — *Le même*, section transversale montrant la dépression du dessous ;

Fig. 5. — *Le même*, portion de pétale grossie ;

Fig. 6. — *Le même*, tubercules du dessus grossis ;

Fig. 7. — *Le même*, tubercules du dessous grossis.

Du grès de la base du sahélien à El-Biar, Alger.

DESCRIPTION GÉOLOGIQUE DE LA PROVINCE D'ORAN

PALÉONTOLOGIE

ZOOPHYTES — ECHINODERMES B, PL. XX

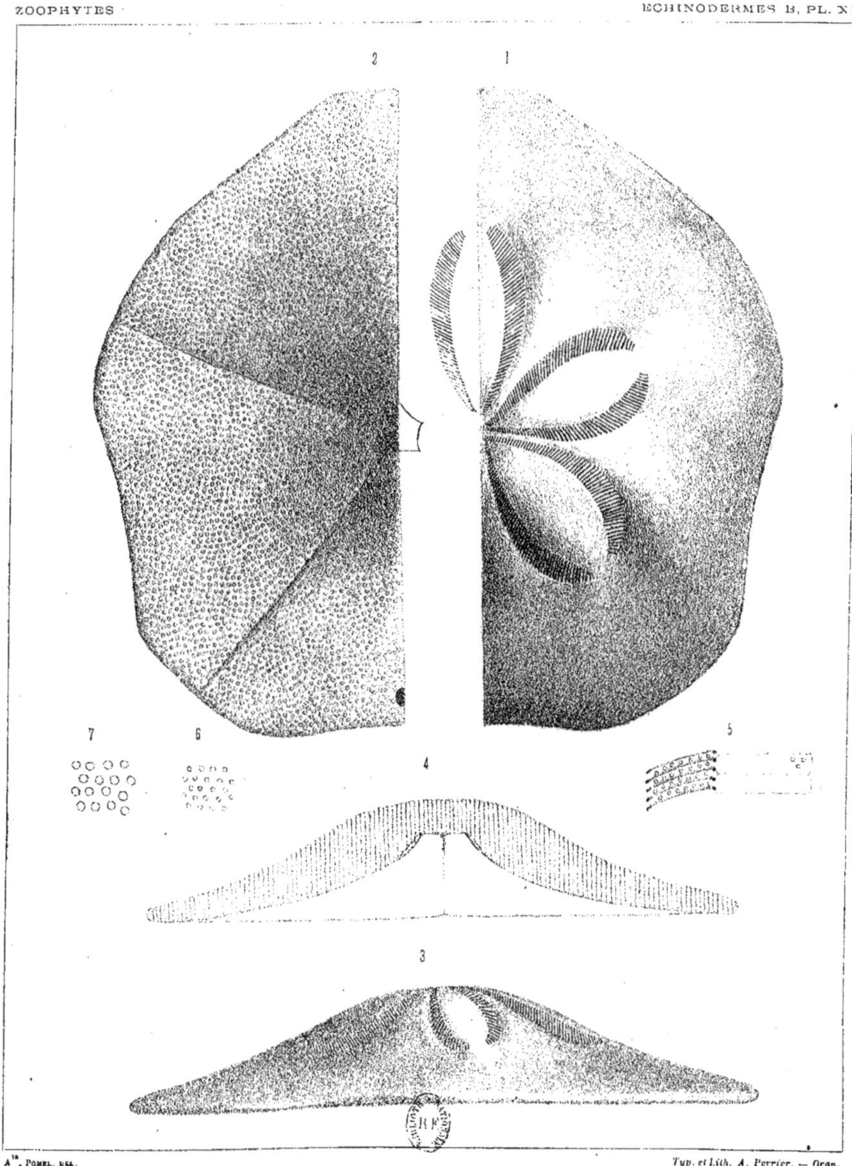

A^{te}. Pomel, del. — Typ. et Lith. A. Perrier. — Oran.

ECHINIDES CLYPEASTRIENS

ECHINODERMES B, PL. XXI.

CLYPÉIFORMES

Fig. 1. — *Clypeaster acclivis*, vu en dessus, individu jeune ; G. N.

Fig. 2. — *Le même,* vu en dessous ;

Fig. 3. — *Le même,* vu de profil ;

Fig. 4. — *Le même,* section transversale pour montrer la profondeur de la bouche et la saillie des pétales ;

Fig. 5. — *Le même,* section d'un pétale pour montrer sa saillie ;

Fig. 6. — *Le même,* portion de pétale grossie ;

Fig. 7. — *Le même,* tubercules du dessus grossis ;

Fig. 8. — *Le même,* tubercules du dessous grossis ;

Fig. 9. — *Le même,* contours au trait d'un individu plus âgé ; G. N.
Des grès de la base du sahélien à El-Biar, Alger.

DESCRIPTION GÉOLOGIQUE DE LA PROVINCE D'ORAN

PALÉONTOLOGIE

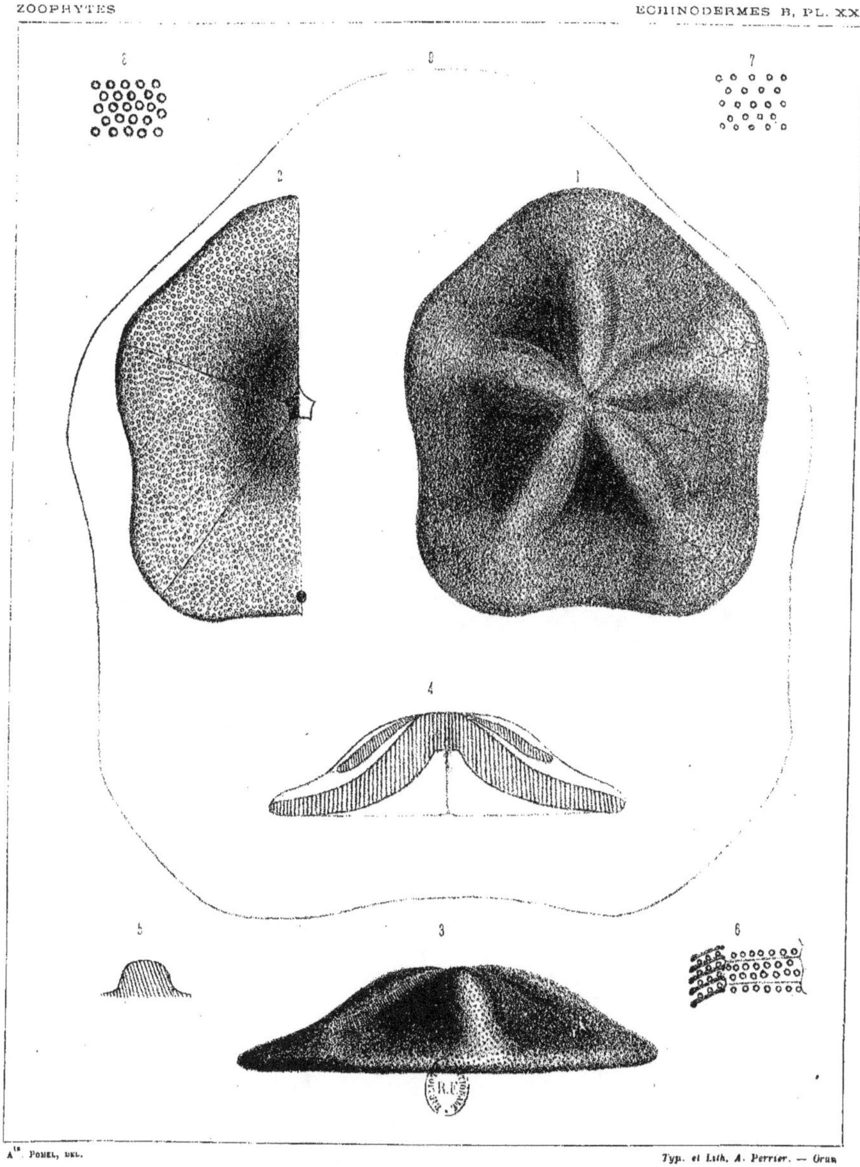

A[ts]. POMEL, DEL. Typ. et Lith. A. Perrier. — Oran

ECHINIDES CLYPEASTRIENS

ECHINODERMES B, PL. XXII.

CLYPÉIFORMES

Fig. 1. — *Clypeaster confusus* (*Partschii* antea, non Michelin), vu en dessus ; G. N.

Fig. 2. — *Le même,* vu en dessous ;

Fig. 3. — *Le même*, vu de profil ;

Fig. 4. — *Le même,* portion d'ambulacre grossie ;

Fig. 5. — Tubercules du dessous grossis.

Du terrain cartennien du Djebel-Mouzaïa et d'Affreville.

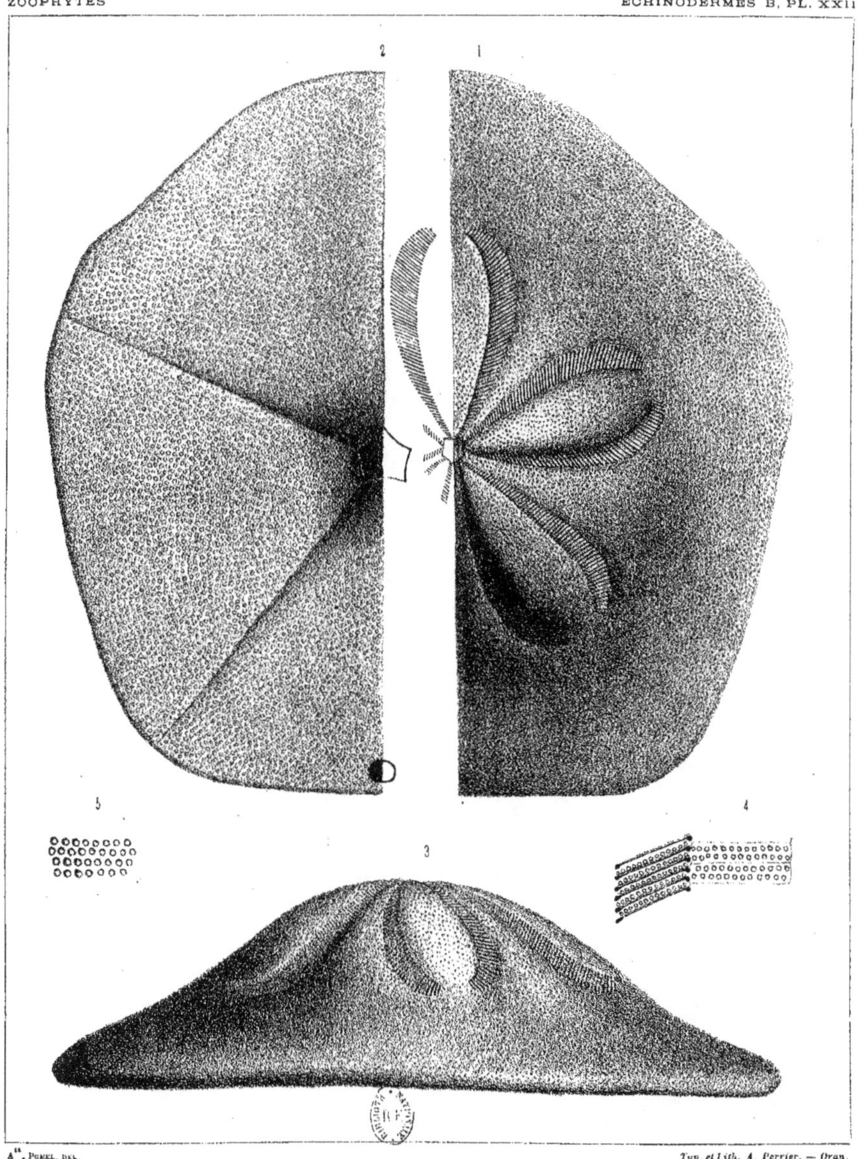

A[ts]. POMEL, DEL.

Typ. et Lith. A. Perrier. — Oran.

ECHINIDES CLYPEASTRIENS

ECHINODERMES B, PL. XXIII.

CLYPÉIFORMES

Fig. 1. — *Clypeaster oblongus*, vu en dessus ; G. N.

Fig. 2. — *Le même,* vu en dessous ;

Fig. 3. — *Le même,* vu de profil ;

Fig. 4. — *Le même,* portion de pétale grossie ;

Fig. 5. — *Le même,* tubercules du dessus grossis ;

Fig. 6. — *Le même,* tubercules du dessous grossis.

Du terrain helvétien ? un peu à l'ouest de Zurich, Algérie.

La même espèce a été recueillie à Ste-Manza en Corse.

DESCRIPTION GÉOLOGIQUE DE LA PROVINCE D'ORAN

PALÉONTOLOGIE

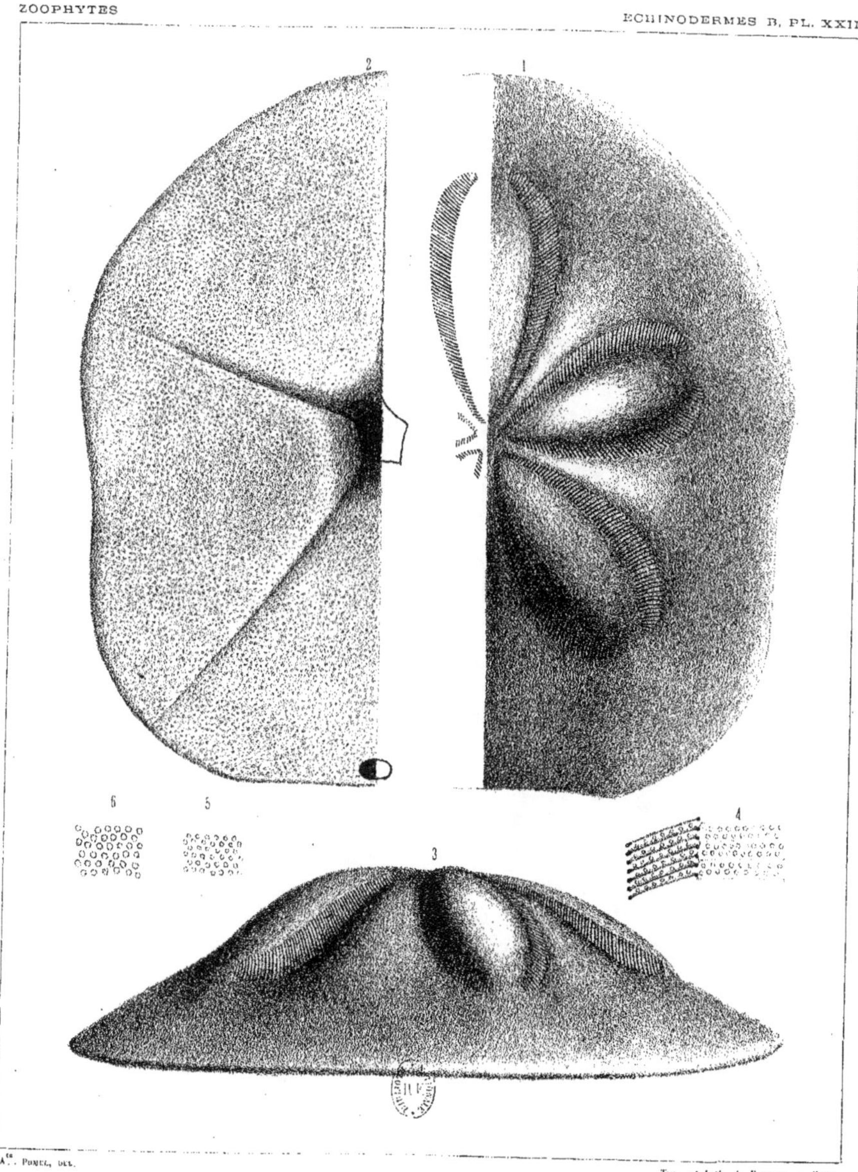

A[te]. POMEL, DEL.

Typ. et Lith. A. Perrier. — Oran

ECHINIDES CLYPEASTRIENS

ECHINODERMES B, PL. XXIV.

CLYPÉIFORMES

Fig. 1. — *Clypeaster intermedius?* Desm. vu en dessus ; G. N.

Fig. 2. — *Le même,* vu en dessous ;

Fig. 3. — *Le même*, vu de profil ;

Fig. 4. — *Le même,* section longitudinale ;

Fig. 5. — *Le même,* section transversale ;

Fig. 6. — *Le même,* portion de pétale grossie.

Fig. 7. — *Le même,* tubercules du dessous grossis.

Du terrain helvétien (zone à Mélobésies) de Tiaret.

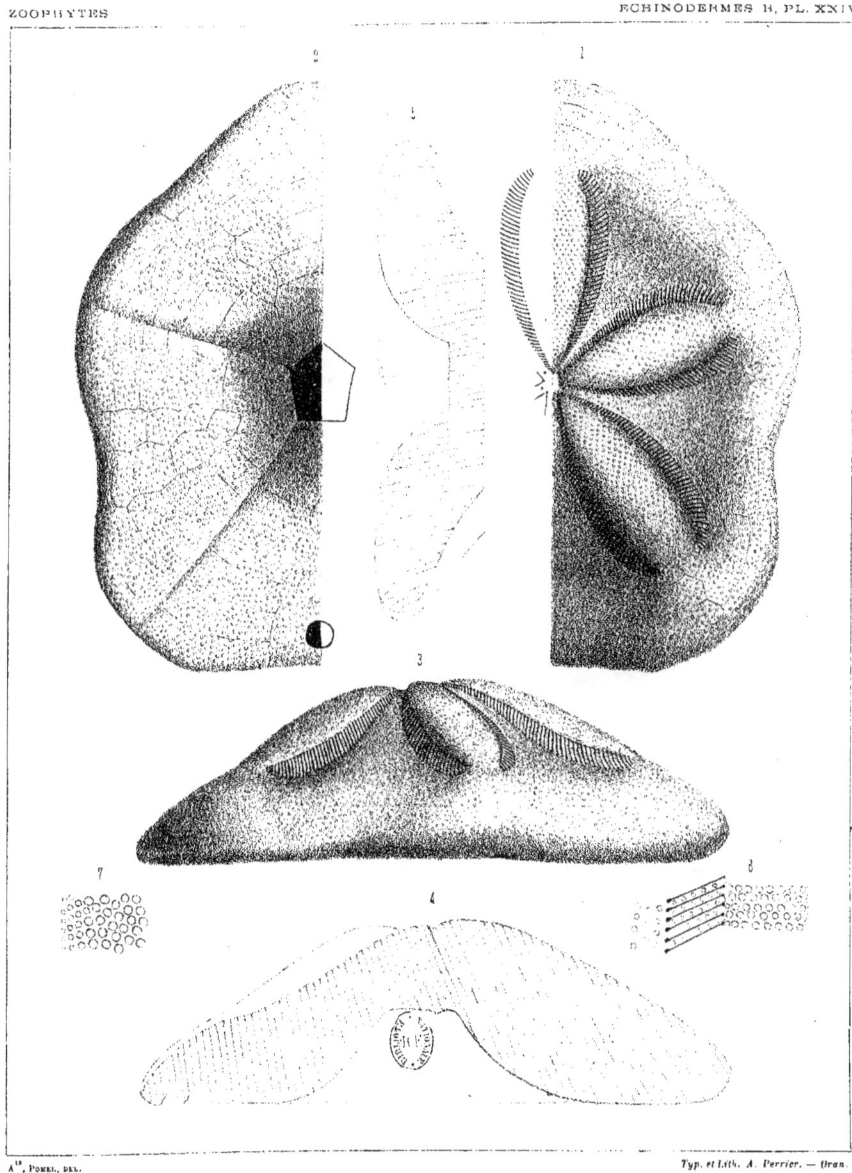

A[te]. POMEL, DEL. Typ. et Lith. A. Perrier. — Oran.

ECHINIDES CLYPEASTRIENS

ECHINODERMES B, PL. XXV.

CLYPÉIFORMES

Fig. 1. — *Clypeaster crassicostatus,* Agass., vu en dessus ; G. N.

Fig. 2. — *Le même,* vu en dessous ;

Fig. 3. — *Le même,* vu de profil ;

Fig. 4. — *Le même,* section longitudinale ;

Fig. 5. — *Le même,* section transversale ;

Fig. 6. — *Le même*, portion de pétale grossie ;

Fig. 7. — *Le même,* tubercules du dessus grossis ;

Fig. 8. — *Le même,* tubercules du dessous grossis.

Du terrain helvétien (zone à Mélobésies de) Chabbat-el-Kotta.

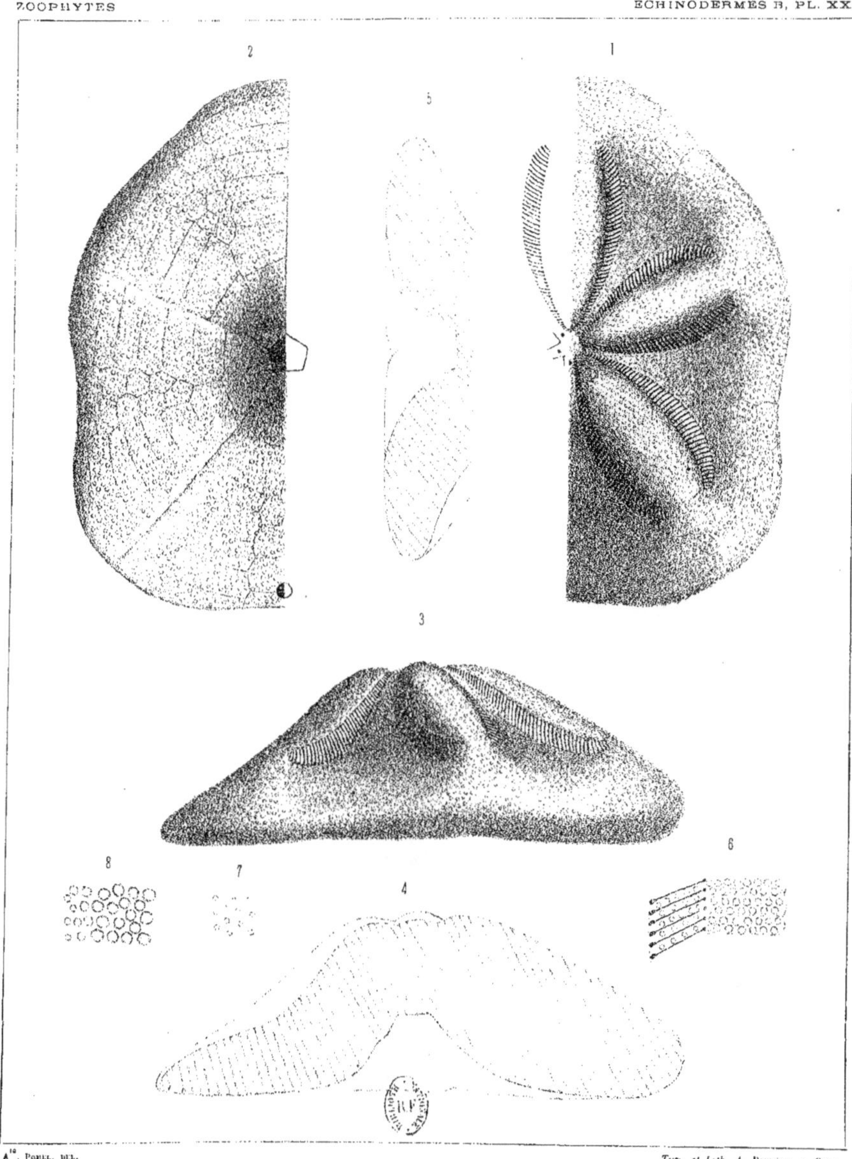

A[le]. Pomel, del. Typ. et Lith. A. Perrier. — Oran

ECHINIDES CLYPEASTRIENS

ECHINODERMES, B. PL. XXVI.

CLYPÉIFORMES

Fig. 1. — *Clypeaster Scillee?* Desm. vu en dessus ; G. N.

Fig. 2. — *Le même,* vu en dessous ;

Fig. 3. — *Le même,* vu de profil ;

Fig. 4. — *Le même,* section longitudinale ;

Fig. 5. — *Le même,* section transversale ;

Fig. 6. — *Le même,* portion de pétale grossie ;

Fig. 7. — *Le même,* tubercules du dessous grossis.

Du terrain cartennien du Djebel Mouzaïa.

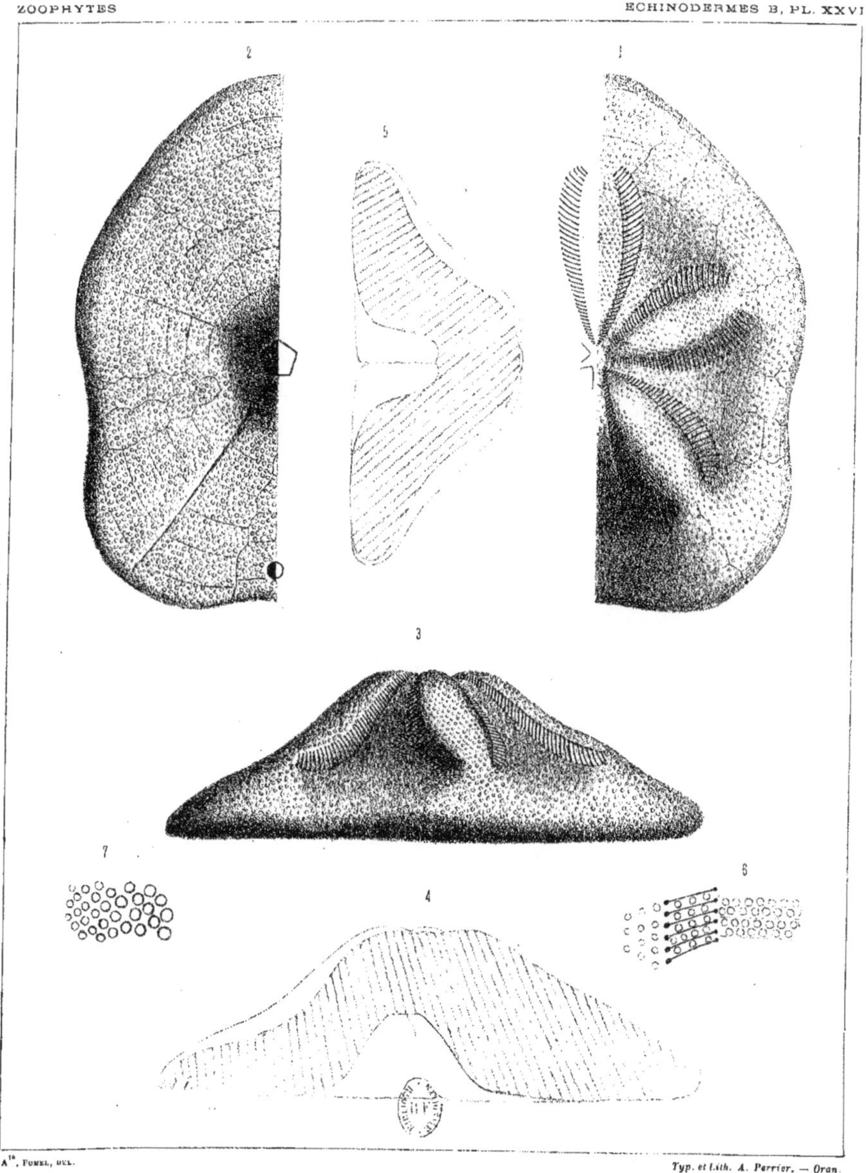

A.[te] POMEL, DEL. Typ. et Lith. A. Perrier. — Oran.

ECHINIDES CLYPEASTRIENS

ECHINODERMES B, PL. XXVII.

CLYPÉIFORMES

Fig. 1. — *Clypeaster paratinus,* vu en dessus, réduit de 1/4 ;

Fig. 2. — *Le même,* vu en dessous ;

Fig. 3. — *Le même,* vu de profil ;

Fig. 4. — *Le même*, portion d'ambulacre grossie ;

Fig. 5. — *Le même,* tubercules supérieurs grossis ;

Fig. 6. — *Le même*, tubercules inférieures grossis ;

Du terrain helvétien, zone à Mélobésies, de Aïn-el-Arba (Mléta).

DESCRIPTION GÉOLOGIQUE DE LA PROVINCE D'ORAN

PALÉONTOLOGIE

ZOOPHYTES

ECHINODERMES B, PL. XXVII

2 1

6 5 3 4

Typ. et Lith. A. Perrier. — Oran.

A[te], POMEL, DEL.

ECHINIDES CLYPEASTRIENS

ECHINODERMES B, PL. XXVIII.

CLYPÉIFORMES

Fig 1. — *Clypeaster petasus*; vu en dessus; G. N.

Fig. 2. — *Le même*, vu en dessous;

Fig. 3. — *Le même*, vu de profil;

Fig. 4. — *Le même*, portion de pétale grossie;

Fig. 5. — *Le même*, tubercules du dessus grossis.

Fig. 6. — *Le même*, tubercules du dessous grossis.
Du terrain cartennien de Ouillis (Dahra).

DESCRIPTION GÉOLOGIQUE DE LA PROVINCE D'ORAN

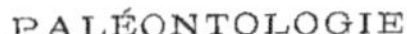

PALÉONTOLOGIE

ZOOPHYTES

ECHINODERMES B, PL. XXVIII

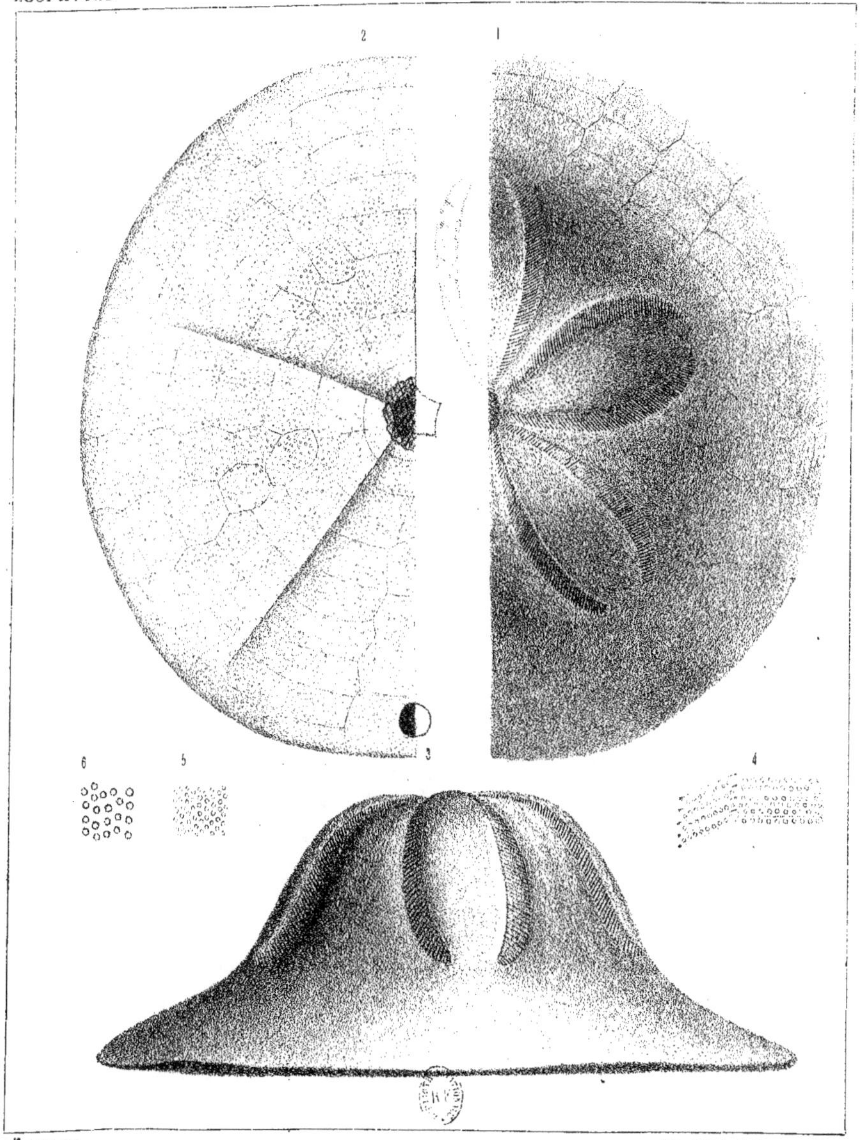

A[te]. POMEL, DEL.

Typ. et Lith. A. Perrier. — Oran

ECHINIDES CLYPEASTRIENS

ECHINODERMES B, PL. XXIX.

CLYPÉIFORMES

Fig. 1. — *Clypeaster productus,* vu en dessus, réduit de 1/5.

Fig. 2. — *Le même,* vu en dessous ;

Fig. 3. — *Le même,* vu de profil ;

Fig. 4. — *Le même,* portion de pétale grossie ;

Fig. 5. — *Le même,* tubercules du dessus grossis ;

Fig. 6. — *Le même,* tubercules du dessous grossis.

Du terrain helvétien de Médiouna (Dahra).

DESCRIPTION GÉOLOGIQUE DE LA PROVINCE D'ORAN

PALÉONTOLOGIE

ZOOPHYTES

ECHINODERMES B, PL. XXIX

2 1

4

3

6 5

A[th]. POMEL, DEL.

Typ. et Lith. A. Perrier. — Oran

ECHINIDES CLYPEASTRIENS

ECHINODERMES B, PL. XXX.

CLYPÉIFORMES

Fig. 1. — *Clypeaster obtusus,* vu en dessus, réduit de 1/5 ;

Fig. 2. — *Le même,* vu en dessous ;

Fig. 3. — *Le même,* portion de pétale grossie ;

Fig. 4. — *Le même,* vu de profil ·

Fig. 5. — *Le même,* tubercules du dessus grossis ;

Fig. 6. — *Le même*, tubercules du dessous grossis ;

Du terrain cartennien de Ouillis (Dahra).

2 1

6 5 4 3

A^{te}. Pomel, del.

Typ. et Lith. A. Perrier. — Oran.

ECHINIDES CLYPEASTRIENS

ECHINODERMES B, PL. XXXI.

CLYPÉIFORMES

Fig. 1. — *Clypeaster curtus*, vu en dessus ; G. N.

Fig. 2. — *Le même*, vu en dessous ;

Fig. 3. — *Le même*, vu de profil ;

Fig. 4. — *Le même*, portion de pétale grossie ;

Fig. 5. — *Le même*, tubercules du dessus grossis ;

Fig. 6. — *Le même*, tubercules du dessous grossis.

Du terrain helvétien de Médiouna (Dahra).

DESCRIPTION GÉOLOGIQUE DE LA PROVINCE D'ORAN

PALÉONTOLOGIE

ZOOPHYTES

ECHINODERMES B, PL. XXXI

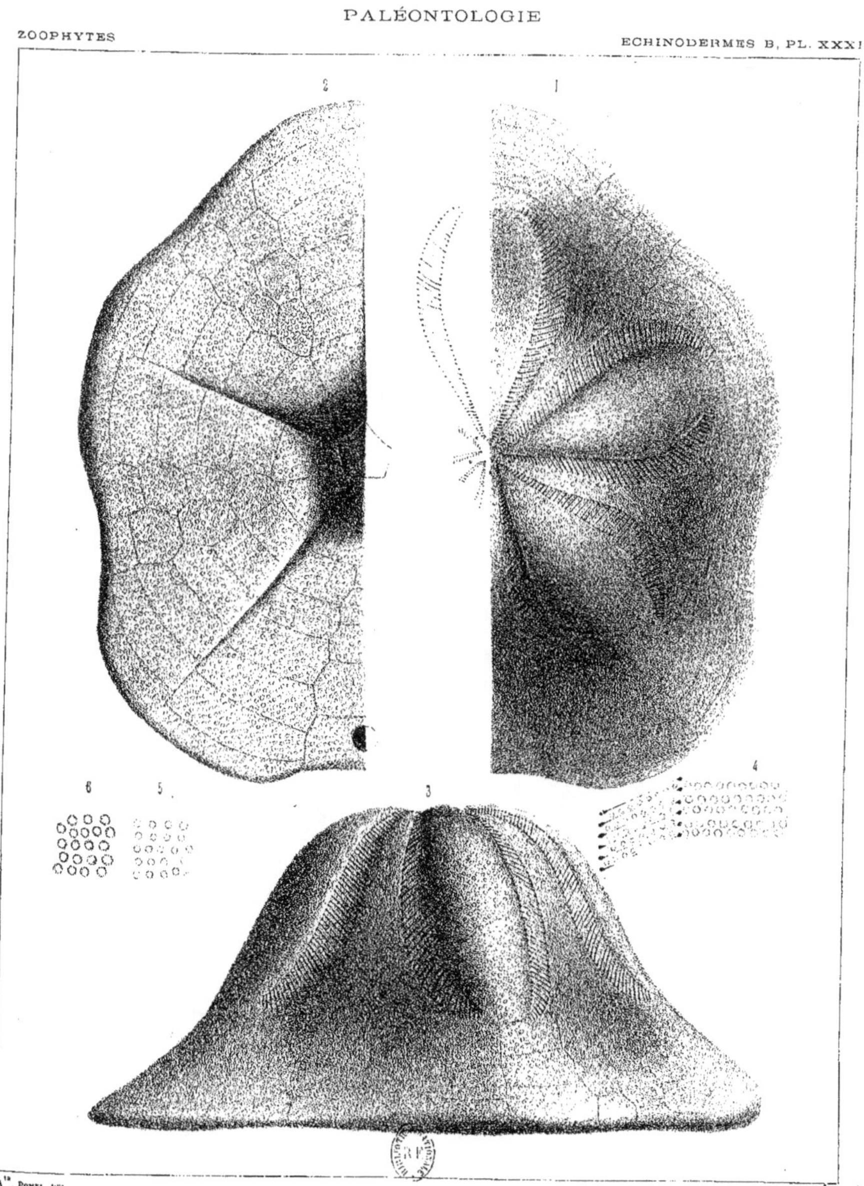

A[te]. POMEL, DEL.

Typ. et Lith. A. Perrier. — Oran.

ECHINIDES CLYPEASTRIENS

ECHINODERMES B, PL. XXXII.

CLYPÉIFORMES

Fig. 1. — *Clypeaster doma*, vu en dessus ; G. N.

Fig. 2. — *Le même,* vu en dessous ;

Fig. 3. — *Le même,* vu de profil ;

Fig. 4. — *Le même*, portion d'ambulacre grossie ;

Fig. 5. — *Le même*, tubercules du dessus grossis ;

Fig. 6. — *Le même*, tubercules du dessous grossis.

Du terrain helvétien du pays des Cheurfa (Flittas).

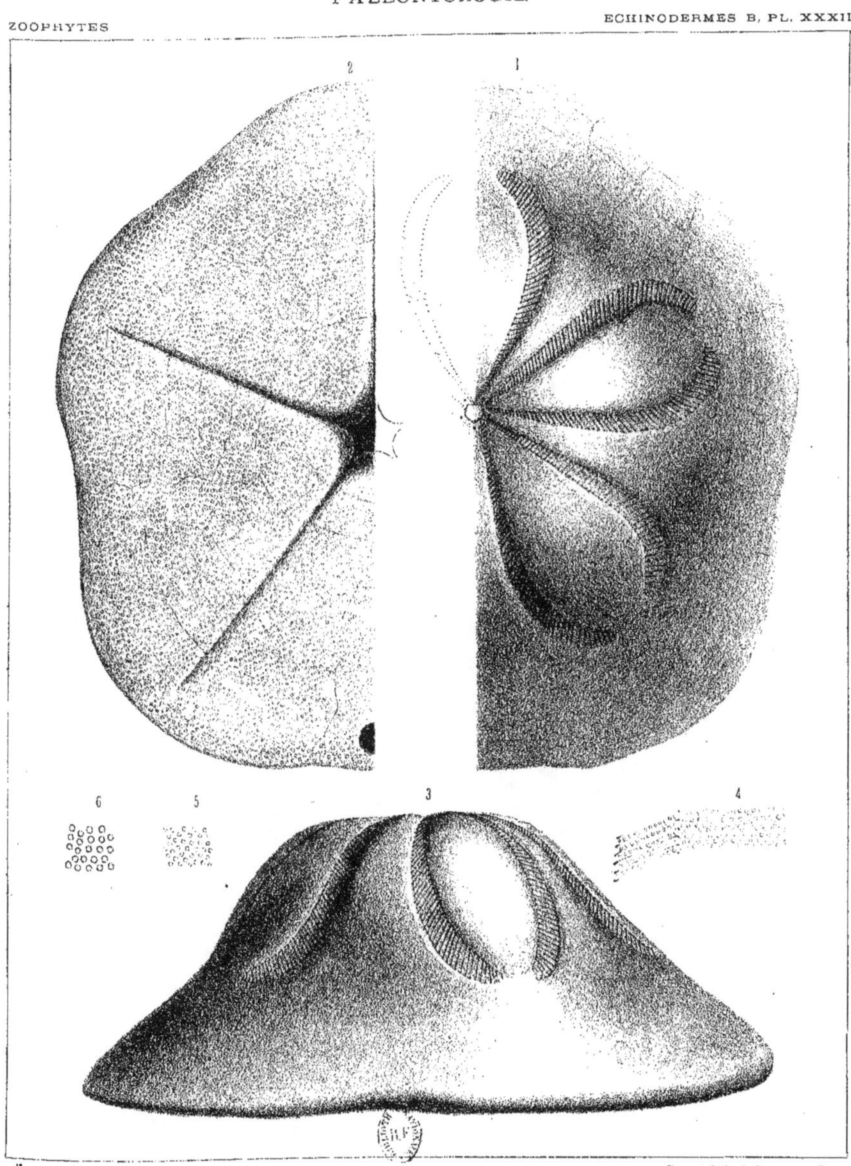

A[te]. Pomel, del.

Typ. et Lith. A. Perrier. — Oran

ECHINIDES CLYPEASTRIENS

ECHINODERMES B, PL. XXXIII.

CLYPÉIFORMES

Fig. 1. — *Clypeaster collinatus*, vu en dessus ; G. N.

Fig. 2. — *Le même*, vu en dessous ;

Fig. 3. — *Le même*, vu de profil ;

Fig. 4. — *Le même*, apex grossi deux fois ;

Fig. 5. — *Le même*, portion de pétale grossie ;

Fig. 6. — *Le même*, tubercules du dessus grossis ;

Fig. 7. — *Le même*, tubercules du dessous grossis.
Du terrain helvétien de Médiouna (Dahra).

DESCRIPTION GÉOLOGIQUE DE LA PROVINCE D'ORAN

PALÉONTOLOGIE

ZOOPHYTES

ECHINODERMES B, PL. XXXIII

2 1

4

7 6 5

3

A^{te}. POMEL, DEL

Typ. et Lith. A. Perrier. — Oran

ECHINIDES CLYPEASTRIENS

ECHINODERMES B, PL. XXXIV.

CLYPÉIFORMES

Fig. 1. — *Clypeaster pulvinatus,* vu en dessus, G. N.

Fig. 2. — *Le même*, vu en dessous ;

Fig. 3. — *Le même,* vu de profil ;

Fig. 4. — *Le même,* section transversale ;

Fig. 5. — *Le même*, portion de pétale grossie ;

Fig. 6. — *Le même,* tubercules du dessus grossis ;

Fig. 7. — *Le même*, tubercules du dessous grossis.

Du terrain helvétien du Tessala.

2 1

4

7 6 5

3

A[te]. POMEL, DEL. Typ. et Lith. A. Perrier. — Oran.

ECHINIDES CLYPEASTRIENS

ECHINODERMES B, PL. XXXV.

CLYPÉIFORMES

Fig. 1. — *Clypeaster Atlas*, vu en dessus ; G. N.

Fig. 2. — *Le même*, vu en dessous.

Du terrain helvétien du Tessala.

DESCRIPTION GÉOLOGIQUE DE LA PROVINCE D'ORAN

PALÉONTOLOGIE

ZOOPHYTES

ECHINODERMES B, PL. XXXV

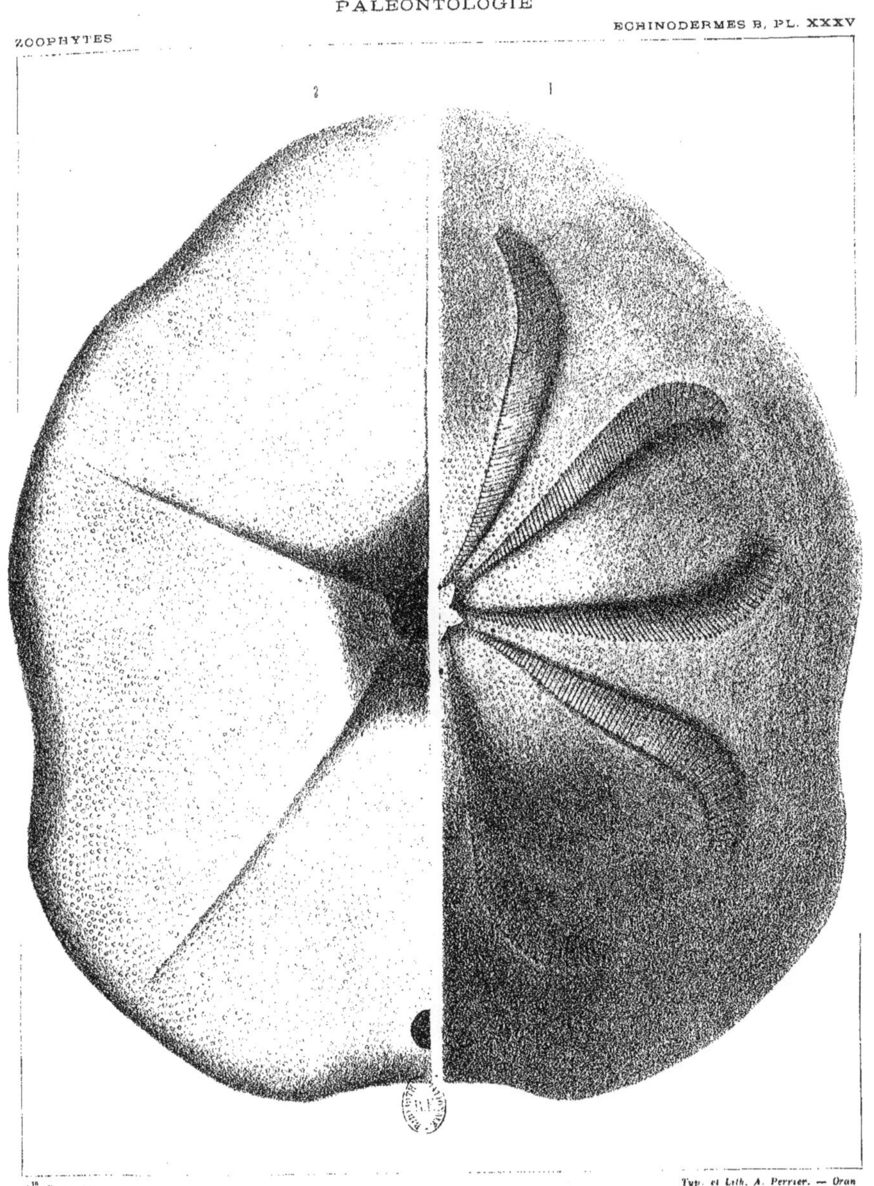

Aᵗᵉ. POMEL, DEL.

Typ. et Lith. A. Perrier. — Oran

ECHINIDES CLYPEASTRIENS

ECHINODERMES B, PL. XXXVI

CLYPÉIFORMES

Fig. 1. — *Clypeaster Atlas*, vu de profil ; G. N.

Fig. 2. — *Le même*, sommet ambulacraire grossi, montrant l'écartement des pores génitaux ;

Fig. 3. — *Le même*, portion de pétale grossie ;

Fig. 4. — *Le même*, section transversale du péristome ; G. N.
Du terrain helvétien du Tessala.

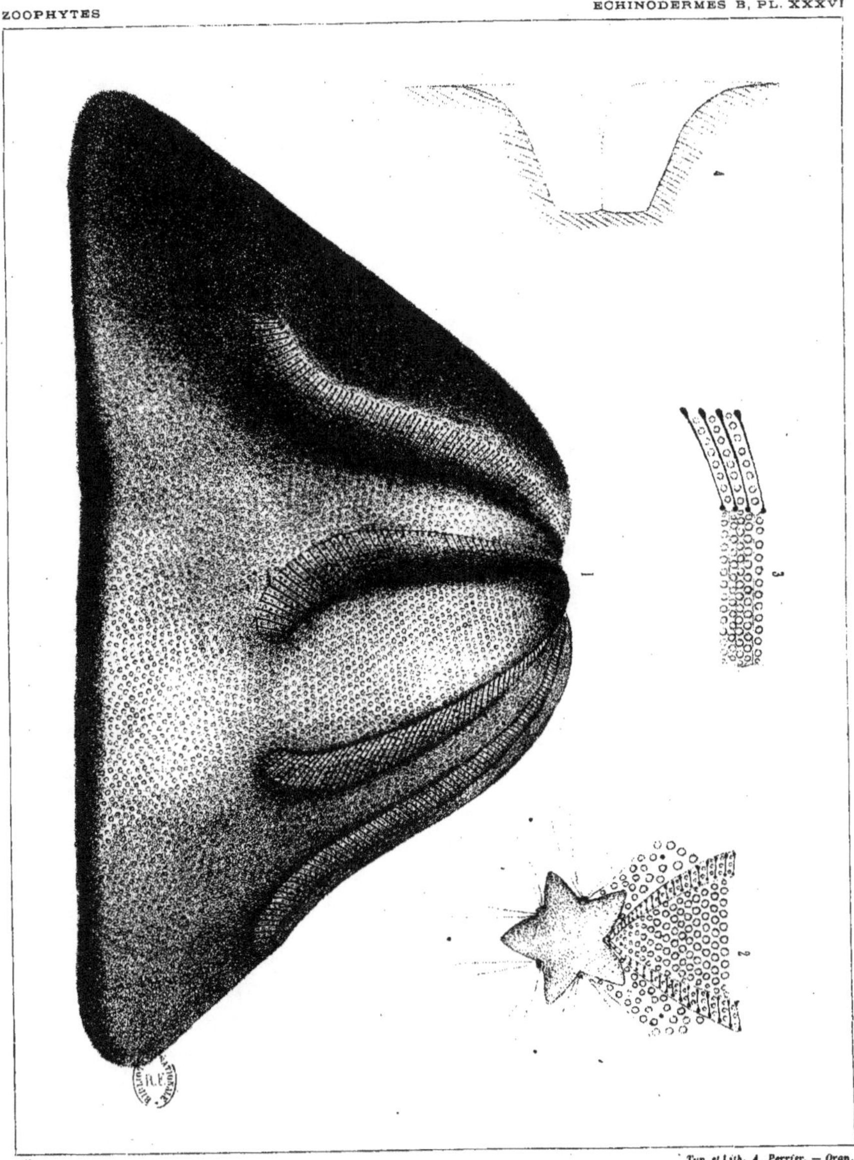

A[te], POMEL, DEL.

Typ. et Lith. A. Perrier. — Oran.

ECHINIDES CLYPEASTRIENS

ECHINODERMES B, PL. XXXVII.

CLYPÉIFORMES

Fig. 1. — *Clypeaster subconicus*, vu en dessus, réduit de 1/5 ;

Fig. 2. — *Le même,* vu en dessous ;

Fig. 3. — *Le même,* vu de profil ;

Fig. 4. — *Le même*, portion d'ambulacre grossie ;

Fig. 5. — *Le même,* portion de zone interporifère grossie, d'un individu beaucoup plus grand ;

Fig. 6. — *Le même,* tubercules du dessus grossis du premier individu ;

Fig. 7. — *Le même*, tubercules du dessous grossis du même individu.
Du terrain sahélien? de Negmaria (Dahra).

DESCRIPTION GÉOLOGIQUE DE LA PROVINCE D'ORAN

PALÉONTOLOGIE

ZOOPHYTES — ECHINODERMES B, PL. XXXVII

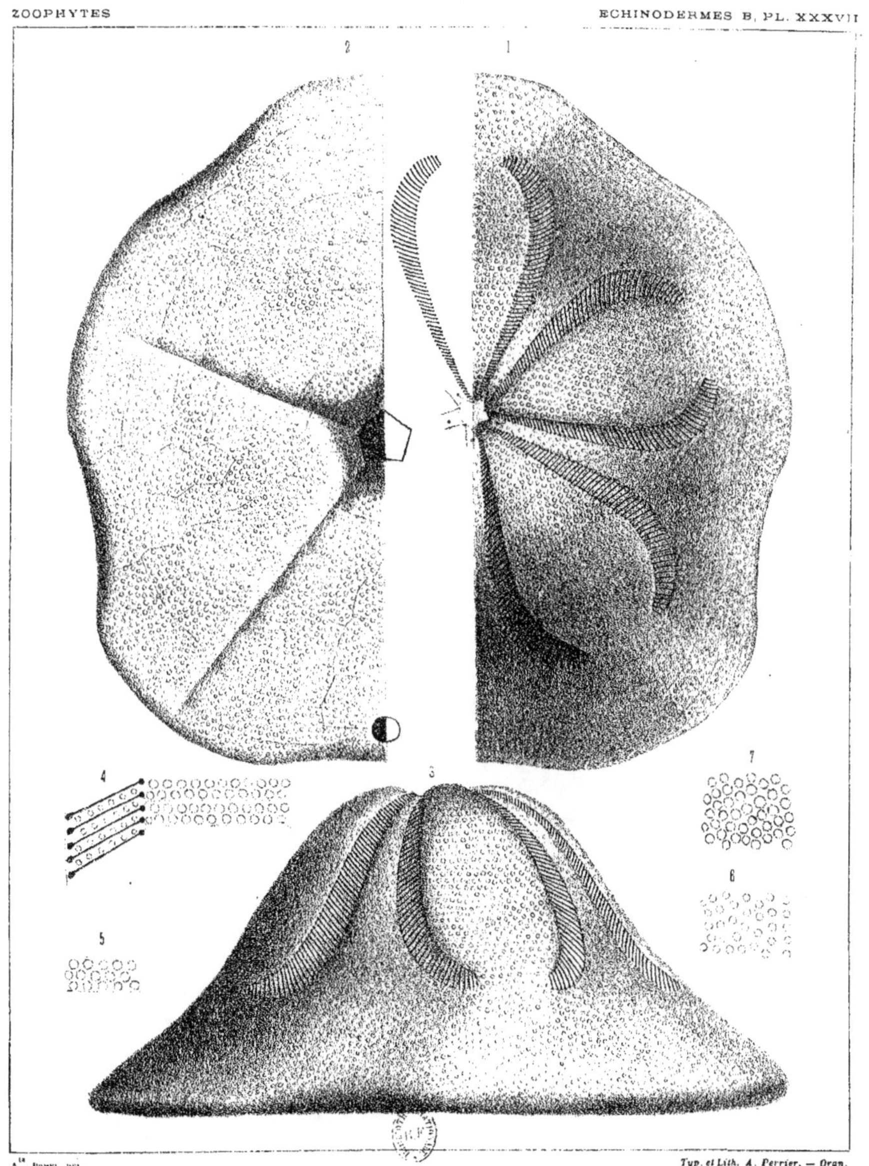

A[te]. POMEL, DEL. — Typ. et Lith. A. Perrier. — Oran.

ECHINIDES CLYPEASTRIENS

ECHINODERMES B, PL. XXXVIII.

CLYPÉIFORMES

Fig. 1. — *Clypeaster angustatus*, vu en dessus ; G. N.

Fig. 2. — *Le même*, vu en dessous ;

Fig. 3. — *Le même*, vu de profil ;

Fig. 4. — *Le même*, section longitudinale du péristome ;

Fig. 5. — *Le même*, section transversale du péristome ;

Fig. 6. — *Le même*, portion de pétale grossie ;

Fig. 7. — *Le même*, tubercules du dessus grossis ;

Fig. 8. — *Le même*, tubercules du dessous grossis.

Du terrain cartennien de Ouillis (Dahra).

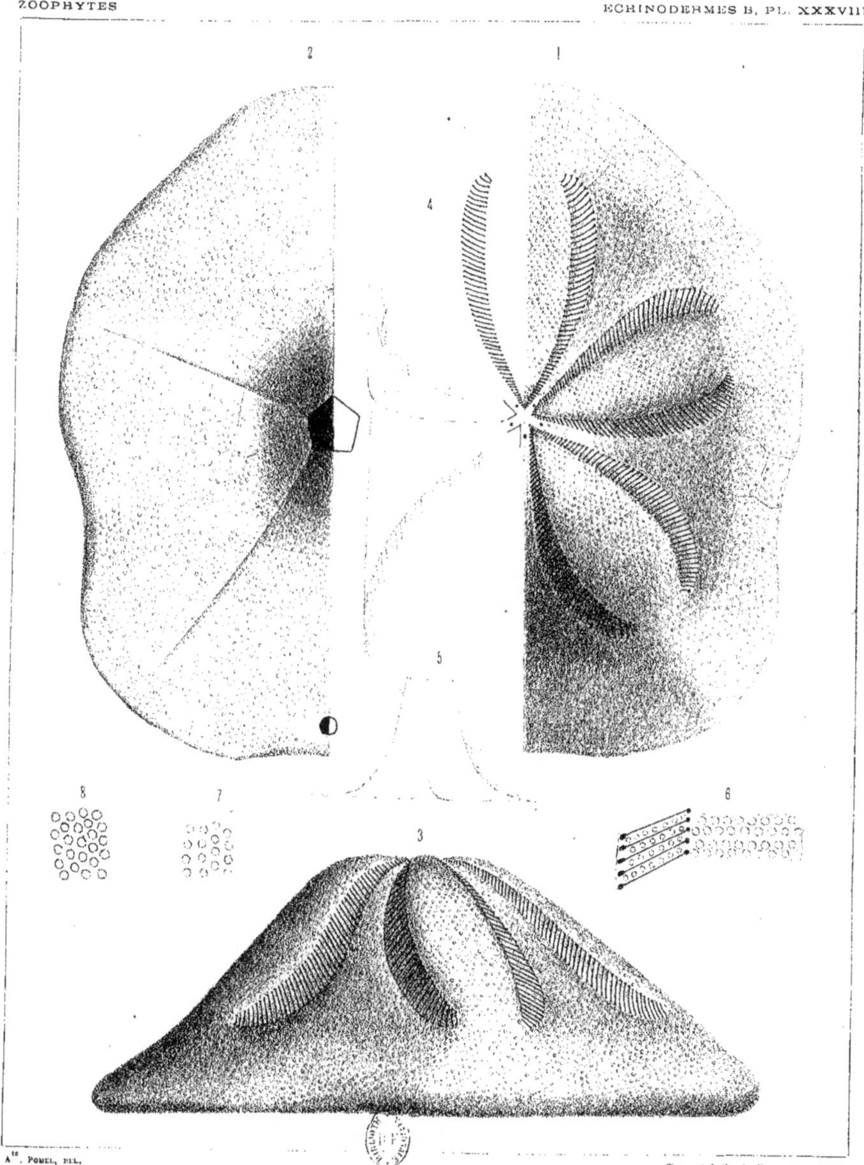

Ate. POMEL, DEL. Typ. et Lith. A. Perrier. — Oran

ECHINIDES CLYPEASTRIENS

ECHINODERMES B, PL. XXXIX.

CLYPÉIFORMES

Fig. 1. — *Clypeaster ellipticus*, vu en dessus ; G. N.

Fig. 2. — *Le même*, vu en dessous ;

Fig. 3. — *Le même*, vu de profil ;

Fig 4. — *Le même*, portion de pétale grossie ;

Fig. 5. — *Le même*, tubercules du dessus grossis ;

Fig. 6. — *Le même*, tubercules du dessous grossis.

Du terrain helvétien de Sidi Daho (Mascara).

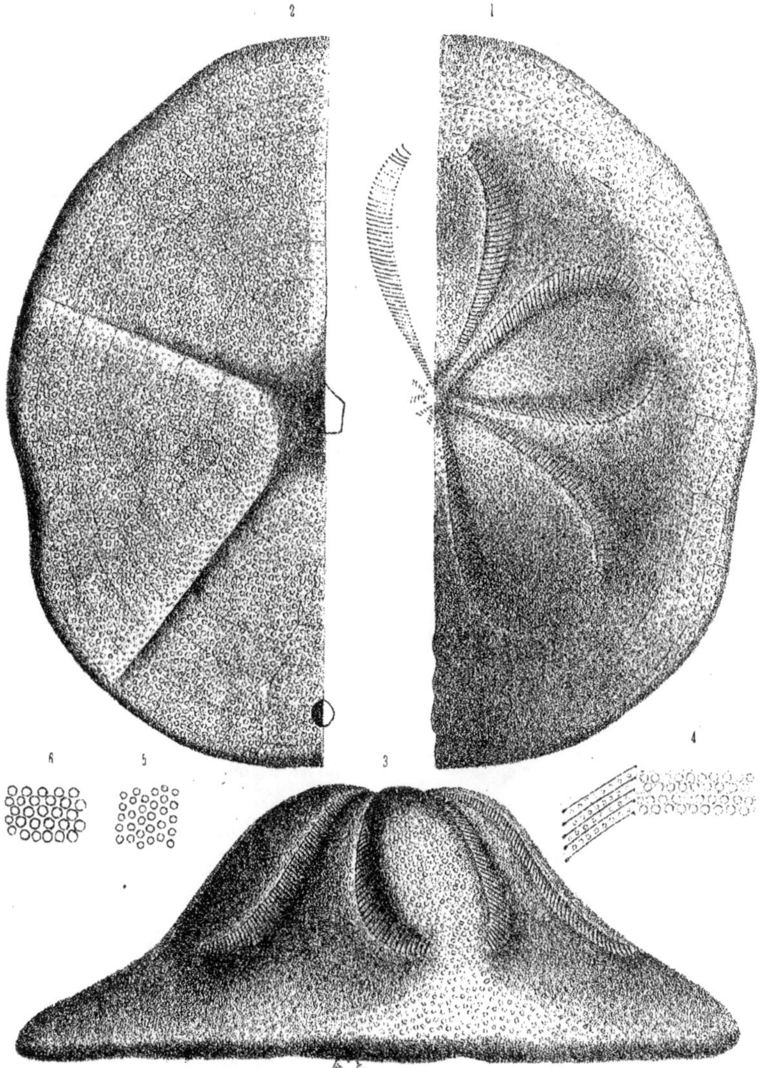

2 1

6 5 3 4

A[te]. Pomel, del.

Typ. et Lith. A. Perrier. — Oran

ECHINIDES CLYPEASTRIENS

ECHINODERMES B, PL. XL.

CLYPÉIFORMES

Fig. 1. — *Clypeaster pachypleurus*, vu en dessus, réduit de 1/6.

Fig. 2. — *Le même*, vu en dessous ;

Fig. 3. — *Le même*, vu de profil ;

Fig. 4. — *Le même*, portion de pétale grossie ;

Fig. 5. — *Le même*, tubercules du dessus grossis.

Fig. 6. — *Le même*, tubercules du dessous grossis.
Du terrain helvétien de Sidi Daho (Mascara).

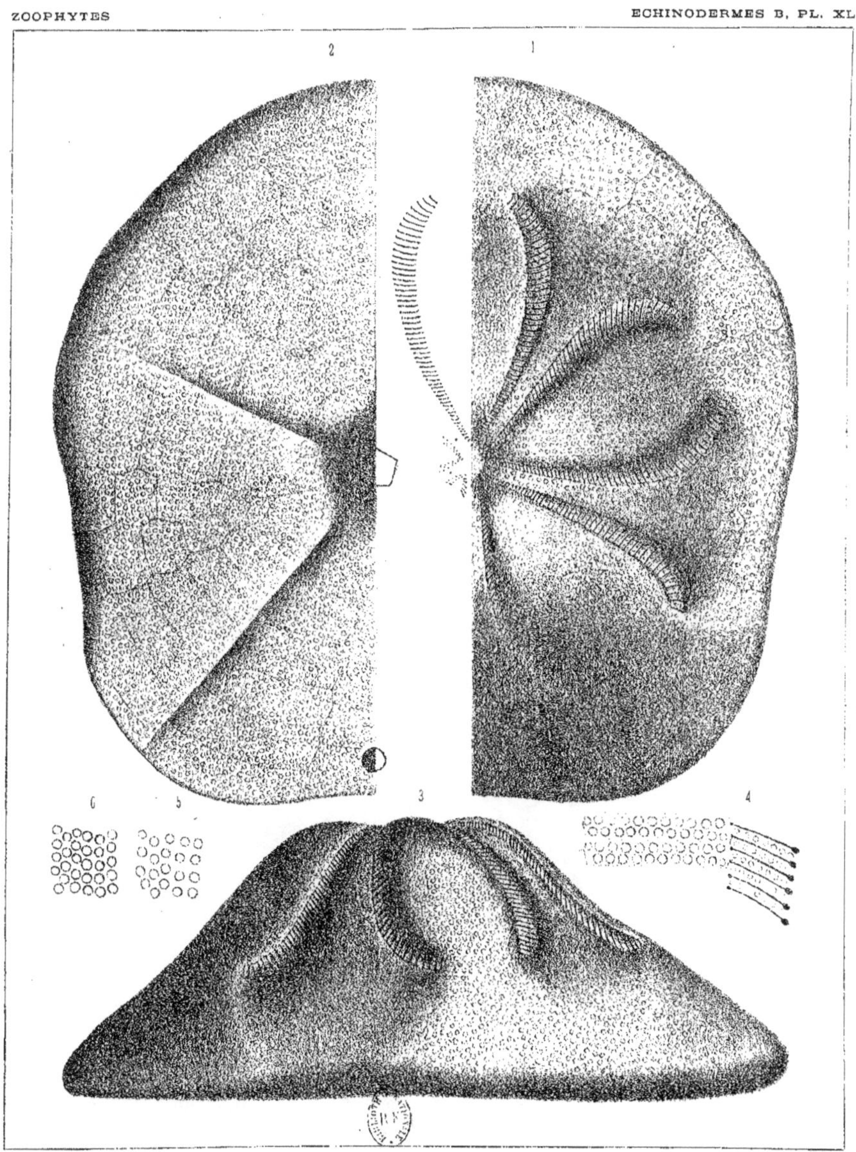

Aᵗᵉ. POMEL, DEL. — Typ. et Lith. A. Perrier. — Oran.

ECHINIDES CLYPEASTRIENS

ECHINODERMES B, PL. XLI.

CLYPÉIFORMES

Fig. 1. — *Clypeaster altus*, Lam. vu en dessus ; G. N.

Fig. 2. — *Le même,* vu en dessous ;

Fig. 3. — *Le même*, vu de profil, avec le trait d'un sujet plus conique ;

Fig. 4. — *Le même,* portion de pétale grossie ,

Fig. 5. — *Le même,* tubercules du dessous grossis ;

Fig. 6. — *Le même,* section transversale du péristome ; G. N.

Fig. 7. — *Le même,* disposition des pores génitaux autour de l'apex.
Du terrain helvétien de Nemours.

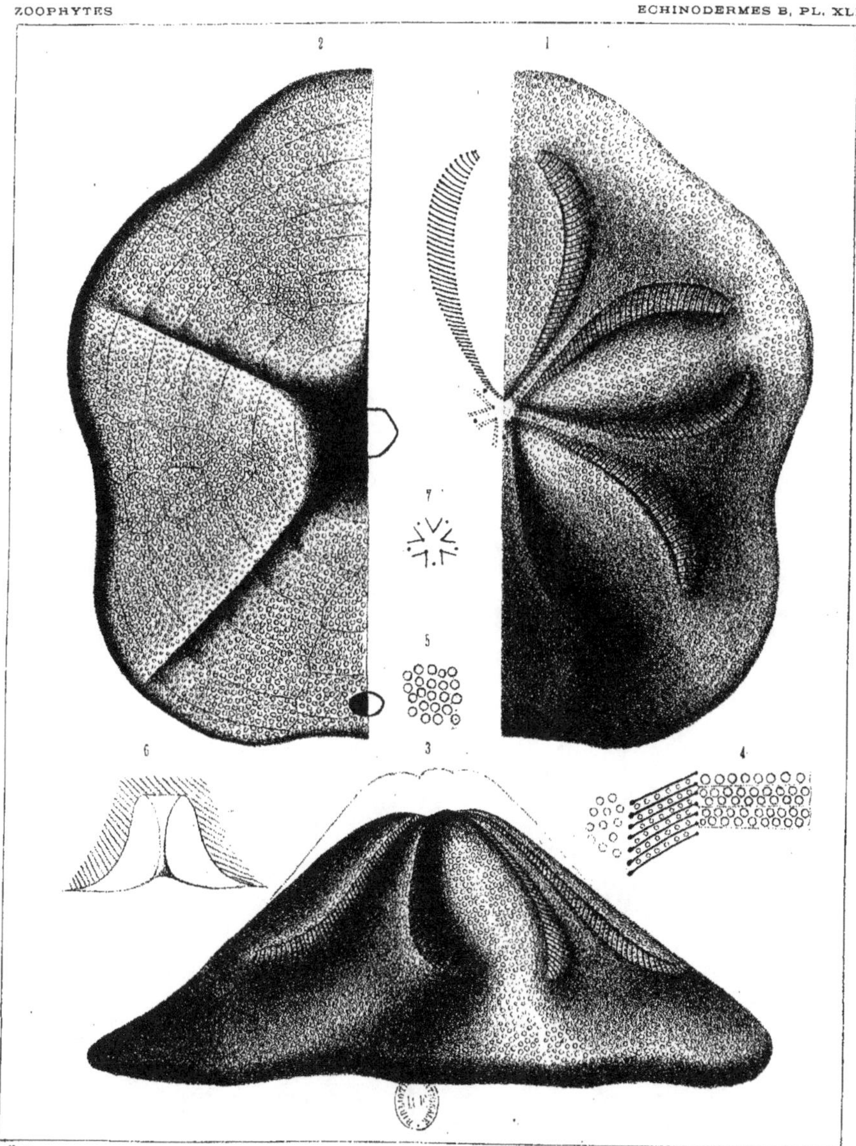

A[te]. Pomel, del. Typ. et Lith. A. Perrier. — Oran

ECHINIDES CLYPEASTRIENS

ECHINODERMES B, PL. XLII.

CLYPÉIFORMES

Fig. 1. — *Clypeaster megastoma*, vu en dessus ; G. N.

Fig 2. — *Le même*, vu en dessous ;

Fig. 3. — *Le même*, vu de profil ;

Fig. 4. — *Le même*, portion de pétale grossie ;

Fig. 5. — *Le même*, tubercules du dessous grossis ;

Fig. 6. — *Le même*, section transversale du péristome ;

Fig. 7. — disposition des pores génitaux autour de l'apex.
Du terrain sahélien d'Oran.

DESCRIPTION GÉOLOGIQUE DE LA PROVINCE D'ORAN

PALÉONTOLOGIE

ZOOPHYTES

ECHINODERMES B, PL. XLII

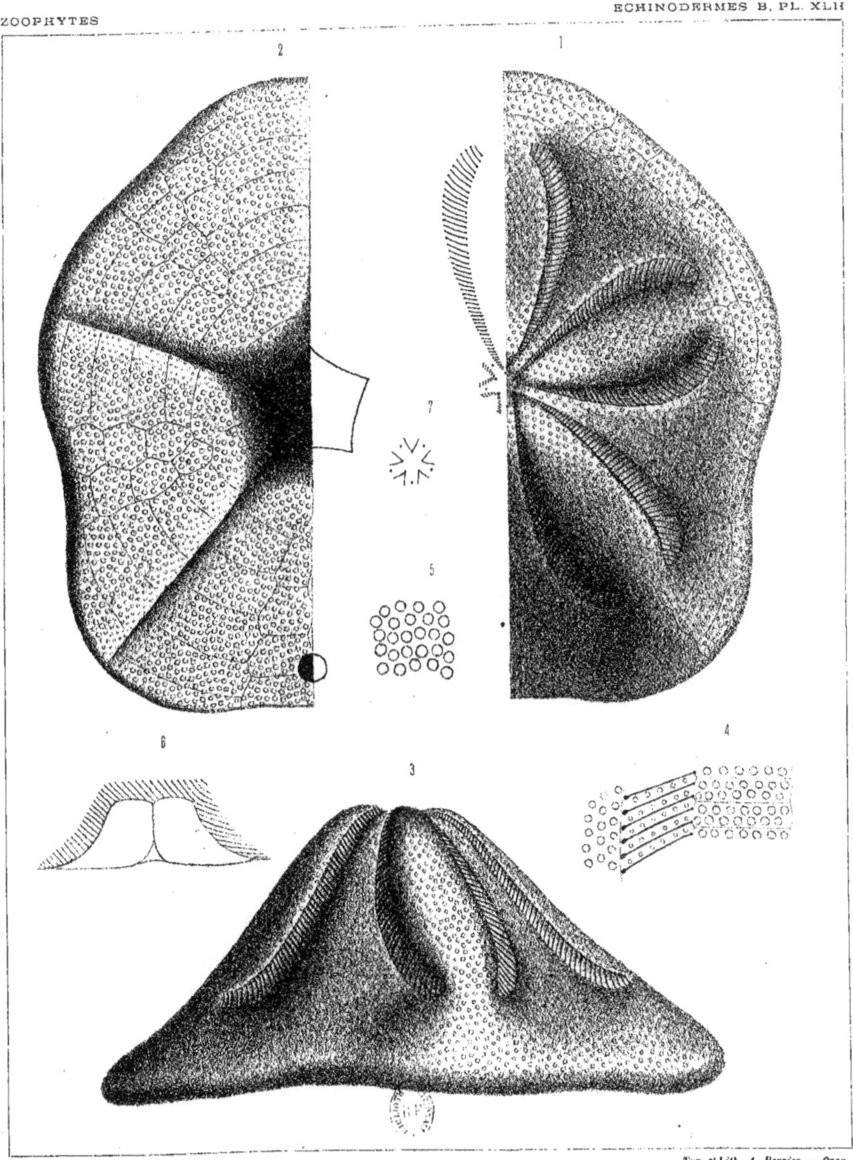

A[te]. POMEL, DEL.

Typ. et Lith. A. Perrier. — Oran.

ECHINIDES CLYPEASTRIENS

ECHINODERMES B, PL. XLIII.

CLYPÉIFORMES

Fig. 1. — *Clypeaster petalodes*, vu en dessus ; 3/4 de G. N.

Fig. 2. — *Le même*, vu en dessous ;

Fig. 3. — *Le même*, vu de profil ;

Fig. 4. — *Le même*, portion de pétale grossie ;

Fig. 5. — *Le même*, tubercules du dessus grossis ;

Fig. 6. — *Le même*, tubercules du dessous grossis.
Du terrain cartennien de Ouilis (Dahra).

DESCRIPTION GÉOLOGIQUE DE LA PROVINCE D'ORAN

PALÉONTOLOGIE

ZOOPHYTES

ECHINODERMES B. PL. XLIII

2 1

4 3 6

5

A[te]. Pomel, del.

Typ. et Lith. A. Perrier. — Oran

ECHINIDES CLYPEASTRIENS

ECHINODERMES B, PL. XLIV.

CLYPÉIFORMES

Fig. 1. — *Clypeaster myriophyma,* vu en dessus, réduit de 1/4.

Fig. 2. — *Le même,* vu en dessous ;

Fig 3. — *Le même*, vu de profil ;

Fig. 4. — *Le même,* portion d'ambulacre grossie.

Fig. 5. — *Le même,* tubercules du dessus grossis.

Fig. 6. — *Le même,* tubercules du dessous grossis.
Du terrain helvétien des Beni Chougran (Mascara).

2 1

6 5 3 4

Ate Pomel, del.

Imp. Becquet, Paris.

ECHINIDES CLYPEASTRIENS

ECHINODERMES B, PL. XLV.

CLYPÉIFORMES

Fig. 1. — *Clypeaster turgidus,* vu en dessus ; G. N.

Fig. 2. — *Le même*, vu en dessous ;

Fig. 3. — *Le même,* vu de profil ;

Fig. 4. — *Le même,* portion de pétale grossie ;

Fig. 5. — *Le même,* tubercules du dessus grossis ;

Fig. 6. — *Le même,* tubercules du dessous grossis.

Du terrain cartennien de Ouilis (Dahra).

2 1

6 5 4

3

A[te] POMEL, DEL.

Imp. Becquet, Paris.

ECHINIDES CLYPEASTRIENS

ECHINODERMES B, PL. XLVI.

CLYPÉIFORMES

Fig. 1. — *Clypeaster parvituberculatus,* vu en dessus; G. N.

Fig. 2. — *Le même,* vu en dessous ;

Fig. 3. — *Le même*, vu de profil ;

Fig. 4. — *Le même*, portion de pétale grossie ;

Fig. 5. — *Le même,* tubercules du dessous grossis.

Du terrain helvétien, zone à Mélobésies, de l'Oued-Riou.

2 1

5 3 4

A^te Pomel, del. Imp. Becquet, Paris.

ECHINIDES CLYPEASTRIENS

ECHINODERMES B, PL. XLVII.

CLYPÉIFORMES

Fig. 1. — *Clypeaster subacutus,* vu en dessus ; G. N.

Fig. 2. — *Le même,* vu en dessous ;

Fig. 3. — *Le même,* vu de profil ;

Fig. 4. — *Le même,* profil au trait d'un sujet plus jeune ;

Fig. 5. — *Le même,* portion de pétale du premier grossie ;

Fig. 6. — *Le même,* tubercules du dessus grossis ;

Fig. 7. — *Le même,* tubercules du dessous grossis.

Du terrain helvétien, zone à Mélobésies, de l'Oued-Riou.

2 1

4

5

7 6 3

Ate Pomel. del.

Imp. Becquet, Paris.

ECHINIDES CLYPEASTRIENS

ECHINODERMES B, PL. XLVIII.

CLYPÉIFORMES

Fig. 1. — *Clypeaster conoideus,* vu en dessus ; G N.

Fig. 2. — *Le même,* vu en dessous ;

Fig. 3. — *Le même,* vu de profil, avec le trait d'un sujet plus élevé ;

Fig. 4. — *Le même*, portion de pétale grossie ;

Fig. 5. — *Le même,* tubercules du dessous grossis.

Du terrain helvétien, zone à Mélobésies, de l'Oued-Riou.

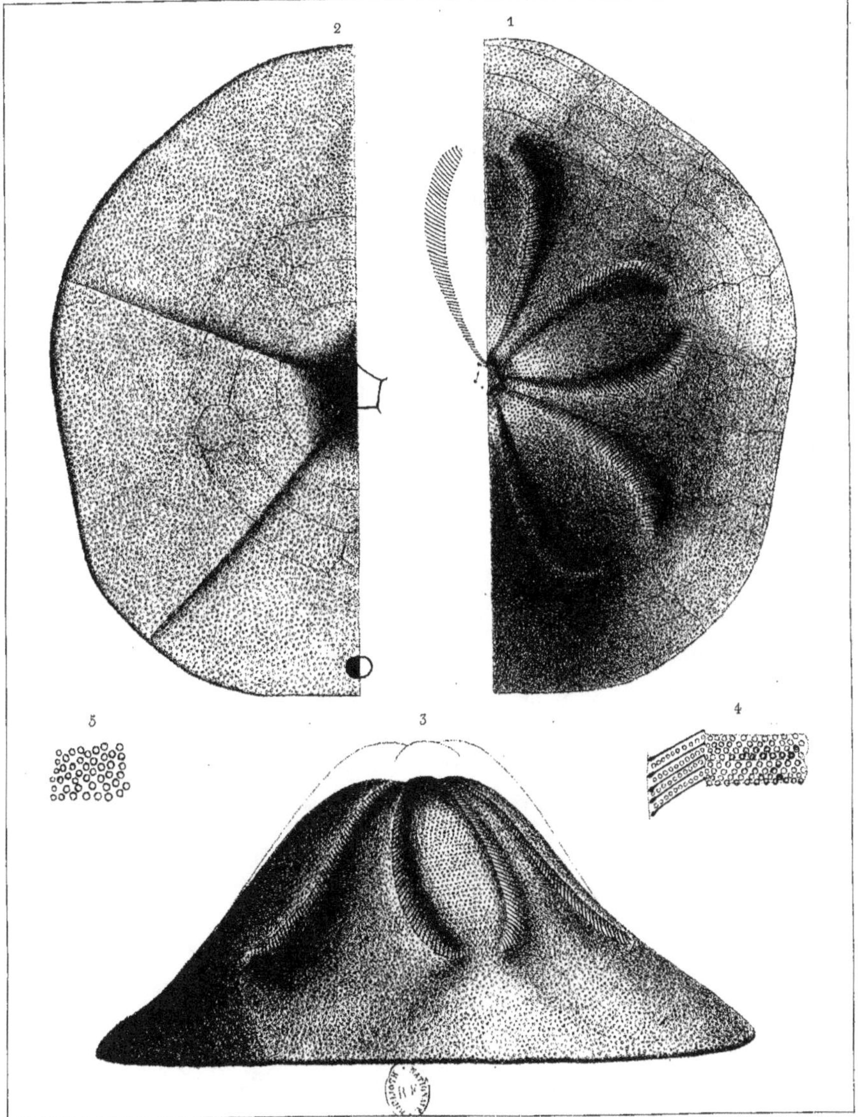

2

1

5

3

4

A^{te} Pomel, del.

Imp. Becquet, Paris.

ECHINIDES CLYPEASTRIENS

ECHINODERMES B, PL. XLIX.

CLYPÉIFORMES

Fig. 1. — *Clypeaster cultratus*, vu en dessus ; G. N.

Fig. 2. — *Le même*, vu en dessous ;

Fig. 3. — *Le même*, vu de profil ;

Fig. 4. — *Le même*, portion d'ambulacre grossie ;

Fig. 5. — *Le même*, tubercules du dessous grossis.
Du terrain helvétien des Beni-Chougran (Mascara)

2 1

5 3 4

A[te] Pomel, del.

Imp. Becquet, Paris.

ECHINIDES CLYPEASTRIENS

ECHINODERMES C, PL. I.

GLOBIFORMES HOLOSTOMES

Fig. 1. — *Cidaris saheliensis*, vu en dessus ; G. N.

Fig. 2. — *Le même*, vu en dessous ;

Fig. 3. — *Le même*, vu de profil ;

Fig. 4. — *Le même*, assule ambulacraire grossi ;

Fig. 5. — *Le même*, assule inter-ambulacraire grossi, avec la partie correspondante de l'ambulacre ;

Fig. 6. — *Le même*, même assule en coupe longitudinale ;

Fig. 7-8. — *Le même*, autre assule grossi à scrobicule plus creux ;

Fig. 9-20. — *Le même*, série de radioles montrant les principales variations de forme suivant leur place sur l'oursin ; G. N. Du terrain sahélien d'Oran.

DESCRIPTION GÉOLOGIQUE DE LA PROVINCE D'ORAN

PALÉONTOLOGIE

ZOOPHYTES

ECHINODERMES C. PL. I

10 11 1 16 9

2

17 12 13 10

3

8 4 6

15 20 7 5 18 14

A[te] POMEL del.

Imp. Becquet. Paris.

ECHINIDES CIDARIENS

ECHINODERMES C, PL. II.

GLOBIFORMES HOLOSTOMES

Fig 1. — *Cidaris pungens*, vu en dessus ; G. N.

Fig. 2. — *Le même*, vu en dessous ;

Fig. 3. — *Le même*, vu de profil ;

Fig. 4. — *Le même*, portion d'ambulacre grossie ;

Fig. 5. — *Le même*, assule inter-ambulacraire grossi avec portion d'ambulacre.

Fig. 6. — *Le même*, section du même assule ;

Fig. 7-10. — *Le même*, radioles de diverses tailles ; G. N.
Du terrain sahélien d'Oran.

Fig. 11-12. — *Cidaris ?* deux radioles grossis de genre incertain.
Du terrain sahélien d'Oran.

Fig. 13-18. — *Cidaris prionopleura*, différents radioles, montrant les transitions de la forme cylindrique échinulée à la double scie ; G. N.

Du terrain sahélien d'Oran et de Bled-Touaria.

Fig. 19-23. — *Cidaris avenionensis* ? Desm. divers tronçons de radioles ; G. N.

Du terrain cartennien de Ténès et de Cherchell.

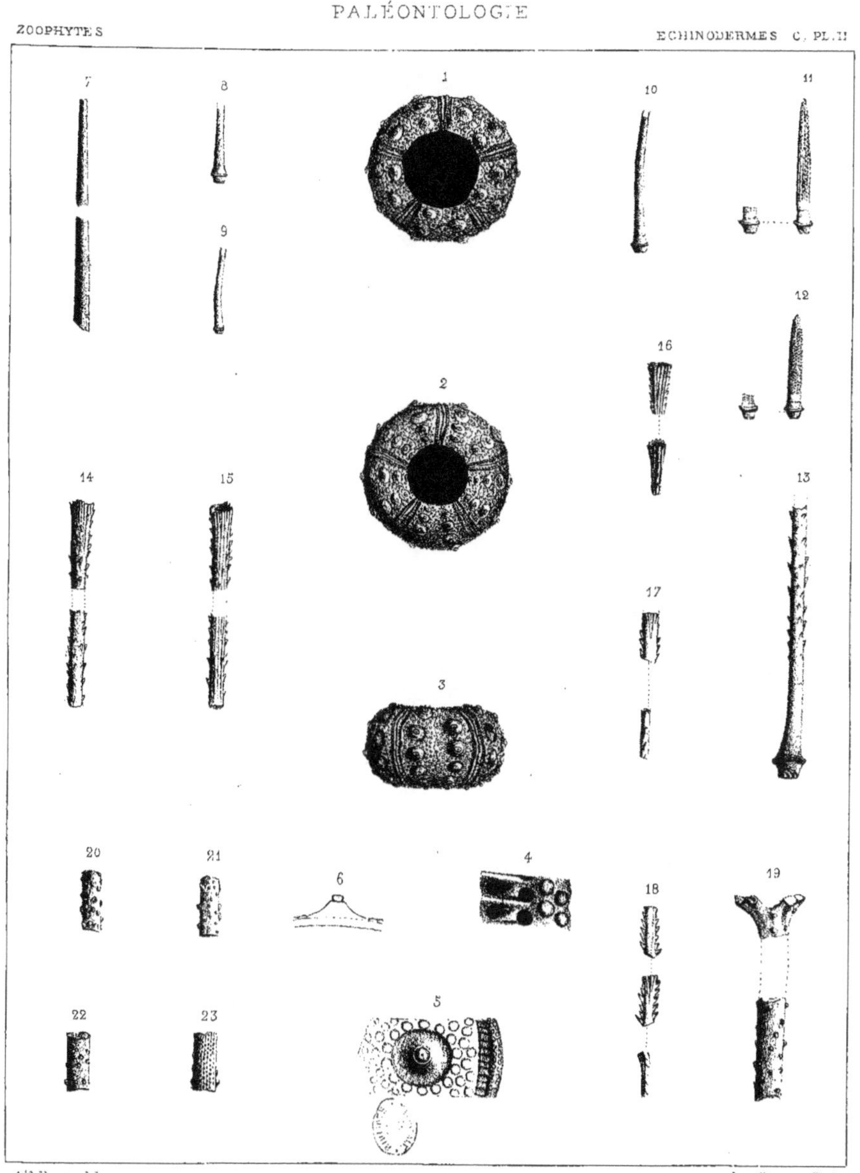

Ate Pomel. del.

Imp. Becquet, Paris.

ECHINIDES CIDARIENS

ECHINODERMES C, PL. III.

GLOBIFORMES GLYPHOSTOMES

Fig. 1. — *Anapesus saheliensis*, vu en dessus ; G. N.

Fig. 2. — *Le même*, vu de profil ;

Fig. 3. — *Le même*, vu en dessous ;

Fig. 4 — *Le même*, aire ambulacraire développée et grossie ;

Fig. 5. — *Le même*, zone inter-ambulacraire développée et grossie ;

Fig. 6-7. — *Le même*, radioles grossis.

Du terrain sahélien d'Oran.

Fig. 8-10. — *Anapesus afer*, moule interne vu en dessus, de profil et en dessous : G. N.

Fig. 11. — *Le même*, fragment grossi de l'ambulacre et de l'inter-ambulacre.

Du terrain pliocène de Perrégaux.

DESCRIPTION GÉOLOGIQUE DE LA PROVINCE D'ORAN

PALÉONTOLOGIE

ZOOPHYTES — ECHINODERMES C. PL. III

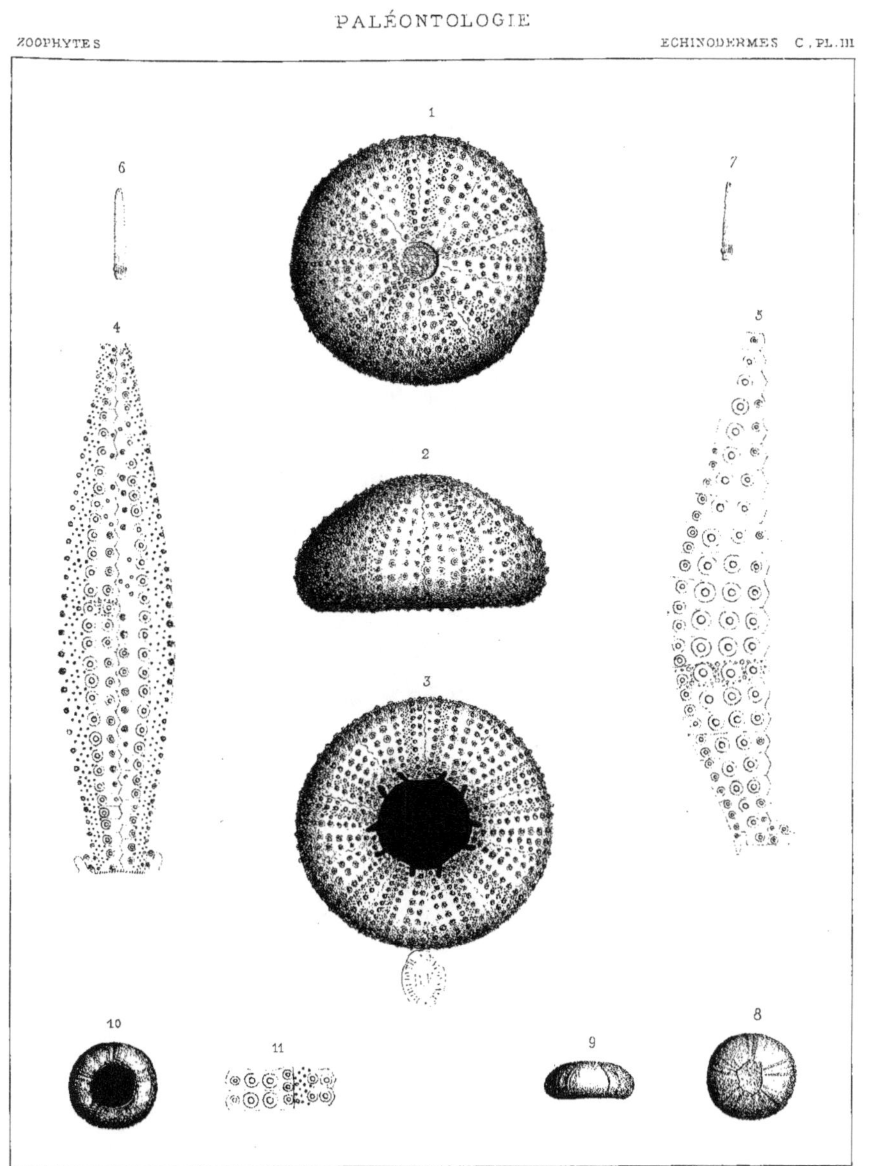

A[te] Pomel, del. — Imp. Becquet, Paris.

ECHINIDES ECHINIENS

ECHINODERMES C, PL. IV.

GLOBIFORMES GLYPHOSTOMES

Fig. 1. — *Anapesus serialis*, vu en dessus ; G. N.

Fig. 2. — *Le même*, vu de profil ;

Fig. 3. — *Le même*, vu en dessous ;

Fig. 4. — *Le même*, deux assules ambulacraires du pourtour grossis ;

Fig. 5. — *Le même*, assule inter-ambulacraire grossi ;

Fig. 6. — *Le même*, lèvre inter-ambulacraire grossie ;

Fig. 7. — *Le même*, fragment de zone porifère grossi ;
Du terrain pliocène, zone à *terebratula ampulla*, à Douéra.

1

4 5

2

7 6

3

Ate Pomel del. Imp. Becquet, Paris.

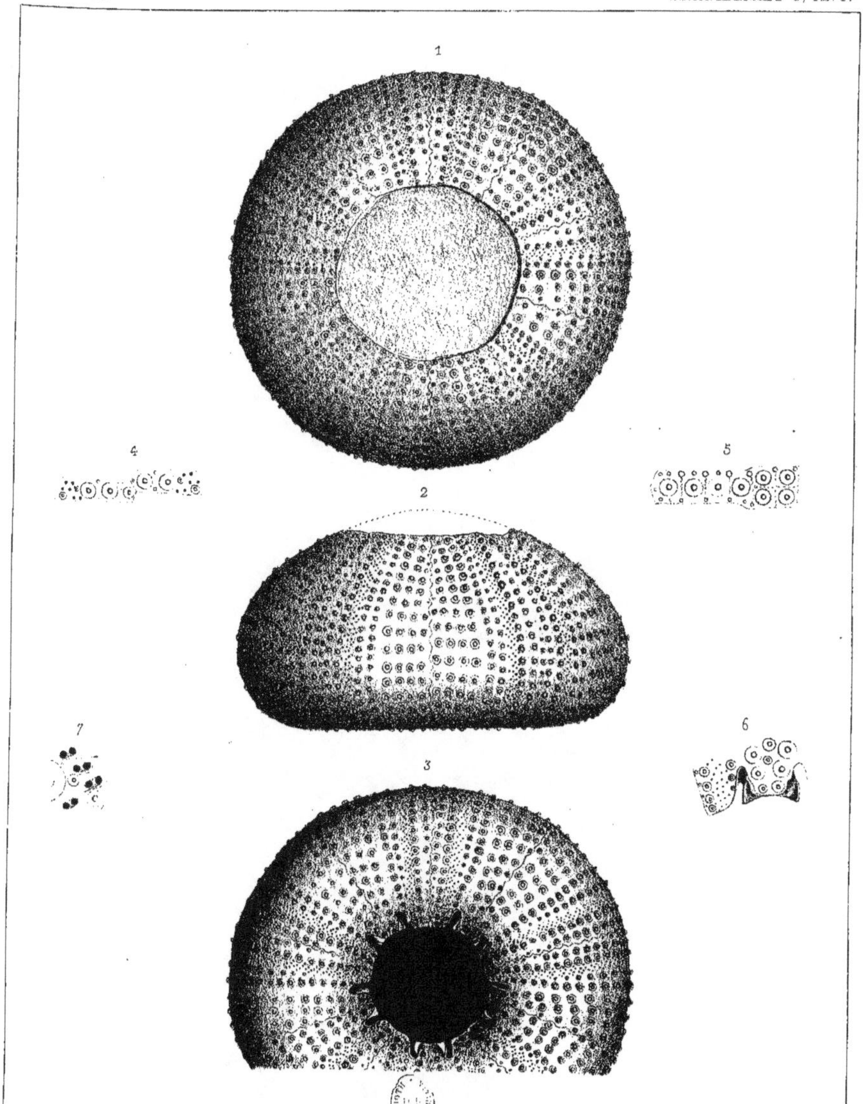

ECHINIDES ECHINIENS

ECHINODERMES C, PL. V

GLOBIFORMES GLYPHOSTOMES

Fig. 1. — *Anapesus tuberculatus,* vu en dessus ; G. N.

Fig. 2. — *Le même,* vu de profil ;

Fig. 3. — *Le même*, vu en dessous ;

Fig. 4. — *Le même*, zone inter-ambulacraire développée et grossie ;

Fig. 5. — *Le même,* aire ambulacraire développée et grossie ;

Fig. 6. — *Le même*, apex grossi ;

Fig. 7. — *Le même,* portion de zone porifère grossie ;

Fig. 8-9. — *Le même,* radioles grossis.

Du terrain helvétien, zone à Mélobésies, de l'Oued-Riou.

DESCRIPTION GÉOLOGIQUE DE LA PROVINCE D'ORAN

PALÉONTOLOGIE

ZOOPHYTES

ECHINODERMES C, PL. V

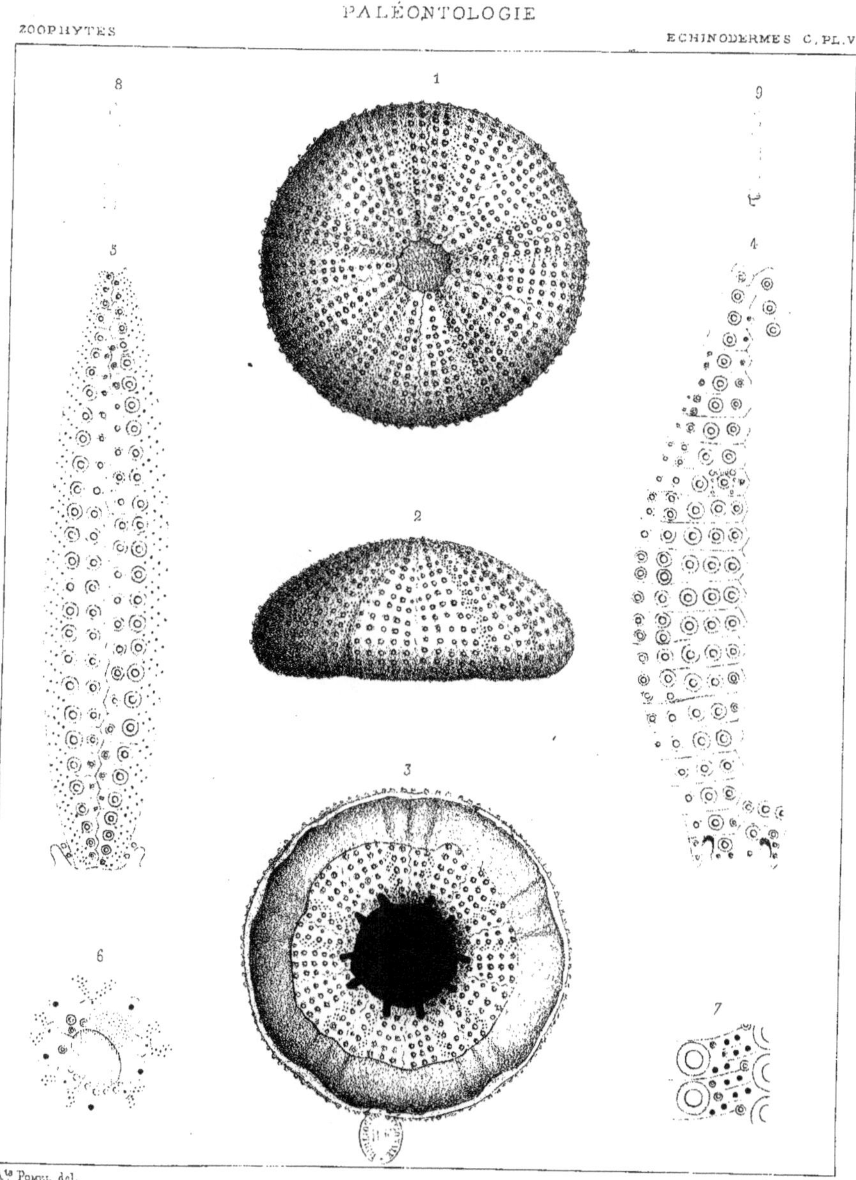

A.te POMEL del.

Imp. Becquet, Paris.

ECHINIDES ECHINIENS

ECHINODERMES C, PL. VI.

GLOBIFORMES GLYPHOSTOMES

Fig. 1. — *Anapesus angulosus,* vu en dessus ; G. N.

Fig. 2. — *Le même,* vu de prôfil ·

Fig. 3. — *Le même,* vu en dessous ;

Fig. 4. — *Le même*, zone inter-ambulacraire développée et grossie ;

Fig. 5. — *Le même,* aire ambulacraire développée et grossie ;

Du terrain pliocène de Tixeraïn près d'Alger.

1

5

4

2

3

Ale Pomel del. Imp. Becquet, Paris.

ECHINIDES ECHINIENS

ECHINODERMES C, PL. VII.

GLOBIFORMES GLYPHOSTOMES

Fig. 1. — *Anapesus maurus*, vu en dessus ; G. N.

Fig. 2. — *Le même,* vu de profil ;

Fig. 3. — *Le même,* vu en dessous ;

Fig. 4. — *Le même*, zone inter-ambulacraire développée et grossie ;

Fig. 5. — *Le même,* aire ambulacraire développée et grossie ;

Fig. 6-7. — *Le même,* radiole grossi ;

Fig. 8. — *Le même*, lèvre ambulacraire grossie d'un autre sujet plus âgé ;

Fig. 9. — *Le même*, portion grossie des zones ambulacraire et inter-ambulacraire du même sujet, portant des rangées plus nombreuses.

Du terrain sahélien du barrage du Sig.

7 1 6

5 4

2

3

8 9

Ate Pomel del.

Imp. Becquet, Paris.

ECHINIDES ECHINIENS

ECHINODERMES C, PL. VIII.

GLOBIFORMES GLYPHOSTOMES

Fig. 1. — *Echinus algirus*, vu d'en haut ; G. N.

Fig. 2. — *Le même*, profil au trait réduit ;

Fig. 3. — *Le même,* vu en dessous ;

Fig. 4. — *Le même,* zone inter-ambulacraire développée et grossie.

Fig. 5. — *Le même,* ambulacre développé et grossi.

Du terrain pliocène, zone à *terebratula ampulla,* d'El-Achour (Alger).

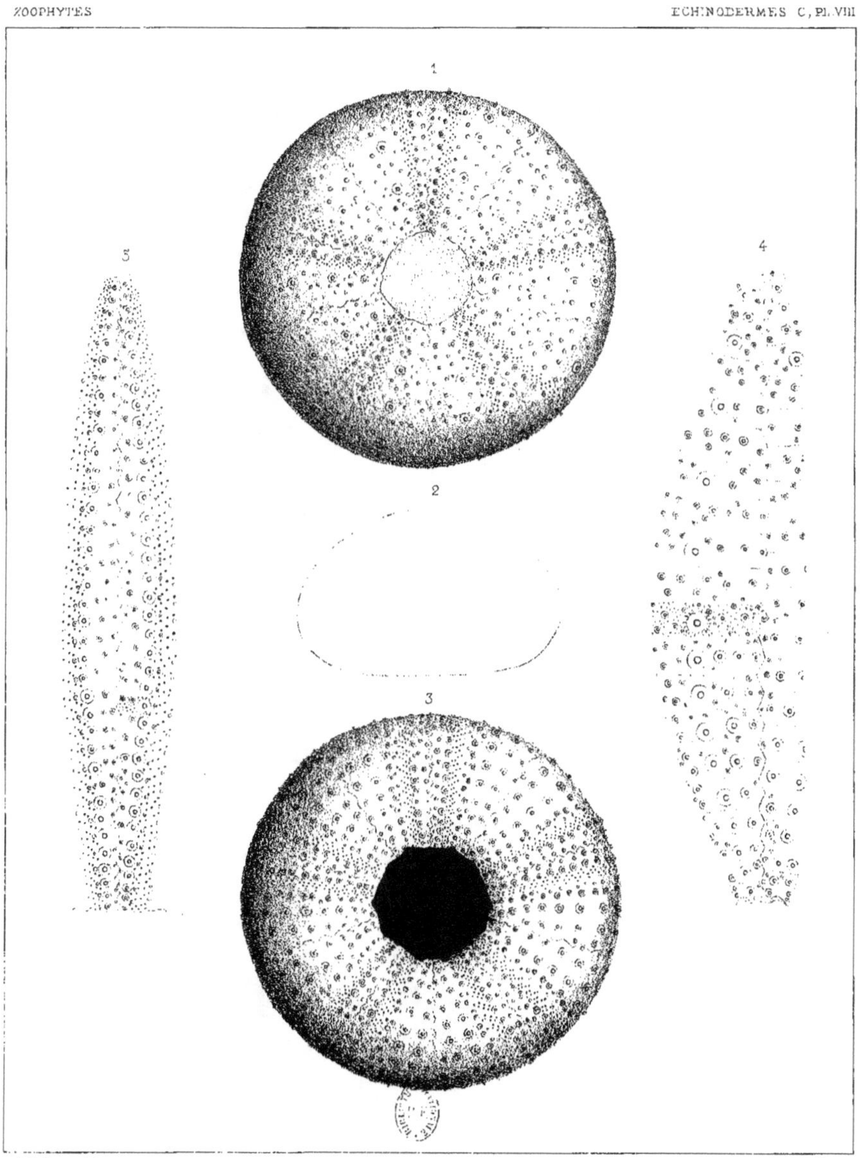

A.[te] POMEL del. Imp. Becquet, Paris.

ECHINIDES ECHINIENS

ECHINODERMES C, PL. IX.

GLOBIFORMES GLYPHOSTOMES

Fig. 1. — *Echinus Durandoi*, vu en dessus ; G. N.

Fig. 2. — *Le même,* vu de profil ;

Fig. 3. — *Le même*, vu en dessous ;

Fig. 4. — *Le même*, zone inter-ambulacraire développée et grossie ;

Fig. 5. — *Le même,* aire ambulacraire développée et grossie.

Du terrain pliocène à *terebratula ampulla* de Douéra.

DESCRIPTION GÉOLOGIQUE DE LA PROVINCE D'ORAN

PALÉONTOLOGIE

ZOOPHYTES

ECHINODERMES C, PL. IX

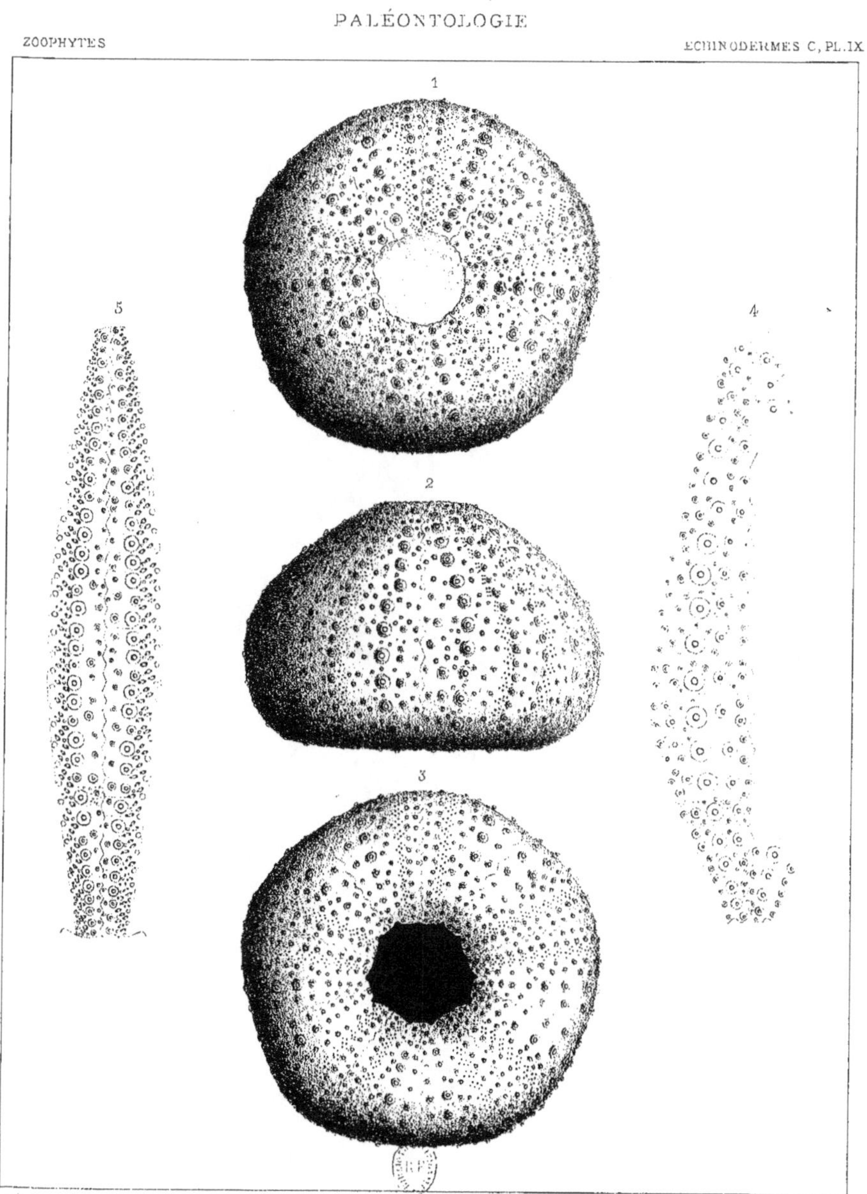

A.^te Pomel, del

Imp. Becquet Paris.

ECHINIDES ECHINIENS

ECHINODERMES C, PL. X.

GLOBIFORMES GLYPHOSTOMES

Fig. 1. — *Oligophyma cellensis,* vu en dessus ; G. N.

Fig. 2. — *Le même*, vu en dessous ;

Fig. 3. — *Le même,* vu de profil ;

Fig. 4. — *Le même,* apex grossi ;

Fig. 5. — *Le même,* zone inter-ambulacraire développée et grossie ;

Fig. 6. — *Le même,* ambulacre développé et grossi ;

Fig. 7. — *Le même,* un assule ambulacraire et un inter-ambulacraire encore plus grossis.

Du terrain helvétien à Mélobésies de l'Oued-Riou.

Fig. 8. — *Oligophyma oranensis,* vu en dessus ; G N.

Fig. 9. — *Le même,* vu en dessous ;

Fig. 10. — *Le même*, vu de profil ;

Fig. 11. — *Le même,* zone inter-ambulacraire développée et grossie ;

Fig. 12. — *Le même*, aire ambulacraire développée et grossie ;

Fig. 13-14. — *Le même,* assules ambulacraires et inter-ambulacraires encore plus grossis, pris en deux points différents.

Du terrain sahélien d'Oran.

Fig. 15. — *Stirechinus scillæ,* Desm. mêmes assules que ci-dessus pour la comparaison ;

Fig. 16. — *Le même*, lèvre inter-ambulacraire montrant la différence des entailles branchiales, grossie.

Pliocène de Monte-Mario (collection de Verneuil).

6 2 1 5

7

4

3

13 14

12 11

16 10

13

9 8

Ald Pomel del. | Imp. Becquet Paris.

ECHINIDES ECHINIENS

ECHINODERMES C, PL. XI.

GLOBIFORMES GLYPHOSTOMES

Fig. 1. — *Arbacina Badinskii,* vu de profil, grossi 2 1/2 fois ;
Fig. 2. — *Le même,* vu en dessus ;
Fig. 3. — *Le même,* vu en dessous ;
Fig. 4. — *Le même,* assules ambulacraires et inter-ambulacraires encore plus grossis.

Du terrain sahélien? de Tadjena (Ténès).

Fig. 5-7. — *Arbacina asperata,* grossi 4 fois, de profil, en dessus et en dessous ;
Fig. 8. — *Le même,* assules ambulacraires et inter-ambulacraires encore plus grossis.

Du terrain sahélien d'Oran.

Fig. 9-11. — *Arbacina saheliensis,* grossi 2 1/2 fois, de profil, en dessus et en dessous ;
Fig. 12. — *Le même,* assules ambulacraires et inter-ambulacraires encore plus grossis.
Fig. 13. — *Le même,* détail des fossettes suturales de l'inter-ambulacre.

Du terrain sahélien d'Oran.

Fig. 13. — *Arbacina spadæ,* (Desm. sp.) assules ambulacraires et inter-ambulacraires grossis ;

Pliocène de Monte-Mario (collection de Verneuil) ;

Fig. 14. — *Arbacina monilis* (Desm. sp.) assules ambulacraires et inter-ambulacraires grossis.

Helvétien de Montelan, près de Tours.

Fig. 15. — *Arbacina Nicaisii,* vu de profil, grossi 2 fois.

Pliocène à *terebratula ampulla,* de Douéra.

DESCRIPTION GÉOLOGIQUE DE LA PROVINCE D'ORAN

PALÉONTOLOGIE

ZOOPHYTES

ECHINODERMES C, PL. XI

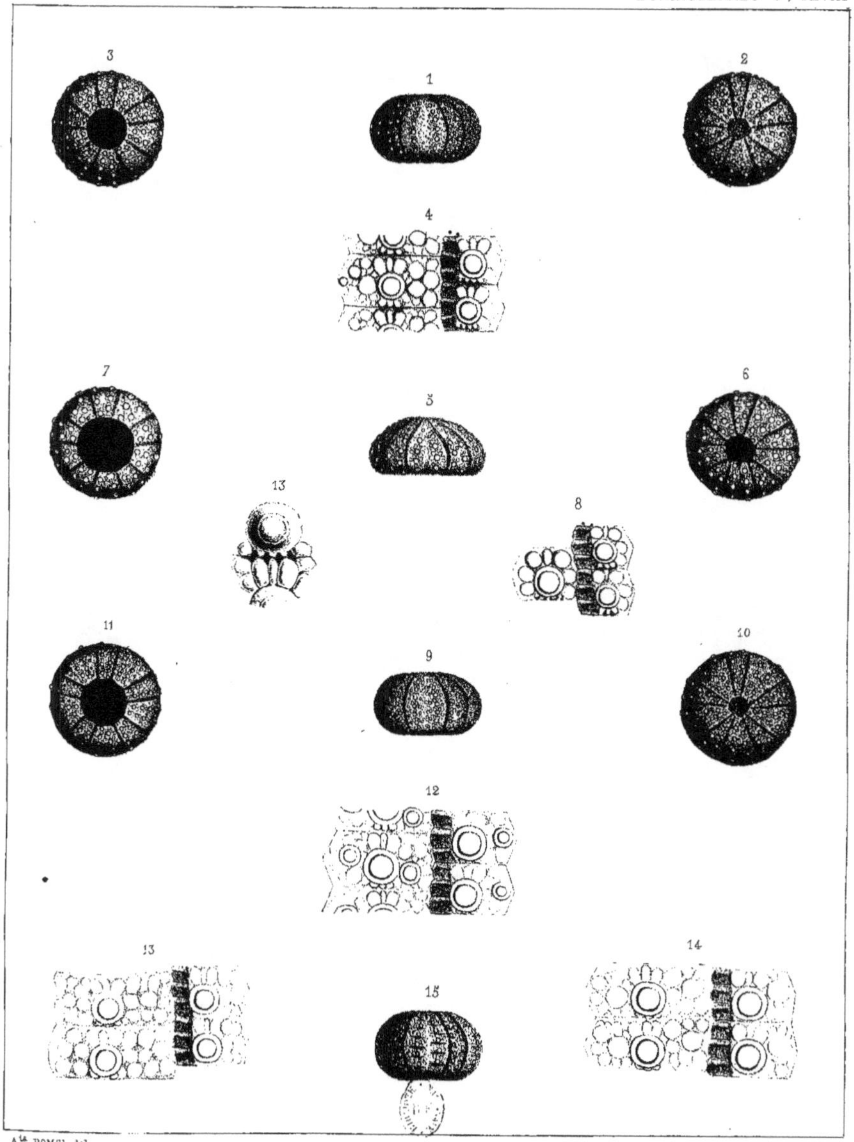
3
1
2
4
7
6
5
13
8
11
9
10
12
13
14
15

A^te POMEL del. Imp. Becquet, Paris.

ECHINIDES ECHINIENS

ECHINODERMES C, PL. XII.

GLOBIFORMES GLYPHOSTOMES

Fig. 1. — *Psammechinus subrugosus*, vu de profil, un peu schématique, grossi 2 fois ;

Fig. 2-3. — *Le même,* vu en dessus et en dessous ;

Fig. 4. — *Le même,* zones ambulacraire et inter-ambulacraire développées.

Du terrain sahélien d'Oran.

Fig. 5. — *Psammechinus lævior*, vu de profil, grossi 2 fois ;

Fig. 6-7. — *Le même*, vu en dessus et en dessous ;

Fig. 8. — *Le même*, zones ambulacraire et inter-ambulacraire développées.

Du terrain sahélien d'Oran.

Fig. 9-10. — *Strongylocentrotus lividus,* Brandt, vu de profil et en dessous ; G. N.

Fig. 11. — *Le même,* zones ambulacraire et inter-ambulacraire développées ;

Fig. 12. — *Le même*, fragment, dont quatre assules amplifiées.

Du terrain quaternaire de l'oued Rha (Gouraya).

Fig. 13-14. — *Sphærechinus brevispinosus*, fragments de G. N.

Du terrain quaternaire de l'oued Rha.

Fig. 15-16. — *Diadema (centrostephanus?) saheliensis*, fragments de radioles grossis 3 fois ;

Fig. 17. — *Le même,* facette articulaire et structure verticillée amplifiées.

Du terrain sahélien d'Oran.

3 2 1 8 4 7 6 5 17 16 15 12 13 11 9 14 10

A^{te} POMEL del.

Imp. Becquet, Paris.

ECHINIDES ECHINIENS

ECHINODERMES D, PL. I.

STELLÉRIDES

Fig. 1. — *Leptogonium mauritanicum*, vu en dessus ; G N.

Fig. 2. — *Le même*, face ambulacraire d'un rayon ;

Fig. 3. — *Le même*, face dorsale de l'extrémité du même rayon ;

Fig. 4. — *Le même*, assules latéraux des deux rangées grossis 2 fois ;

Fig. 5. — *Le même*, assule inférieur et les adambulacraires voisins vus en dessous, avec les radioles du sillon en place ;

Fig. 6. — *Le même*, assule adambulacraire encore plus grossi pour montrer les insertions de ces radioles ;

Fig. 7. — *Le même*, section schématique de la moitié d'un rayon ;

Fig. 8. — *Le même*, radioles du sillon ambulacraire fortement grossis.

Du terrain sahélien de Zurich (Cherchell).

DESCRIPTION GÉOLOGIQUE DE LA PROVINCE D'ORAN

PALÉONTOLOGIE

ZOOPHYTES

ECHINODERMES D. PL. I.

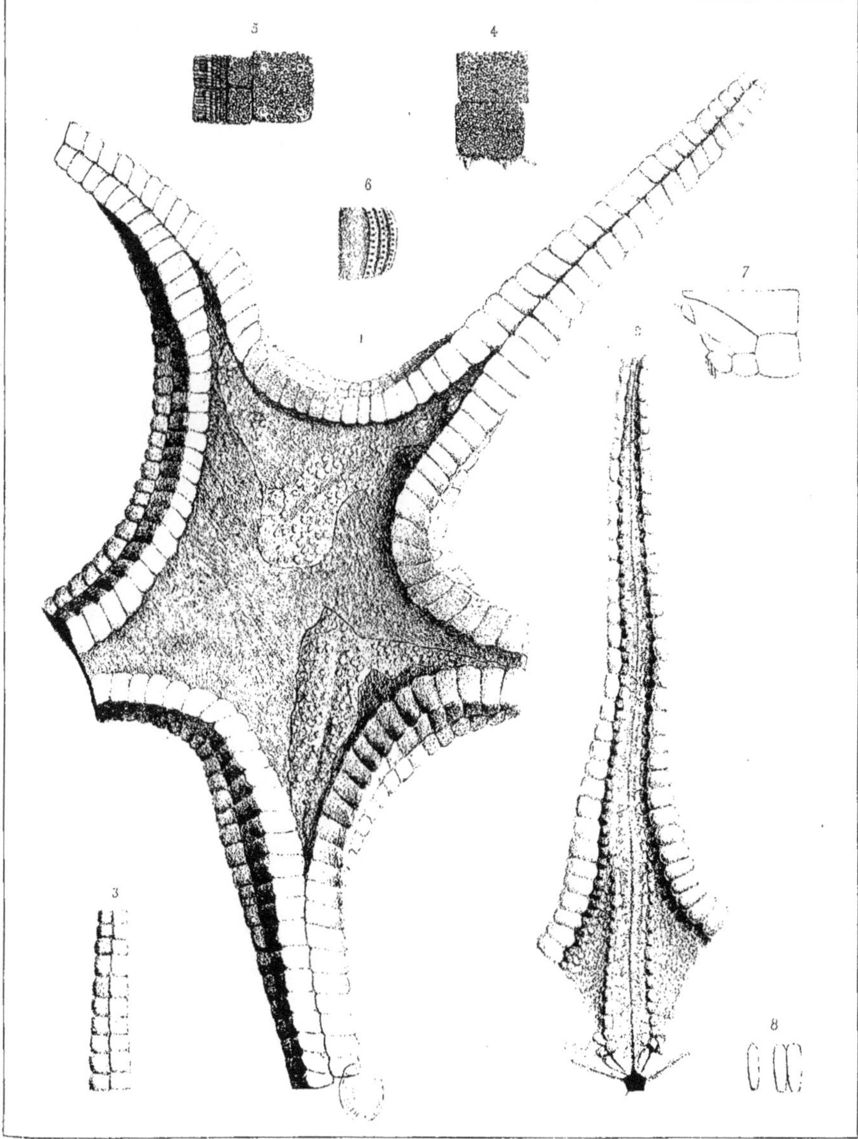

A. Pomel del.

Imp. Becquet à Paris.

STELLERIDES

ECHINODERMES D, PL. II.

OPHIURIDES

Fig. 1-5. — *Ophioma juliensis*, portion de bras grossie 5 fois, — f. 1, face ventrale ; f. 2, face latérale ; f. 3, face dorsale ; f. 4, face latérale ; f. 5, face postérieure de la pièce vertébrale entourée des plaques dermiques, grossies 8 fois.
Du terrain sahélien de Zurich (Cherchell).

Fig. 6-9. — *Astrophyton saheliensis*, pièces vertébrales grossies 2 fois, fig. 7 est une base de dichotomie.
Du terrain sahélien d'Oran

CRINOÏDES

Fig. 10-12. — *Antedon cartenniensis*, calice grossi 5 fois, — f. 10, en dessus ; f. 11, de profil ; f. 12, en dessous.
Du terrain cartennien du djebel si Saïd (Dahra).

Fig. 13-14. — *Antedon globosus*, calice grossi 5 fois, — f. 13, en dessus ; f. 14, de profil.
Du terrain cartennien du djebel Si Saïd.

Fig. 15. — *Antedon ambiguus*, calice grossi 5 fois de profil.
Du terrain cartennien du djebel Si Saïd.

Fig. 16-18. — *Antedon lineatus*, calice grossi 5 fois, — f. 16, en dessous ; f. 17, de profil ; f. 18, en dessus
Du terrain sahélien d'Oran.

Fig. 19-21. — *Antedon rosaceus?* Norm. calice grossi 5 fois ; — f. 19, en dessous ; f. 20, de profil ; f. 21, en dessus.
Du terrain quaternaire de Oued-Rha (Gouraya).

Fig. 22. — *Antedon solutus*, calice grossi 5 fois ; on a ajouté au trait les pièces radiales trouvées isolées, de profil ;

Fig. 23-24. — *Le même*, pièce dosale du même calice vue dessus et dessous ;

Fig. 25-26. — *Le même?* pièces vertébrales sous-dichotomiques fortement grossies ;

Fig. 27. — *Le même*, pièce radiale du calice vue en dedans fortement grossie.
Du terrain sahélien d'Oran.

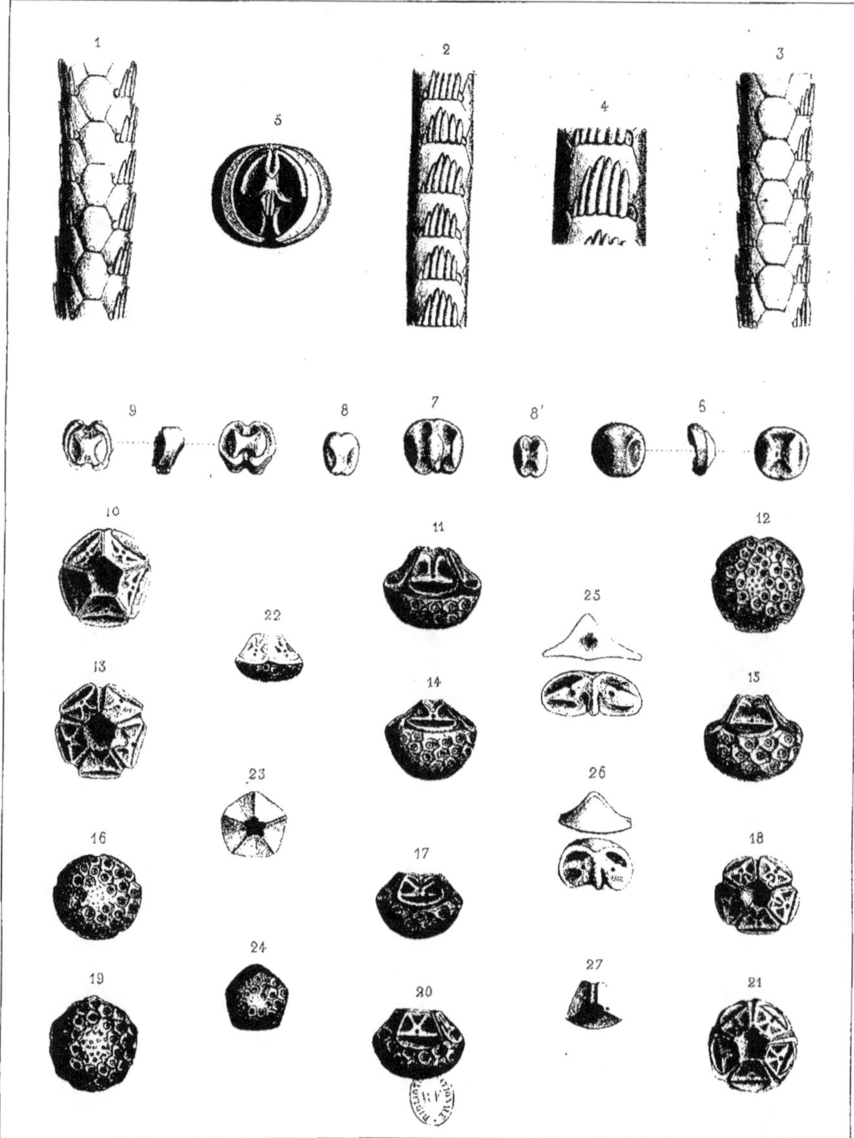

A^{te} Pomel, del. Imp. Becquet à Paris

OPHIURIDES ET CRINOÏDES

ECHINODERMES D, PL. III.

CRINOÏDES

Fig. 1. — *Antedon speciosus,* calice vu de profil, grossi 2 fois;

Fig. 2-3. — *Le même,* vu en dessus et en dessous ;

Fig. 4. — *Le même,* surface articulaire encore plus grossie ;

Fig. 5-7. — *Le même?* diverses pièces vertébrales grossies 2 fois ;

Fig. 8-10. — *Le même??* autres pièces vertébrales de parties différentes des bras.

Du terrain sahélien d'Oran.

Fig. 11-14. — *Tesselaria ambigua* fossile de structure irrégulière, de classe incertaine, que l'on avait cru pouvoir représenter un crinoïde aberrant ;

Fig. 15-16. — *Le même,* exemplaires amplifiés pour montrer le parquetage calcaire ;

Fig. 17. — *Le même,* un des calices vu de profil ;

Fig. 18. — *Le même,* section verticale du même calice.

Du terrain sahélien d'Oran.

DESCRIPTION GÉOLOGIQUE DE LA PROVINCE D'ORAN

PALÉONTOLOGIE

ZOOPHYTES

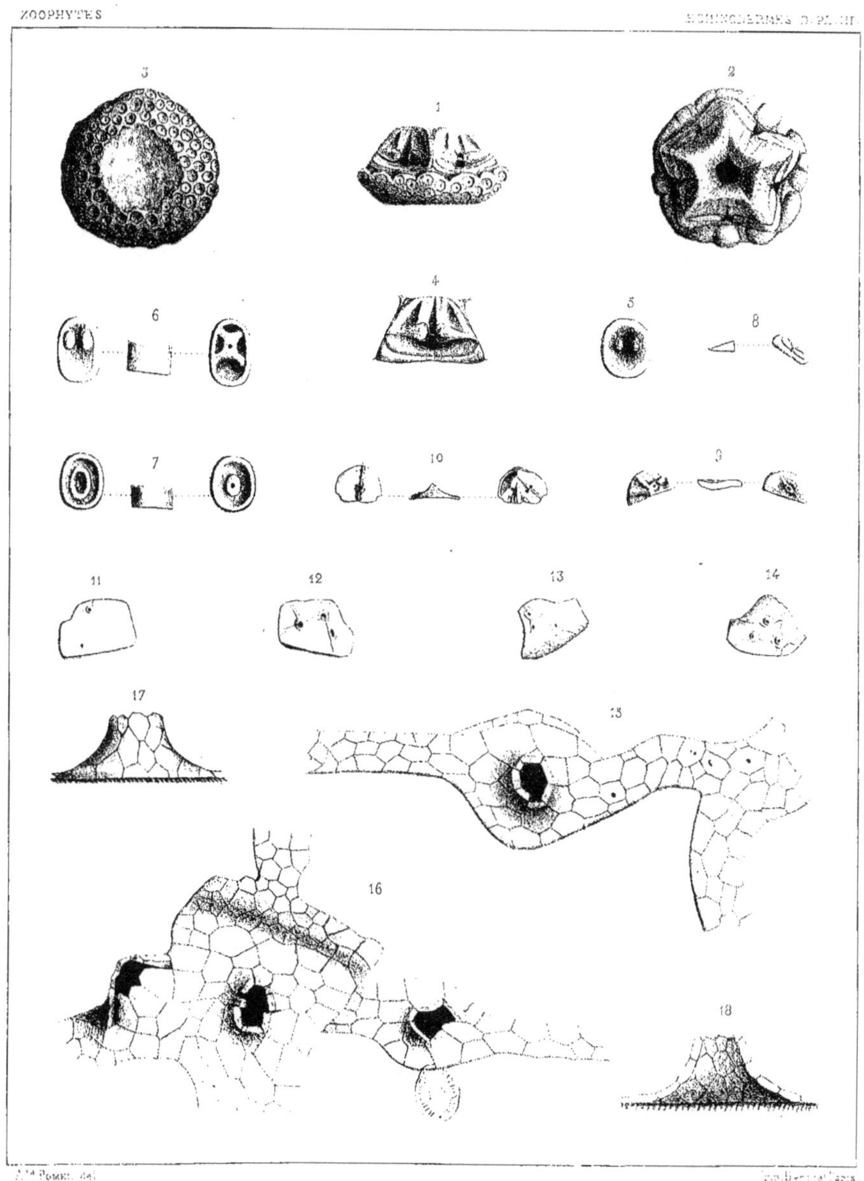

CRINOÏDES

www.ingramcontent.com/pod-product-compliance
Lightning Source LLC
LaVergne TN
LVHW010122230826
846091LV00001BA/116

* 9 7 8 2 0 1 3 0 9 4 9 8 6 *